U0348017

国家农业图书馆　Aii 农业大数据与信息服务联盟

全国农科院系统科研产出统计分析报告（2014—2023年）

中国农业科学院农业信息研究所　组织编写

中国农业科学技术出版社

图书在版编目（CIP）数据

全国农科院系统科研产出统计分析报告．2014—2023 年 / 中国农业科学院农业信息研究所组织编写．-- 北京：中国农业科学技术出版社，2024. 9. -- ISBN 978-7-5116-7086-1

Ⅰ. S-242

中国国家版本馆 CIP 数据核字第 2024S7J545 号

责任编辑 史咏竹
责任校对 马广洋
责任印制 姜义伟 王思文

出 版 者 中国农业科学技术出版社
北京市中关村南大街 12 号 邮编：100081
电 话 （010）82105169（编辑室） （010）82106624（发行部）
（010）82109709（读者服务部）
网 址 https://castp.caas.cn
经 销 者 各地新华书店
印 刷 者 北京建宏印刷有限公司
开 本 185 mm×260 mm 1/16
印 张 18. 5
字 数 483 千字
版 次 2024 年 9 月第 1 版 2024 年 9 月第 1 次印刷
定 价 128. 00 元

全国农科院系统科研产出统计分析报告（2014—2023年）

主　　编　赵瑞雪　朱　亮　寇远涛　鲜国建　季雪婧　顾亮亮
赵　华　孙　媛　叶　飒　张　洁　金慧敏

编写人员　（按姓氏汉语拼音排序）

鲍　瑜　曹　艳　陈　洁　段园园　葛　瑾　郭　婷
海云瑞　何冰梅　侯　亮　侯云鹏　胡　婧　黄峰华
李　捷　李小红　刘　风　刘文祥　刘晓珂　龙　海
陆光顺　钱金良　申屠琅　苏小波　孙　亮　唐　研
王　茜　王　琼　肖楚妍　杨　洋　原　源　张志娟
赵静娟　赵俊利　周舒雅

说 明

统计说明

《全国农科院系统科研产出统计分析报告（2014—2023 年）》是对农业农村部所属“三院”及部分省（自治区、直辖市）级农（垦、牧）业科学院共 33 家农业科研机构近十年（2014—2023 年）科技期刊论文、获奖成果、国内专利产出情况的客观统计，未进行统计对象间的对比分析。科技期刊论文统计数据来源于科学引文索引数据库（Web of Science，WOS）、中国科学引文数据库（CSCD）、中国知网（CNKI）、万方数据，获奖科技成果统计数据来源于国家科技成果网，国内专利统计数据来源于国家知识产权局。科技期刊论文统计数据截止日期为 2024 年 9 月，由此可能造成部分已发表的论文数据未纳入本次统计范围，相关统计结果可能与实际发文情况存在误差。现将统计分析报告编制有关事项说明如下。

统计对象

农业农村部所属“三院”即中国农业科学院、中国水产科学研究院、中国热带农业科学院，以及安徽省农业科学院、北京市农林科学院等部分省（自治区、直辖市）级农（垦、牧）业科学院，共 33 家农业科研机构，详细名单见表 1。

表 1　报告统计对象详细名单

序号	单位名称	序号	单位名称
1	中国农业科学院	12	海南省农业科学院
2	中国水产科学研究院	13	河北省农林科学院
3	中国热带农业科学院	14	河南省农业科学院
4	安徽省农业科学院	15	黑龙江省农业科学院
5	北京市农林科学院	16	湖北省农业科学院
6	重庆市农业科学院	17	湖南省农业科学院
7	福建省农业科学院	18	吉林省农业科学院
8	甘肃省农业科学院	19	江苏省农业科学院
9	广东省农业科学院	20	江西省农业科学院
10	广西壮族自治区农业科学院	21	辽宁省农业科学院
11	贵州省农业科学院	22	内蒙古自治区农牧业科学院

（续表）

序号	单位名称	序号	单位名称
23	宁夏农林科学院	29	新疆农垦科学院
24	山东省农业科学院	30	新疆农业科学院
25	上海市农业科学院	31	新疆维吾尔自治区畜牧科学院
26	四川省农业科学院	32	云南省农业科学院
27	天津市农业科学院	33	浙江省农业科学院
28	西藏自治区农牧科学院		

统计分析报告构成

《全国农科院系统科研产出统计分析报告（2014—2023 年）》包括两部分：科技期刊论文、获奖成果、国内专利产出总体情况统计，统计对象分报告。

（1）科技期刊论文、获奖成果、国内专利产出总体情况统计：汇总统计 33 家农业科研机构近十年（2014—2023 年）科技期刊论文、获奖成果、国内专利总体及分年度产出情况。

（2）统计对象分报告：对某一统计对象及其所属二级机构近十年（2014—2023 年）科技期刊论文产出情况进行分项统计分析。

统计数据来源

（1）科技期刊论文数据：英文科技期刊论文数据来源于科学引文索引数据库（Web of Science，WOS）收录的文献类型为期刊论文（Article）、会议论文（Proceedings Paper）和述评（Review）的 Science Citation Index Expanded（SCIE）论文数据。本次统计论文发表年份范围为 2014—2023 年，数据统计截止时间为 2024 年 9 月。

中文科技期刊论文数据来源于中国科学引文数据库（CSCD）、中国知网（CNKI）、万方数据，本次统计论文发表年份范围为 2014—2023 年，数据统计截止时间为 2024 年 9 月。

（2）获奖科技成果数据：国家级获奖科技成果包括国家自然科学奖、国家技术发明奖、国家科学技术进步奖三类。省部级获奖科技成果本次仅统计神农中华农业科技奖成果，包括 2014—2022 年评选的 2014—2015 年度、2016—2017 年度、2018—2019 年度、2020—2021 年度、2022—2023 年度五次获奖成果。获奖科技成果数据来源于国家科技成果网。

（3）国内专利数据：国内专利数据包括发明专利、实用新型专利和外观设计专利三类，本次仅统计 2014—2023 年已获授权的专利。国内专利数据来源于国家知识产权局。

（4）机构规范数据：本次 33 个统计对象均为我国国家级或省（自治区、直辖市）级农（垦、牧）业科学院，其规模较大，建设历史较长，期间机构调整及变动较多。为保证统计结果的准确，报告编制团队对33个统计对象本级及其二级机构信息进行了规范化处理，重点是机构的中外文规范名称、别名等，其中别名所含信息包括了机构历史沿革（拆分、合并、调整等）名称。

统计分析指标说明

本报告采用的指标均为客观实际的定量评价指标，现将相关统计分析指标的内涵、计算方法简要解释如下。

（1）发文量：包括英文发文量和中文发文量，英文发文量是指统计对象于2014—2023年在WOS数据库SCIE期刊上发表的全部论文数量。中文发文量包括北大中文核心期刊发文量、CSCD期刊发文量，北大中文核心期刊发文量是指统计对象于2014—2023年发表的北大中文核心期刊论文数量，CSCD期刊发文量是指统计对象于2014—2023年发表的中国科学引文数据库（CSCD）期刊论文数量。

（2）发文期刊JCR分区：2014—2023年统计对象所发表英文论文发文期刊所在WOSJCR分区情况，按年度统计每一分区的发文数量。

（3）高发文研究所：2014—2023年中英文论文发文量排名前十的统计对象所属二级单位。

（4）高发文期刊：2014—2023年刊载统计对象所发表中英文论文数量排名前十的科技期刊，英文期刊包括期刊名称、发文量、WOS所有数据库总被引频次、WOS核心库被引频次、期刊最近年度影响因子（来源于JCR）。中文期刊包括期刊名称、发文量，按北大中文核心期刊、CSCD期刊分类进行统计。

（5）合作发文国家与地区：2014—2023年与统计对象合作发表英文论文（合作发文1篇以上）的作者所来自的国家和地区，按照合作发文的数量排名取前十名，包括国家与地区名称、合作发文量、WOS所有数据库总被引频次、WOS核心库被引频次。

（6）合作发文机构：2014—2023年与统计对象合作发表中英文论文的作者所属机构，按照合作发文的数量排名取前十名。

（7）高频词：2014—2023年统计对象所发表全部英文论文关键词（作者关键词），按其出现频次排名前二十者。

免责声明

在本报告的编制过程中，力求严谨规范，精益求精。但由于统计年限较长、数据源收录数据完整性、统计对象机构变化调整等原因，可能存在部分统计结果与统计对象实际期刊论文和获奖成果产出情况不完全一致，内容疏漏与错误之处恳请广大读者批评指正。

目　录

全国农科院系统期刊论文及获奖科技成果产出总体情况统计

1　英文期刊论文发文量统计

统计对象2014—2023年在WOS数据库SCIE期刊上发表的论文数量情况见表1-1，农业农村部所属“三院”在前，省（自治区、直辖市）级农（垦、牧）业科学院按名称拼音字母排序。

表1-1　2014—2023年全国农科院系统历年SCI发文量统计　　单位：篇

序号	发文单位	2014年	2015年	2016年	2017年	2018年	2019年	2020年	2021年	2022年	2023年	发文总量
1	中国农业科学院	2 092	2 473	2 928	3 009	3 361	4 022	4 648	5 200	6 313	6 097	40 143
2	中国水产科学研究院	463	573	755	683	734	863	867	1 042	1 401	1 231	8 612
3	中国热带农业科学院	284	299	302	317	302	408	407	530	601	657	4 107
4	安徽省农业科学院	51	79	87	90	113	146	165	192	224	262	1 409
5	北京市农林科学院	250	278	364	322	330	486	468	572	843	788	4 701
6	重庆市农业科学院	19	25	24	36	39	34	41	56	60	85	419
7	福建省农业科学院	46	53	92	99	101	133	151	192	210	238	1 315
8	甘肃省农业科学院	21	20	29	18	28	49	79	58	82	104	488
9	广东省农业科学院	199	224	245	266	293	441	544	622	797	782	4 413
10	广西壮族自治区农业科学院	30	64	45	70	65	124	160	201	280	253	1 292
11	贵州省农业科学院	18	29	55	52	72	94	94	123	203	203	943
12	海南省农业科学院	6	15	27	26	20	27	27	38	57	69	312

（续表）

序号	发文单位	2014年	2015年	2016年	2017年	2018年	2019年	2020年	2021年	2022年	2023年	发文总量
13	河北省农林科学院	50	61	54	67	79	99	117	124	187	199	1 037
14	河南省农业科学院	59	83	113	124	113	138	176	231	250	197	1 484
15	黑龙江省农业科学院	51	70	87	127	124	159	188	198	298	284	1 586
16	湖北省农业科学院	62	68	85	83	102	158	173	207	251	290	1 479
17	湖南省农业科学院	30	44	60	64	85	124	150	216	223	226	1 222
18	吉林省农业科学院	44	61	45	67	78	115	130	167	197	202	1 106
19	江苏省农业科学院	229	342	403	424	456	513	567	670	858	800	5 262
20	江西省农业科学院	37	39	44	51	53	59	72	93	133	157	738
21	辽宁省农业科学院	32	30	33	40	27	57	71	97	107	132	626
22	内蒙古自治区农牧业科学院	16	15	25	17	24	28	40	50	103	127	445
23	宁夏农林科学院	10	8	14	19	18	35	56	63	116	126	465
24	山东省农业科学院	147	155	202	175	227	280	302	352	481	591	2 912
25	上海市农业科学院	78	102	132	112	172	229	260	279	340	350	2 054
26	四川省农业科学院	40	70	91	84	92	119	145	175	216	243	1 275
27	天津市农业科学院	8	13	21	22	17	31	41	75	103	104	435
28	西藏自治区农牧科学院	9	20	10	22	39	53	63	83	105	107	511
29	新疆农垦科学院	13	16	14	25	21	43	67	76	117	115	507
30	新疆农业科学院	39	51	52	49	44	109	101	139	184	257	1 025

（续表）

序号	发文单位	2014年	2015年	2016年	2017年	2018年	2019年	2020年	2021年	2022年	2023年	发文总量
31	新疆维吾尔自治区畜牧科学院	8	13	17	21	21	22	28	31	35	46	242
32	云南省农业科学院	75	113	127	128	134	174	204	212	271	278	1 716
33	浙江省农业科学院	200	235	227	267	254	313	380	497	678	717	3 768
年度发文总量		4 716	5 741	6 809	6 976	7 638	9 685	10 982	12 861	16 324	16 317	98 049
年均发文量		142.9	174.0	206.3	211.4	231.5	293.5	332.8	389.7	494.7	494.5	2 971.2

2 中文期刊论文发文量统计

2.1 北大中文核心期刊发文量

统计对象2014—2023年发表的北大中文核心期刊论文数量情况见表2-1，农业农村部所属“三院”在前，省（自治区、直辖市）级农（垦、牧）业科学院按名称拼音字母排序。

表2-1 2014—2023年全国农科院系统北大中文核心期刊历年发文量统计 单位：篇

序号	发文单位	2014年	2015年	2016年	2017年	2018年	2019年	2020年	2021年	2022年	2023年	发文总量
1	中国农业科学院	3 866	3 998	4 038	4 053	3 991	3 800	3 479	3 079	3 408	2 600	36 312
2	中国水产科学研究院	968	993	991	1 059	1 099	1 035	859	846	932	890	9 672
3	中国热带农业科学院	623	728	628	580	608	528	535	517	555	406	5 708
4	安徽省农业科学院	177	184	144	131	125	115	126	107	143	106	1 358
5	北京市农林科学院	566	525	494	529	506	477	491	563	539	525	5 215
6	重庆市农业科学院	63	72	47	53	79	94	80	90	93	54	725
7	福建省农业科学院	193	189	283	343	340	313	242	247	311	247	2 708
8	甘肃省农业科学院	133	175	178	138	175	210	176	173	201	181	1 740

（续表）

序号	发文单位	2014年	2015年	2016年	2017年	2018年	2019年	2020年	2021年	2022年	2023年	发文总量
9	广东省农业科学院	437	402	362	288	303	330	411	436	517	450	3 936
10	广西壮族自治区农业科学院	351	329	364	388	338	375	392	398	381	296	3 612
11	贵州省农业科学院	316	285	279	267	251	294	352	386	398	343	3 171
12	海南省农业科学院	93	86	88	83	94	67	70	73	44	68	766
13	河北省农林科学院	185	164	166	200	189	209	194	220	242	184	1 953
14	河南省农业科学院	212	237	258	296	321	255	337	346	392	299	2 953
15	黑龙江省农业科学院	275	261	229	223	223	204	228	217	288	244	2 392
16	湖北省农业科学院	288	299	199	153	212	276	325	300	314	251	2 617
17	湖南省农业科学院	113	133	165	167	175	189	224	186	212	117	1 681
18	吉林省农业科学院	181	219	189	153	214	250	270	221	242	243	2 182
19	江苏省农业科学院	899	859	854	753	625	553	582	570	593	548	6 836
20	江西省农业科学院	109	122	91	101	95	136	146	121	134	94	1 149
21	辽宁省农业科学院	275	265	269	255	197	179	228	234	273	248	2 423
22	内蒙古自治区农牧业科学院	130	123	103	125	124	131	129	114	127	127	1 233
23	宁夏农林科学院	170	160	178	152	156	156	164	153	176	179	1 644
24	山东省农业科学院	347	339	373	381	417	416	388	297	362	292	3 612
25	上海市农业科学院	230	246	221	182	199	237	285	310	289	261	2 460
26	四川省农业科学院	246	228	230	225	221	213	234	194	209	225	2 225
27	天津市农业科学院	134	136	120	92	139	168	136	125	128	87	1 265

（续表）

序号	发文单位	2014 年	2015 年	2016 年	2017 年	2018 年	2019 年	2020 年	2021 年	2022 年	2023 年	发文总量
28	西藏自治区农牧科学院	39	44	51	56	88	122	91	89	75	100	755
29	新疆农垦科学院	120	135	112	114	104	94	96	107	143	120	1 145
30	新疆农业科学院	247	300	269	283	303	246	286	273	336	293	2 836
31	新疆维吾尔自治区畜牧科学院	67	82	86	59	68	43	53	65	71	53	647
32	云南省农业科学院	333	355	304	296	295	316	308	243	301	265	3 016
33	浙江省农业科学院	301	278	263	268	268	300	306	301	333	228	2 846
年度发文总量		12 687	12 951	12 626	12 446	12 542	12 331	12 223	11 601	12 762	10 624	122 793
年均发文量		384. 5	392. 5	382. 6	377. 2	380. 1	373. 7	370. 4	351. 5	386. 7	321. 9	3 721. 0

2. 2 CSCD 期刊发文量

统计对象 2014—2023 年发表的中国科学引文数据库（CSCD）期刊论文数量情况见表 2-2，农业农村部所属“三院”在前，省（自治区、直辖市）级农（垦、牧）业科学院按名称拼音字母排序。

表 2-2　2014—2023 年全国农科院系统 CSCD 期刊历年发文量统计　　单位：篇

序号	发文单位	2014 年	2015 年	2016 年	2017 年	2018 年	2019 年	2020 年	2021 年	2022 年	2023 年	发文总量
1	中国农业科学院	2 548	2 463	2 383	2 459	2 443	2 185	2 214	2 139	2 087	2 009	22 930
2	中国水产科学研究院	786	790	798	736	1 010	732	677	663	708	735	7 635
3	中国热带农业科学院	581	483	442	426	444	390	382	366	298	263	4 075
4	安徽省农业科学院	139	115	98	87	84	83	101	74	87	96	964
5	北京市农林科学院	418	360	348	362	366	304	336	352	350	372	3 568
6	重庆市农业科学院	50	47	37	36	51	67	63	56	56	40	503

（续表）

序号	发文单位	2014 年	2015 年	2016 年	2017 年	2018 年	2019 年	2020 年	2021 年	2022 年	2023 年	发文总量
7	福建省农业科学院	155	130	140	159	165	280	206	217	230	219	1 901
8	甘肃省农业科学院	114	147	151	109	145	159	139	153	138	155	1 410
9	广东省农业科学院	337	198	193	183	170	171	218	215	248	296	2 229
10	广西壮族自治区农业科学院	227	173	175	196	183	148	213	253	186	210	1 964
11	贵州省农业科学院	129	90	131	142	144	123	139	144	154	144	1 340
12	海南省农业科学院	48	32	39	39	51	29	36	28	15	33	350
13	河北省农林科学院	133	106	105	116	129	121	115	146	133	122	1 226
14	河南省农业科学院	168	196	201	234	248	134	183	174	162	178	1 878
15	黑龙江省农业科学院	172	141	149	128	133	96	124	117	118	131	1 309
16	湖北省农业科学院	78	66	81	80	86	86	111	123	95	136	942
17	湖南省农业科学院	94	92	111	118	127	127	174	160	127	115	1 245
18	吉林省农业科学院	160	103	95	91	125	114	139	114	93	132	1 166
19	江苏省农业科学院	547	509	478	412	373	323	280	335	332	362	3 951
20	江西省农业科学院	77	79	50	65	66	78	105	91	88	70	769
21	辽宁省农业科学院	120	96	93	70	69	71	94	131	137	149	1 030
22	内蒙古自治区农牧业科学院	66	55	30	41	50	38	72	71	78	90	591

（续表）

序号	发文单位	2014年	2015年	2016年	2017年	2018年	2019年	2020年	2021年	2022年	2023年	发文总量
23	宁夏农林科学院	92	70	68	80	75	79	84	83	82	115	828
24	山东省农业科学院	244	204	217	215	246	229	239	178	148	182	2 102
25	上海市农业科学院	213	209	212	245	234	124	141	145	107	133	1 763
26	四川省农业科学院	195	167	161	165	156	152	153	140	142	166	1 597
27	天津市农业科学院	52	33	29	31	38	49	55	38	35	33	393
28	西藏自治区农牧科学院	24	30	27	39	53	61	44	59	52	83	472
29	新疆农垦科学院	78	87	64	88	68	51	60	70	85	83	734
30	新疆农业科学院	197	223	193	229	239	198	230	240	261	297	2 307
31	新疆维吾尔自治区畜牧科学院	41	23	32	22	35	19	16	25	26	39	278
32	云南省农业科学院	268	260	241	232	208	224	227	185	186	190	2 221
33	浙江省农业科学院	223	204	206	197	202	191	193	171	198	173	1 958
年度发文总量		8 774	7 981	7 778	7 832	8 216	7 236	7 563	7 456	7 242	7 551	77 629
年均发文量		265.9	241.8	235.7	237.3	249.0	219.3	229.2	225.9	219.5	228.8	2 352.4

3　获奖科技成果统计

3.1　国家级获奖科技成果数量

统计对象2014—2023年取得的国家级获奖科技成果数量情况见表3-1，包括国家自然科学奖、国家技术发明奖、国家科学技术进步奖三类。统计条件是获奖科技成果完成单位中包含统计对象及其所属机构。农业农村部所属“三院”在前，省（自治区、直辖市）级农（垦、牧）业科学院按名称拼音字母排序。

表 3-1　2014—2023 年全国农科院系统国家级获奖科技成果历年数量统计　　单位：项

序号	获奖单位	2014 年	2015 年	2016 年	2017 年	2018 年	2019 年	2020 年	2021 年	2022 年	2023 年	成果总量
1	中国农业科学院	6	6	9	11	11	8	13			4	68
2	中国水产科学研究院	1					1	1			1	4
3	中国热带农业科学院	1					2				1	4
4	安徽省农业科学院					2		2				4
5	北京市农林科学院				2		1	4			1	8
6	重庆市农业科学院							1				1
7	福建省农业科学院					1	1				1	3
8	甘肃省农业科学院		1					1				2
9	广东省农业科学院	1	1	3	1			1				7
10	广西壮族自治区农业科学院							1			1	2
11	贵州省农业科学院											0
12	海南省农业科学院				1							1
13	河北省农林科学院	1	1			2	1	1				6
14	河南省农业科学院	2	1	1		1		2			2	9
15	黑龙江省农业科学院		2	1	2	1	2	2			1	11
16	湖北省农业科学院	1	1	1	1	1	2	3				10
17	湖南省农业科学院		2	1	2	2	1	1				9
18	吉林省农业科学院		2	1	1		1	1			1	7
19	江苏省农业科学院	1	2	2		2	1	1				9
20	江西省农业科学院		1	1	1	1						4
21	辽宁省农业科学院			1		1	2	1				5

（续表）

序号	获奖单位	2014年	2015年	2016年	2017年	2018年	2019年	2020年	2021年	2022年	2023年	成果总量
22	内蒙古自治区农牧业科学院										1	1
23	宁夏农林科学院		1		1							2
24	山东省农业科学院	1	1			1	5	1				9
25	上海市农业科学院			1				1			1	3
26	四川省农业科学院		1	1	1			1				4
27	天津市农业科学院						1					1
28	西藏自治区农牧科学院											0
29	新疆农垦科学院		1									1
30	新疆农业科学院	1	2		1			2				6
31	新疆维吾尔自治区畜牧科学院											0
32	云南省农业科学院		1		3	1		1				6
33	浙江省农业科学院	1	2		2	1	1	1				8
年度获奖成果总量		17	29	23	30	28	30	43	0	0	15	215
年均获奖成果数量		0.52	0.88	0.70	0.91	0.85	0.91	1.30	0.00	0.00	0.45	6.52

3.2 神农中华农业科技奖成果数量

统计对象的神农中华农业科技奖成果数量情况见表3-2。统计条件是获奖科技成果完成单位中包含统计对象及其所属机构。农业农村部所属“三院”在前，省（自治区、直辖市）级农（垦、牧）业科学院按名称拼音字母排序。

表3-2　2014—2023年全国农科院系统神农中华农业科技奖获奖成果历年数量统计 单位：项

序号	获奖单位	2014—2015年	2016—2017年	2018—2019年	2020—2021年	2022—2023年	成果总量
1	中国农业科学院	43	44	49	41	49	226

（续表）

序号	获奖单位	2014—2015 年	2016—2017 年	2018—2019 年	2020—2021 年	2022—2023 年	成果总量
2	中国水产科学研究院	5	8	7	10	11	41
3	中国热带农业科学院	12	4	3	2	2	23
4	安徽省农业科学院	6	9	5	6	7	33
5	北京市农林科学院	8	7	8	16	14	53
6	重庆市农业科学院	2	1	3	4	4	14
7	福建省农业科学院	2	3	2	1	2	10
8	甘肃省农业科学院	3	2	3	5	3	16
9	广东省农业科学院	6	8	6	8	5	33
10	广西壮族自治区农业科学院	1			4	5	10
11	贵州省农业科学院	2	1	1	3	4	11
12	海南省农业科学院	2	1	1			4
13	河北省农林科学院	4	4	4	7	2	21
14	河南省农业科学院	1	4	7	4	3	19
15	黑龙江省农业科学院	2	4	9	6	6	27
16	湖北省农业科学院	4	2	2	6	3	17
17	湖南省农业科学院	3	3	3	3	4	16
18	吉林省农业科学院	2	5	3	3		13
19	江苏省农业科学院	10	12	15	19	17	73
20	江西省农业科学院	3	1	4	3	4	15
21	辽宁省农业科学院	2	3	3	4	5	17
22	内蒙古自治区农牧业科学院	3	1		4	3	11
23	宁夏农林科学院		1	2		3	6
24	山东省农业科学院	4	8	13	16	11	52
25	上海市农业科学院	2	2	5	4	4	17
26	四川省农业科学院	4	5	10	7	8	34
27	天津市农业科学院	2	2	2	2	3	11

（续表）

序号	获奖单位	2014—2015 年	2016—2017 年	2018—2019 年	2020—2021 年	2022—2023 年	成果总量
28	西藏自治区农牧科学院				1		1
29	新疆农垦科学院	1	1	2			4
30	新疆农业科学院	3	4	5	5	4	21
31	新疆维吾尔自治区畜牧科学院	1	2	1	2		6
32	云南省农业科学院	8		5	6	3	22
33	浙江省农业科学院	7	4	7	8	5	31
年度获奖成果总量		158	156	190	210	194	908
年均获奖成果数量		4.79	4.73	5.76	6.36	5.88	27.52

4 国内专利统计

统计对象 2014—2023 年已授权的国内专利数量情况见表 4-1，包括发明专利（表 4-2）、实用新型专利（表 4-3）和外观设计专利（表 4-4）三类。农业农村部所属“三院”在前，省（自治区、直辖市）级农（垦、牧）业科学院按名称拼音字母排序。

表 4-1 2014—2023 年全国农科院系统国内专利（全部）历年数量统计 单位：项

序号	授予单位	2014 年	2015 年	2016 年	2017 年	2018 年	2019 年	2020 年	2021 年	2022 年	2023 年	专利总量
1	中国农业科学院	1 345	2 037	2 191	2 340	2 660	2 567	2 109	2 197	2 052	1 882	21 380
2	中国水产科学研究院	639	647	616	643	774	637	725	915	887	729	7 212
3	中国热带农业科学院	303	352	296	328	416	362	432	490	400	478	3 857
4	安徽省农业科学院	91	199	200	190	298	368	463	315	271	283	2 678
5	北京市农林科学院	334	385	380	376	296	370	402	442	394	408	3 787
6	重庆市农业科学院	21	47	62	102	98	91	103	157	150	81	912
7	福建省农业科学院	176	278	285	285	382	375	314	301	189	148	2 733
8	甘肃省农业科学院	16	49	70	65	85	71	114	136	124	139	869

（续表）

序号	授予单位	2014 年	2015 年	2016 年	2017 年	2018 年	2019 年	2020 年	2021 年	2022 年	2023 年	专利总量
9	广东省农业科学院	97	129	152	182	214	265	300	466	512	515	2 832
10	广西壮族自治区农业科学院	76	251	358	498	437	576	748	858	648	500	4 950
11	贵州省农业科学院	69	100	107	129	164	129	150	191	178	175	1 392
12	海南省农业科学院	6	6	13	26	36	30	45	85	96	93	436
13	河北省农林科学院	61	78	88	134	172	234	228	230	241	189	1 655
14	河南省农业科学院	51	101	125	161	144	131	172	284	226	230	1 625
15	黑龙江省农业科学院	66	101	126	302	217	248	322	428	231	241	2 282
16	湖北省农业科学院	84	90	123	139	141	155	155	171	174	162	1 394
17	湖南省农业科学院	47	96	108	116	137	166	185	182	153	141	1 331
18	吉林省农业科学院	36	40	99	120	120	99	108	133	128	121	1 004
19	江苏省农业科学院	326	464	438	555	537	532	480	558	497	407	4 794
20	江西省农业科学院	30	39	75	63	102	101	101	149	125	142	927
21	辽宁省农业科学院	42	62	65	72	89	89	146	259	280	280	1 384
22	内蒙古自治区农牧业科学院	15	25	37	40	72	76	146	205	248	226	1 090
23	宁夏农林科学院	26	19	51	82	99	181	255	349	349	250	1 661
24	山东省农业科学院	430	644	682	610	722	750	692	619	607	480	6 236
25	上海市农业科学院	95	101	100	129	114	165	164	258	205	225	1 556
26	四川省农业科学院	66	107	145	151	194	203	224	249	310	301	1 950

（续表）

序号	授予单位	2014年	2015年	2016年	2017年	2018年	2019年	2020年	2021年	2022年	2023年	专利总量
27	天津市农业科学院	50	74	66	81	79	116	86	96	106	79	833
28	西藏自治区农牧科学院	11	6	29	35	69	95	161	187	108	126	827
29	新疆农垦科学院	94	100	147	97	111	59	65	122	147	145	1 087
30	新疆农业科学院	88	121	117	119	108	95	126	198	223	230	1 425
31	新疆维吾尔自治区畜牧科学院	25	35	40	48	56	44	50	102	111	69	580
32	云南省农业科学院	96	125	149	135	215	225	210	275	306	352	2 088
33	浙江省农业科学院	98	142	162	163	194	227	259	274	358	281	2 158
年度专利（全部）总量		5 010	7 050	7 702	8 516	9 552	9 832	10 240	11 881	11 034	10 108	90 925
年均专利（全部）数量		151.82	213.64	233.39	258.06	289.45	297.94	310.30	360.03	334.36	306.30	2 755.30

表 4-2　2014—2023 年全国农科院系统国内专利（发明）历年数量统计　　单位：项

序号	授予单位	2014年	2015年	2016年	2017年	2018年	2019年	2020年	2021年	2022年	2023年	专利总量
1	中国农业科学院	822	1 185	1 273	1 398	1 375	1 645	1 584	1 731	1 690	1 633	14 336
2	中国水产科学研究院	341	372	348	375	366	396	375	519	514	493	4 099
3	中国热带农业科学院	135	146	162	206	206	195	195	252	238	347	2 082
4	安徽省农业科学院	67	137	143	161	166	204	131	139	146	190	1 484
5	北京市农林科学院	196	219	232	237	188	259	273	290	286	305	2 485
6	重庆市农业科学院	14	27	42	65	50	30	36	54	67	34	419
7	福建省农业科学院	92	164	166	210	257	250	202	179	148	114	1 782

（续表）

序号	授予单位	2014 年	2015 年	2016 年	2017 年	2018 年	2019 年	2020 年	2021 年	2022 年	2023 年	专利总量
8	甘肃省农业科学院	9	39	39	30	45	41	37	37	33	53	363
9	广东省农业科学院	82	114	135	157	173	227	189	278	301	343	1 999
10	广西壮族自治区农业科学院	43	140	187	387	266	324	283	359	301	287	2 577
11	贵州省农业科学院	47	81	87	104	100	103	99	112	110	126	969
12	海南省农业科学院	3	2	9	15	12	14	14	16	11	30	126
13	河北省农林科学院	40	43	49	54	72	117	95	115	119	107	811
14	河南省农业科学院	29	67	80	111	92	84	89	106	95	126	879
15	黑龙江省农业科学院	16	25	46	83	49	61	64	94	112	156	706
16	湖北省农业科学院	69	73	98	112	117	130	131	123	130	134	1 117
17	湖南省农业科学院	35	74	96	100	111	139	126	130	108	94	1 013
18	吉林省农业科学院	27	20	49	55	64	59	74	101	87	85	621
19	江苏省农业科学院	250	353	344	445	359	362	288	334	299	268	3 302
20	江西省农业科学院	16	25	50	49	66	63	72	94	89	114	638
21	辽宁省农业科学院	23	40	28	36	45	37	35	50	40	58	392
22	内蒙古自治区农牧业科学院	8	16	20	20	15	31	43	38	40	43	274
23	宁夏农林科学院	16	12	23	37	27	46	54	65	66	83	429
24	山东省农业科学院	210	382	416	415	456	433	388	392	395	323	3 810

（续表）

序号	授予单位	2014 年	2015 年	2016 年	2017 年	2018 年	2019 年	2020 年	2021 年	2022 年	2023 年	专利总量
25	上海市农业科学院	90	95	88	120	103	141	120	172	130	171	1 230
26	四川省农业科学院	47	65	97	123	116	118	121	90	96	159	1 032
27	天津市农业科学院	36	52	51	63	53	76	35	45	53	62	526
28	西藏自治区农牧科学院	7	5	14	22	25	24	39	53	26	50	265
29	新疆农垦科学院	31	43	56	48	50	19	17	21	29	57	371
30	新疆农业科学院	37	50	50	65	41	42	42	46	42	62	477
31	新疆维吾尔自治区畜牧科学院	13	15	9	13	15	12	8	12	13	28	138
32	云南省农业科学院	64	96	95	102	109	134	106	117	101	168	1 092
33	浙江省农业科学院	87	123	134	145	145	176	191	194	227	205	1 627
年度专利（发明）总量		3 002	4 300	4 716	5 563	5 334	5 992	5 556	6 358	6 142	6 508	53 471
年均专利（发明）数量		90. 97	130. 30	142. 91	168. 58	161. 64	181. 58	168. 36	192. 67	186. 12	197. 21	1 620. 33

表 4-3　2014--2023 年全国农科院系统国内专利（实用新型）历年数量统计　　单位：项

序号	授予单位	2014 年	2015 年	2016 年	2017 年	2018 年	2019 年	2020 年	2021 年	2022 年	2023 年	专利总量
1	中国农业科学院	513	842	891	929	1 255	912	503	454	352	243	6 894
2	中国水产科学研究院	298	275	268	266	407	241	350	391	369	229	3 094
3	中国热带农业科学院	158	197	132	110	193	161	223	227	159	128	1 688
4	安徽省农业科学院	24	60	54	29	132	164	332	175	124	92	1 186

（续表）

序号	授予单位	2014 年	2015 年	2016 年	2017 年	2018 年	2019 年	2020 年	2021 年	2022 年	2023 年	专利总量
5	北京市农林科学院	129	164	142	135	104	108	116	136	90	96	1 220
6	重庆市农业科学院	5	15	20	37	47	60	66	102	83	46	481
7	福建省农业科学院	83	114	119	73	122	122	104	120	37	30	924
8	甘肃省农业科学院	7	10	31	35	39	30	71	98	91	85	497
9	广东省农业科学院	13	13	15	23	40	31	103	185	208	169	800
10	广西壮族自治区农业科学院	33	109	168	111	171	250	460	488	341	208	2 339
11	贵州省农业科学院	17	18	17	18	57	23	45	76	59	48	378
12	海南省农业科学院	3	4	4	11	24	16	31	68	83	62	306
13	河北省农林科学院	21	35	39	79	95	115	126	113	120	79	822
14	河南省农业科学院	21	34	45	50	52	47	83	178	131	104	745
15	黑龙江省农业科学院	50	76	79	219	168	187	232	326	117	81	1 535
16	湖北省农业科学院	14	16	19	25	19	25	22	43	42	28	253
17	湖南省农业科学院	12	22	12	16	25	27	59	52	44	47	316
18	吉林省农业科学院	9	20	50	65	55	39	30	31	41	34	374
19	江苏省农业科学院	63	108	86	108	166	170	178	216	193	138	1 426
20	江西省农业科学院	8	13	25	14	36	38	29	55	36	28	282

（续表）

序号	授予单位	2014 年	2015 年	2016 年	2017 年	2018 年	2019 年	2020 年	2021 年	2022 年	2023 年	专利总量
21	辽宁省农业科学院	19	22	35	34	43	52	111	206	240	221	983
22	内蒙古自治区农牧业科学院	7	9	17	20	57	45	101	163	205	181	805
23	宁夏农林科学院	6	7	26	39	70	128	189	278	275	160	1 178
24	山东省农业科学院	217	260	266	191	262	315	301	212	208	153	2 385
25	上海市农业科学院	5	5	12	9	10	19	33	82	75	51	301
26	四川省农业科学院	18	37	48	27	78	82	103	155	212	138	898
27	天津市农业科学院	14	22	15	17	25	40	46	51	53	17	300
28	西藏自治区农牧科学院	4	1	15	13	42	71	119	134	82	75	556
29	新疆农垦科学院	61	56	86	49	61	40	44	100	118	87	702
30	新疆农业科学院	51	71	67	54	66	51	84	152	178	168	942
31	新疆维吾尔自治区畜牧科学院	12	20	31	35	41	32	42	90	98	41	442
32	云南省农业科学院	32	29	49	30	100	88	99	145	199	182	953
33	浙江省农业科学院	11	19	28	18	46	51	64	73	128	70	508
年度专利（实用新型）总量		1 938	2 703	2 911	2 889	4 108	3 780	4 499	5 375	4 790	3 476	36 469
年均专利（实用新型）数量		58. 73	81. 91	88. 21	87. 55	124. 48	114. 55	136. 33	162. 88	145. 15	105. 33	1 105. 12

表4-4　2014—2023年全国农科院系统国内专利（外观设计）历年数量统计　　单位：项

序号	授予单位	2014年	2015年	2016年	2017年	2018年	2019年	2020年	2021年	2022年	2023年	专利总量
1	中国农业科学院	10	10	27	13	30	10	22	12	10	6	150
2	中国水产科学研究院	0	0	0	2	1	0	0	5	4	7	19
3	中国热带农业科学院	10	9	2	12	17	6	14	11	3	3	87
4	安徽省农业科学院	0	2	3	0	0	0	0	1	1	1	8
5	北京市农林科学院	9	2	6	4	4	3	13	16	18	7	82
6	重庆市农业科学院	2	5	0	0	1	1	1	1	0	1	12
7	福建省农业科学院	1	0	0	2	3	3	8	2	4	4	27
8	甘肃省农业科学院	0	0	0	0	1	0	6	1	0	1	9
9	广东省农业科学院	2	2	2	2	1	7	8	3	3	3	33
10	广西壮族自治区农业科学院	0	2	3	0	0	2	5	11	6	5	34
11	贵州省农业科学院	5	1	3	7	7	3	6	3	9	1	45
12	海南省农业科学院	0	0	0	0	0	0	0	1	2	1	4
13	河北省农林科学院	0	0	0	1	5	2	7	2	2	3	22
14	河南省农业科学院	1	0	0	0	0	0	0	0	0	0	1
15	黑龙江省农业科学院	0	0	1	0	0	0	26	8	2	4	41

（续表）

序号	授予单位	2014年	2015年	2016年	2017年	2018年	2019年	2020年	2021年	2022年	2023年	专利总量
16	湖北省农业科学院	1	1	6	2	5	0	2	5	2	0	24
17	湖南省农业科学院	0	0	0	0	1	0	0	0	1	0	2
18	吉林省农业科学院	0	0	0	0	1	1	4	1	0	2	9
19	江苏省农业科学院	13	3	8	2	12	0	14	8	5	1	66
20	江西省农业科学院	6	1	0	0	0	0	0	0	0	0	7
21	辽宁省农业科学院	0	0	2	2	1	0	0	3	0	1	9
22	内蒙古自治区农牧业科学院	0	0	0	0	0	0	2	4	3	2	11
23	宁夏农林科学院	4	0	2	6	2	7	12	6	8	7	54
24	山东省农业科学院	3	2	0	4	4	2	3	15	4	4	41
25	上海市农业科学院	0	1	0	0	1	5	11	4	0	3	25
26	四川省农业科学院	1	5	0	1	0	3	0	4	2	4	20
27	天津市农业科学院	0	0	0	1	1	0	5	0	0	0	7
28	西藏自治区农牧科学院	0	0	0	0	2	0	3	0	0	1	6
29	新疆农垦科学院	2	1	5	0	0	0	4	1	0	1	14
30	新疆农业科学院	0	0	0	0	1	2	0	0	3	0	6

（续表）

序号	授予单位	2014年	2015年	2016年	2017年	2018年	2019年	2020年	2021年	2022年	2023年	专利总量
31	新疆维吾尔自治区畜牧科学院	0	0	0	0	0	0	0	0	0	0	0
32	云南省农业科学院	0	0	5	3	6	3	5	13	6	2	43
33	浙江省农业科学院	0	0	0	0	3	0	4	7	3	6	23
年度专利（外观设计）总量		70	47	75	64	110	60	185	148	101	81	941
年均专利（外观设计）数量		2. 12	1. 42	2. 27	1. 94	3. 33	1. 82	5. 61	4. 48	3. 06	2. 45	28. 52

中国农业科学院

1 英文期刊论文分析

分析数据来源于科学引文索引数据库（Web of Science，WOS）收录的文献类型为期刊论文（Article）、会议论文（Proceedings Paper）和述评（Review）的 Science Citation Index Expanded（SCIE）论文数据，数据时间范围为2014—2023 年，共检索到中国农业科学院作者发表的论文40 143篇。

1.1 发文量

2014—2023 年中国农业科学院历年 SCI 发文与被引情况见表 1-1，中国农业科学院英文文献历年发文趋势（2014—2023 年）见图 1-1。

表 1-1 2014—2023 年中国农业科学院历年 SCI 发文与被引情况

出版年	发文量（篇）	WOS 所有数据库总被引频次	WOS 核心库被引频次
2014	2 092	66 887	58 190
2015	2 473	66 870	58 878
2016	2 928	68 680	61 019
2017	3 009	67 331	60 482
2018	3 361	66 229	60 162
2019	4 022	63 402	58 273
2020	4 648	48 411	45 219
2021	5 200	22 699	21 785
2022	6 313	4 693	4 639
2023	6 097	3 298	3 265

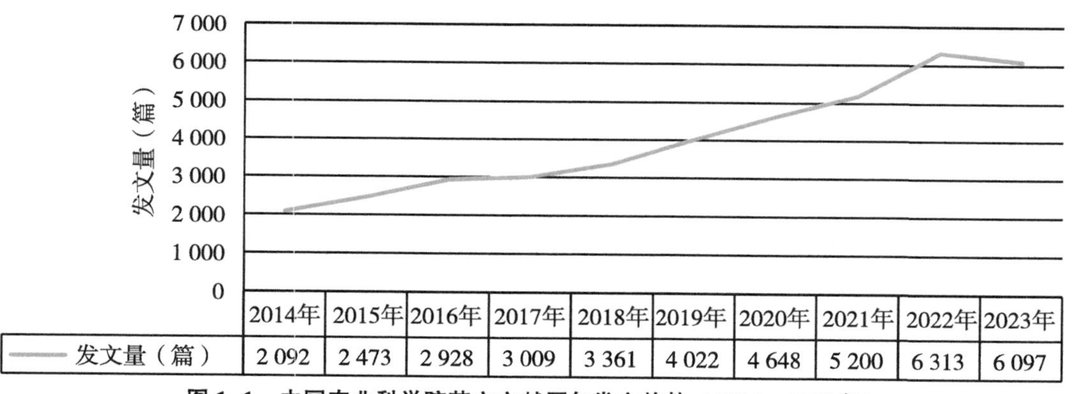

图 1-1 中国农业科学院英文文献历年发文趋势（2014—2023 年）

1.2　发文期刊 JCR 分区

2014—2023 年中国农业科学院 SCI 发文期刊 WOSJCR 分区情况见表 1-2，中国农业科学院 SCI 发文期刊 WOSJCR 分区趋势（2014—2023 年）见图 1-2。

表 1-2　2014—2023 年中国农业科学院 SCI 发文期刊 WOSJCR 分区情况　　单位：篇

出版年	Q1 区发文量	Q2 区发文量	Q3 区发文量	Q4 区发文量	其他发文量
2014	831	564	378	216	103
2015	1 030	639	465	240	99
2016	1 351	790	414	225	148
2017	1 559	737	445	201	67
2018	1 540	1 075	481	242	23
2019	1 912	1 171	444	229	266
2020	2 484	1 139	431	169	425
2021	3 083	1 001	252	165	699
2022	4 325	1 511	251	88	138
2023	4 634	1 139	183	104	37

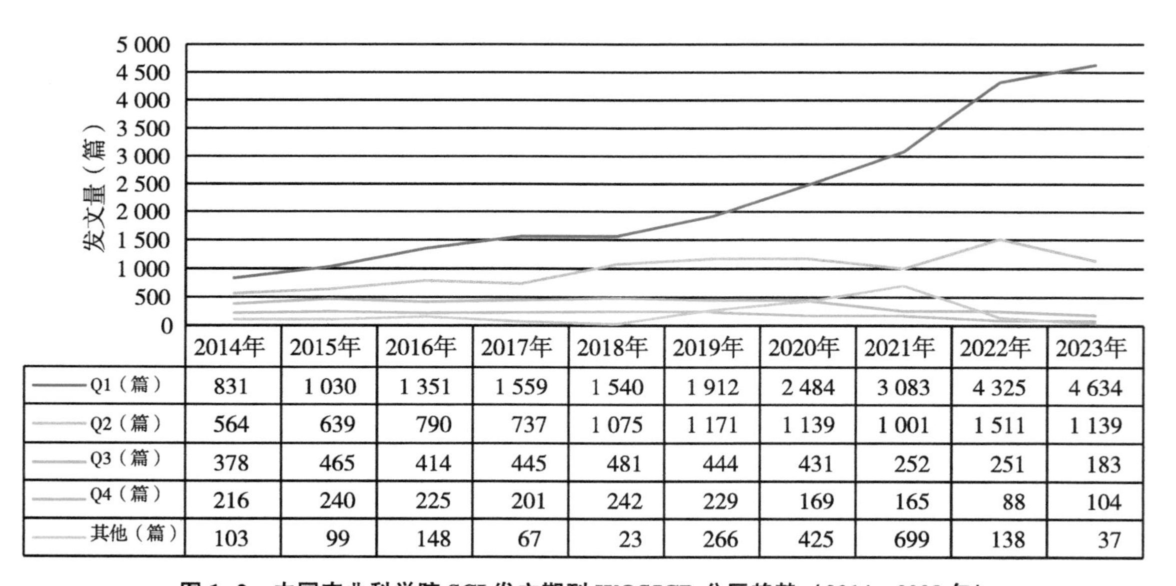

图 1-2　中国农业科学院 SCI 发文期刊 WOSJCR 分区趋势（2014—2023 年）

1.3　高发文研究所 TOP10

2014—2023 年中国农业科学院 SCI 高发文研究所 TOP10 见表 1-3。

表 1-3　2014—2023 年中国农业科学院 SCI 高发文研究所 TOP10　　单位：篇

排序	研究所	发文量
1	中国农业科学院植物保护研究所	3 900
2	中国农业科学院北京畜牧兽医研究所	2 966
3	中国农业科学院作物科学研究所	2 874
4	中国农业科学院农业资源与农业区划研究所	2 753
5	中国农业科学院生物技术研究所	2 152
6	中国农业科学院兰州兽医研究所	1 726
7	中国农业科学院农业环境与可持续发展研究所	1 626
8	中国农业科学院棉花研究所	1 400
9	中国农业科学院农产品加工研究所	1 358
10	中国农业科学院哈尔滨兽医研究所	1 333

1.4　高发文期刊 TOP10

2014—2023 年中国农业科学院 SCI 高发文期刊 TOP10 见表 1-4。

表 1-4　2014—2023 年中国农业科学院 SCI 高发文期刊 TOP10

排序	期刊名称	发文量（篇）	WOS 所有数据库总被引频次	WOS 核心库被引频次	期刊影响因子（最近年度）
1	FRONTIERS IN PLANT SCIENCE	1 210	11 337	10 442	4.1（2023）
2	PLOS ONE	915	19 558	17 273	2.9（2023）
3	SCIENTIFIC REPORTS	905	18 281	16 577	3.8（2023）
4	JOURNAL OF INTEGRATIVE AGRICULTURE	889	8 778	7 417	4.6（2023）
5	INTERNATIONAL JOURNAL OF MOLECULAR SCIENCES	879	6 696	6 160	4.9（2023）
6	FRONTIERS IN MICROBIOLOGY	638	4 716	4 357	4.0（2023）
7	FOOD CHEMISTRY	595	11 059	10 016	8.5（2023）
8	JOURNAL OF AGRICULTURAL AND FOOD CHEMISTRY	490	7 116	6 551	5.7（2023）
9	SCIENCE OF THE TOTAL ENVIRONMENT	454	6 539	5 953	8.2（2023）
10	AGRONOMY-BASEL	446	866	820	3.3（2023）

1.5 合作发文国家与地区 TOP10

2014—2023年中国农业科学院SCI合作发文国家与地区（合作发文1篇以上）TOP10见表1-5。

表1-5 2014—2023年中国农业科学院SCI合作发文国家与地区TOP10

排序	国家与地区	合作发文量（篇）	WOS所有数据库总被引频次	WOS核心库被引频次
1	美国	3 863	84 574	77 405
2	巴基斯坦	1 194	11 744	11 194
3	澳大利亚	947	22 826	21 063
4	英格兰	798	19 617	18 000
5	德国	665	17 692	16 569
6	比利时	663	9 948	9 316
7	加拿大	643	14 377	13 266
8	荷兰	520	9 938	9 223
9	法国	486	15 128	13 963
10	埃及	412	3 542	3 372

1.6 合作发文机构 TOP10

2014—2023年中国农业科学院SCI合作发文机构TOP10见表1-6。

表1-6 2014—2023年中国农业科学院SCI合作发文机构TOP10

排序	合作发文机构	发文量（篇）	WOS所有数据库总被引频次	WOS核心库被引频次
1	中国科学院	2 982	11 065	9 904
2	中国农业大学	2 597	6 571	5 951
3	华中农业大学	1 207	3 931	3 552
4	南京农业大学	1 191	4 457	3 869
5	中国科学院大学	966	3 167	2 882
6	浙江大学	922	3 273	2 958

（续表）

排序	合作发文机构	发文量（篇）	WOS 所有数据库总被引频次	WOS 核心库被引频次
7	中华人民共和国农业农村部	908	652	643
8	西北农林科技大学	885	2 659	2 142
9	扬州大学	823	1 494	1 348
10	东北农业大学	790	2 007	1 808

1.7 高频词 TOP20

2014—2023 年中国农业科学院 SCI 发文高频词（作者关键词）TOP20 见表 1-7。

表 1-7 2014—2023 年中国农业科学院 SCI 发文高频词（作者关键词）TOP20

排序	关键词（作者关键词）	频次	排序	关键词（作者关键词）	频次
1	Rice	663	11	Phylogenetic analysis	231
2	Transcriptome	459	12	Genetic diversity	218
3	China	381	13	Metabolomics	211
4	Maize	352	14	Yield	208
5	Gene expression	344	15	*Toxoplasma gondii*	189
6	Cotton	324	16	Gut microbiota	188
7	Wheat	317	17	Pathogenicity	187
8	RNA-seq	303	18	Salt stress	184
9	Soybean	237	19	Growth performance	180
10	Climate change	237	20	GWAS	178

2 中文期刊论文分析

2014—2023 年，中国农业科学院作者共发表北大中文核心期刊论文 36 312篇，中国科学引文数据库（CSCD）期刊论文22 930篇。

2.1 发文量

中国农业科学院中文文献历年发文趋势（2014—2023 年）见图 2-1。

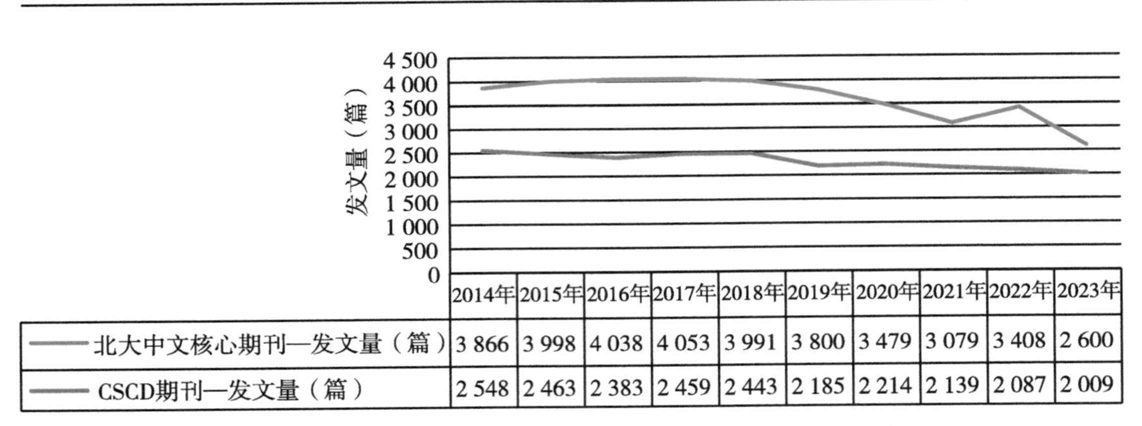

	2014年	2015年	2016年	2017年	2018年	2019年	2020年	2021年	2022年	2023年
北大中文核心期刊—发文量（篇）	3 866	3 998	4 038	4 053	3 991	3 800	3 479	3 079	3 408	2 600
CSCD期刊—发文量（篇）	2 548	2 463	2 383	2 459	2 443	2 185	2 214	2 139	2 087	2 009

图 2-1　中国农业科学院中文文献历年发文趋势（2014—2023 年）

2.2　高发文研究所 TOP10

2014—2023 年中国农业科学院北大中文核心期刊高发文研究所 TOP10 见表 2-1，2014—2023 年中国农业科学院中国科学引文数据库（CSCD）期刊高发文研究所 TOP10 见表 2-2。

表 2-1　2014—2023 年中国农业科学院北大中文核心期刊高发文研究所 TOP10　　单位：篇

排序	研究所	发文量
1	中国农业科学院农业资源与农业区划研究所	2 811
2	中国农业科学院作物科学研究所	2 696
3	中国农业科学院北京畜牧兽医研究所	2 585
4	中国农业科学院植物保护研究所	2 185
5	中国农业科学院草原生态研究所	1 600
6	中国农业科学院农业经济与发展研究所	1 524
7	中国农业科学院蔬菜花卉研究所	1 387
8	中国农业科学院农产品加工研究所	1 292
9	中国农业科学院农业环境与可持续发展研究所	1 245
10	中国农业科学院哈尔滨兽医研究所	1 124

表 2-2　2014—2023 年中国农业科学院 CSCD 期刊高发文研究所 TOP10　　单位：篇

排序	研究所	发文量
1	中国农业科学院农业资源与农业区划研究所	2 300
2	中国农业科学院植物保护研究所	2 004
3	中国农业科学院作物科学研究所	1 456

（续表）

排序	研究所	发文量
4	中国农业科学院北京畜牧兽医研究所	1 400
5	中国农业科学院草原生态研究所	1 296
6	中国农业科学院农业环境与可持续发展研究所	1 138
7	中国农业科学院农产品加工研究所	911
8	中国农业科学院哈尔滨兽医研究所	814
9	中国农业科学院兰州兽医研究所	764
10	中国农业科学院烟草研究所	760

2.3 高发文期刊 TOP10

2014—2023 年中国农业科学院高发文北大中文核心期刊 TOP10 见表 2-3，2014—2023 年中国农业科学院高发文 CSCD 期刊 TOP10 见表 2-4。

表 2-3 2014—2023 年中国农业科学院高发文期刊（北大中文核心）TOP10 单位：篇

排序	期刊名称	发文量	排序	期刊名称	发文量
1	中国农业科学	1 188	6	植物保护	669
2	动物营养学报	1 094	7	畜牧兽医学报	669
3	草业科学	786	8	农业工程学报	633
4	中国预防兽医学报	742	9	中国兽医科学	616
5	中国畜牧兽医	726	10	中国蔬菜	609

表 2-4 2014—2023 年中国农业科学院高发文期刊（CSCD）TOP10 单位：篇

排序	期刊名称	发文量	排序	期刊名称	发文量
1	中国农业科学	1 087	6	中国兽医科学	586
2	动物营养学报	996	7	草业科学	538
3	植物保护	657	8	农业工程学报	516
4	中国预防兽医学报	632	9	中国农业科技导报	499
5	畜牧兽医学报	631	10	植物遗传资源学报	496

2.4 合作发文机构 TOP10

2014—2023 年中国农业科学院北大中文核心期刊合作发文机构 TOP10 见表 2-5，2014—2023 年中国农业科学院 CSCD 期刊合作发文机构 TOP10 见表 2-6。

表 2-5　2014—2023 年中国农业科学院北大中文核心期刊合作发文机构 TOP10　单位：篇

排序	合作发文机构	发文量	排序	合作发文机构	发文量
1	兰州大学	1 327	6	西南大学	663
2	中国农业大学	1 125	7	南京农业大学	653
3	重庆医科大学	781	8	西北农林科技大学	482
4	中国科学院	721	9	吉林农业大学	480
5	甘肃农业大学	717	10	东北农业大学	443

表 2-6　2014—2023 年中国农业科学院 CSCD 期刊合作发文机构 TOP10　单位：篇

排序	合作发文机构	发文量	排序	合作发文机构	发文量
1	兰州大学	1 201	6	东北农业大学	345
2	中国科学院	578	7	西北农林科技大学	341
3	甘肃农业大学	572	8	南京农业大学	291
4	中国农业大学	493	9	吉林农业大学	290
5	西南大学	372	10	沈阳农业大学	250

中国水产科学研究院

1　英文期刊论文分析

分析数据来源于科学引文索引数据库（Web of Science，WOS）收录的文献类型为期刊论文（Article）、会议论文（Proceedings Paper）和述评（Review）的 Science Citation Index Expanded（SCIE）论文数 据，数据时间范围为 2014—2023 年，共检索到中国水产科学研究院作者发表的论文8 612篇。

1.1　发文量

2014—2023 年中国水产科学研究院历年 SCI 发文与被引情况见表 1-1，中国水产科学研究院英文文献历年发文趋势（2014—2023 年）见图 1-1。

表 1-1　2014—2023 年中国水产科学研究院历年 SCI 发文与被引情况

出版年	发文量（篇）	WOS 所有数据库总被引频次	WOS 核心库被引频次
2014	463	12 621	11 455
2015	573	14 017	12 856
2016	755	13 331	12 379
2017	683	14 248	13 277
2018	734	16 281	15 475
2019	863	16 134	15 163
2020	867	13 712	12 954
2021	1 042	13 408	11 524
2022	1 401	9 127	9 122
2023	1 231	3 765	3 546

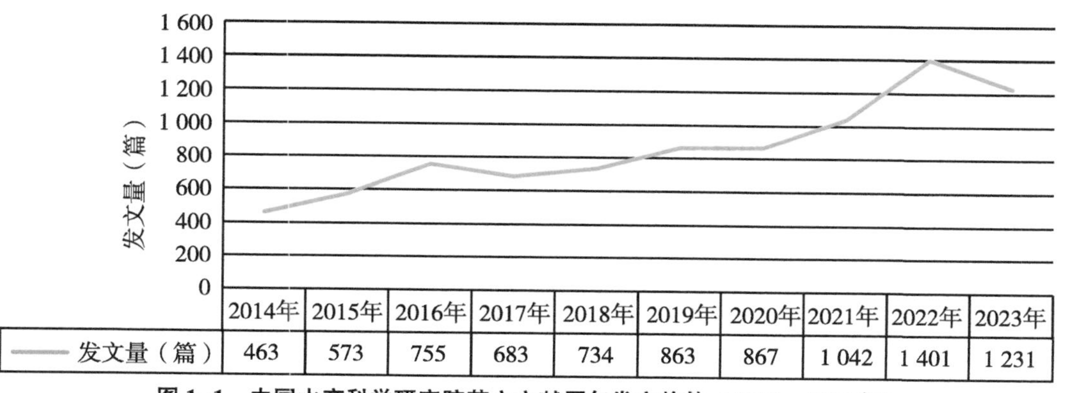

图 1-1　中国水产科学研究院英文文献历年发文趋势（2014—2023 年）

1.2 发文期刊 JCR 分区

2014—2023 年中国水产科学研究院 SCI 发文期刊 WOSJCR 分区情况见表 1-2，中国水产科学研究院 SCI 发文期刊 WOSJCR 分区趋势（2014—2023 年）见图 1-2。

表 1-2 2014—2023 年中国水产科学研究院 SCI 发文期刊 WOSJCR 分区情况 单位：篇

出版年	Q1 区发文量	Q2 区发文量	Q3 区发文量	Q4 区发文量	其他发文量
2014	137	98	125	98	5
2015	151	143	150	127	2
2016	223	134	105	267	26
2017	260	110	152	153	8
2018	295	171	143	105	20
2019	355	246	96	160	6
2020	452	209	91	112	3
2021	582	212	127	114	7
2022	838	402	87	54	20
2023	749	325	86	55	16

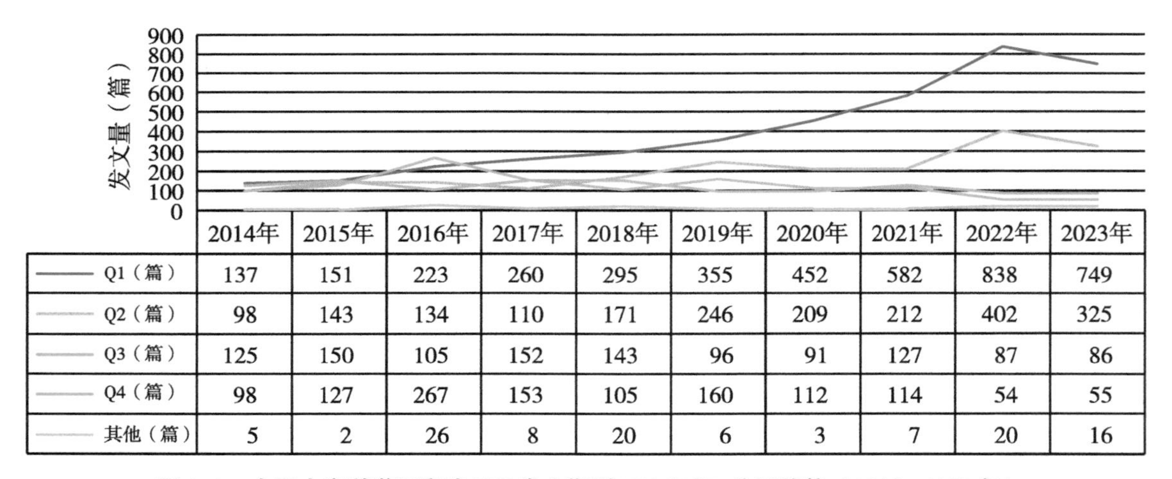

	2014年	2015年	2016年	2017年	2018年	2019年	2020年	2021年	2022年	2023年
Q1（篇）	137	151	223	260	295	355	452	582	838	749
Q2（篇）	98	143	134	110	171	246	209	212	402	325
Q3（篇）	125	150	105	152	143	96	91	127	87	86
Q4（篇）	98	127	267	153	105	160	112	114	54	55
其他（篇）	5	2	26	8	20	6	3	7	20	16

图 1-2 中国水产科学研究院 SCI 发文期刊 WOSJCR 分区趋势（2014—2023 年）

1.3 高发文研究所 TOP10

2014—2023 年中国水产科学研究院 SCI 高发文研究所 TOP10 见表 1-3。

表 1-3 2014—2023 年中国水产科学研究院 SCI 高发文研究所 TOP10 单位：篇

排序	研究所	发文量
1	中国水产科学研究院黄海水产研究所	2 220

（续表）

排序	研究所	发文量
2	中国水产科学研究院南海水产研究所	1 652
3	中国水产科学研究院淡水渔业研究中心	1 190
4	中国水产科学研究院长江水产研究所	904
5	中国水产科学研究院东海水产研究所	874
6	中国水产科学研究院珠江水产研究所	868
7	中国水产科学研究院黑龙江水产研究所	625
8	中国水产科学研究院	408
9	中国水产科学研究院渔业机械仪器研究所	147
10	中国水产科学研究院北戴河中心实验站	50
11	中国水产科学研究院长岛增殖实验站	36

注：“中国水产科学研究院”发文包括作者单位只标注为“中国水产科学研究院”、院属实验室等。

1.4 高发文期刊 TOP10

2014—2023 年中国水产科学研究院 SCI 高发文期刊 TOP10 见表 1-4。

表 1-4　2014—2023 年中国水产科学研究院 SCI 高发文期刊 TOP10

排序	期刊名称	发文量（篇）	WOS 所有数据库总被引频次	WOS 核心库被引频次	期刊影响因子（最近年度）
1	FISH & SHELLFISH IMMUNOLOGY	481	7 490	6 913	4.1（2023）
2	AQUACULTURE	481	4 207	3 786	3.9（2023）
3	AQUACULTURE RESEARCH	254	1 485	1 332	1.9（2023）
4	FRONTIERS IN MARINE SCIENCE	227	142	139	2.8（2023）
5	AQUACULTURE REPORTS	165	253	244	3.2（2023）
6	MITOCHONDRIAL DNA PART B-RESOURCES	164	163	159	0.5（2023）
7	MITOCHONDRIAL DNA PART A	146	332	309	1.1（2023）
8	JOURNAL OF APPLIED ICHTHYOLOGY	136	681	527	0.7（2023）
9	ISRAELI JOURNAL OF AQUACULTURE-BAMIDGEH	125	158	144	0.5（2023）

（续表）

排序	期刊名称	发文量（篇）	WOS 所有数据库总被引频次	WOS 核心库被引频次	期刊影响因子（最近年度）
10	FISHES	122	23	23	2.1（2023）

1.5 合作发文国家与地区 TOP10

2014—2023 年中国水产科学研究院 SCI 合作发文国家与地区（合作发文 1 篇以上）TOP10 见表 1-5。

表 1-5 2014—2023 年中国水产科学研究院 SCI 合作发文国家与地区 TOP10

排序	国家与地区	合作发文量（篇）	WOS 所有数据库总被引频次	WOS 核心库被引频次
1	美国	432	12 022	11 567
2	澳大利亚	155	3 123	2 991
3	日本	110	1 802	1 726
4	德国	106	3 159	2 990
5	加拿大	97	2 549	2 484
6	挪威	80	2 041	2 004
7	法国	52	1 788	1 685
8	捷克	48	902	854
9	沙特阿拉伯	47	1 826	1 672
10	意大利	47	1 087	1 062

1.6 合作发文机构 TOP10

2014—2023 年中国水产科学研究院 SCI 合作发文机构 TOP10 见表 1-6。

表 1-6 2014—2023 年中国水产科学研究院 SCI 合作发文机构 TOP10

排序	合作发文机构	发文量（篇）	WOS 所有数据库总被引频次	WOS 核心库被引频次
1	上海海洋大学	1 522	17 793	17 604
2	南京农业大学	820	11 604	11 482
3	中国科学院	674	14 783	14 581
4	中国海洋大学	526	8 693	8 603

（续表）

排序	合作发文机构	发文量（篇）	WOS 所有数据库总被引频次	WOS 核心库被引频次
5	华中农业大学	290	3 606	3 551
6	中国科学院大学	198	5 247	5 204
7	大连海洋大学	191	3 064	2 995
8	青岛海洋科学与技术试点国家实验室	146	2 067	2 065
9	浙江海洋大学	139	1 467	1 455
10	中山大学	137	2 704	2 652

1.7　高频词 TOP20

2014—2023 年中国水产科学研究院 SCI 发文高频词（作者关键词）TOP20 见表 1-7。

表 1-7　2014—2023 年中国水产科学研究院 SCI 发文高频词（作者关键词）TOP20

排序	关键词（作者关键词）	频次	排序	关键词（作者关键词）	频次
1	Growth	306	11	*Macrobrachium nipponense*	126
2	Fish	283	12	Temperature	126
3	Transcriptome	256	13	Expression	118
4	Gene expression	254	14	*Cynoglossus semilaevis*	116
5	Mitochondrial genome	241	15	Bacteria	114
6	Aquaculture	235	16	Genetic diversity	114
7	Growth performance	223	17	Risk assessment	114
8	Oxidative stress	193	18	Shellfish	113
9	Immune response	190	19	Apoptosis	110
10	Metabolism	134	20	*Litopenaeus vannamei*	103

2　中文期刊论文分析

2014—2023 年，中国水产科学研究院作者共发表北大中文核心期刊论文9 672篇，中国科学引文数据库（CSCD）期刊论文7 635篇。

2.1　发文量

中国水产科学研究院中文文献历年发文趋势（2014—2023 年）见图 2-1。

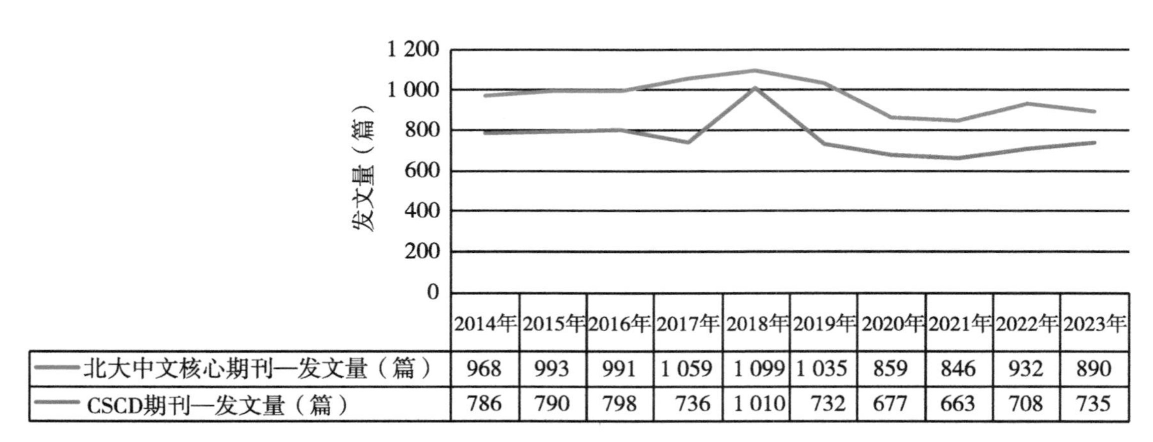

	2014年	2015年	2016年	2017年	2018年	2019年	2020年	2021年	2022年	2023年
北大中文核心期刊—发文量（篇）	968	993	991	1 059	1 099	1 035	859	846	932	890
CSCD期刊—发文量（篇）	786	790	798	736	1 010	732	677	663	708	735

图 2-1　中国水产科学研究院中文文献历年发文趋势（2014—2023 年）

2.2　高发文研究所 TOP10

2014—2023 年中国水产科学研究院北大中文核心期刊高发文研究所 TOP10 见表 2-1，2014—2023 年中国水产科学研究院中国科学引文数据库（CSCD）期刊高发文研究所 TOP10 见表 2-2。

表 2-1　2014—2023 年中国水产科学研究院北大中文核心期刊高发文研究所 TOP10　　单位：篇

排序	研究所	发文量
1	中国水产科学研究院黄海水产研究所	2 823
2	中国水产科学研究院南海水产研究所	1 651
3	中国水产科学研究院东海水产研究所	1 179
4	中国水产科学研究院淡水渔业研究中心	1 018
5	中国水产科学研究院长江水产研究所	756
6	中国水产科学研究院珠江水产研究所	723
7	中国水产科学研究院黑龙江水产研究所	515
8	中国水产科学研究院渔业机械仪器研究所	497
9	中国水产科学研究院	369
10	中国水产科学研究院北戴河中心实验站	33
11	中国水产科学研究院渔业工程研究所	22

注："中国水产科学研究院"发文包括作者单位只标注为"中国水产科学研究院"、院属实验室等。

表 2-2　2014—2023 年中国水产科学研究院 CSCD 期刊高发文研究所 TOP10　　单位：篇

排序	研究所	发文量
1	中国水产科学研究院黄海水产研究所	2 132

（续表）

排序	研究所	发文量
2	中国水产科学研究院南海水产研究所	1 548
3	中国水产科学研究院东海水产研究所	1 082
4	中国水产科学研究院淡水渔业研究中心	763
5	中国水产科学研究院长江水产研究所	682
6	中国水产科学研究院珠江水产研究所	674
7	中国水产科学研究院黑龙江水产研究所	428
8	中国水产科学研究院渔业机械仪器研究所	310
9	中国水产科学研究院	126
10	中国水产科学研究院北戴河中心实验站	40
11	中国水产科学研究院长岛增殖实验站	20

注：“中国水产科学研究院”发文包括作者单位只标注为“中国水产科学研究院”、院属实验室等。

2.3 高发文期刊 TOP10

2014—2023 年中国水产科学研究院高发文北大中文核心期刊 TOP10 见表 2-3，2014—2023 年中国水产科学研究院高发文 CSCD 期刊 TOP10 见表 2-4。

表 2-3 2014—2023 年中国水产科学研究院高发文期刊（北大中文核心）TOP10 单位：篇

排序	期刊名称	发文量	排序	期刊名称	发文量
1	渔业科学进展	807	6	淡水渔业	387
2	中国水产科学	676	7	科学养鱼	323
3	南方水产科学	592	8	渔业现代化	270
4	水产学报	520	9	水生生物学报	250
5	海洋渔业	407	10	大连海洋大学学报	199

表 2-4 2014—2023 年中国水产科学研究院高发文期刊（CSCD）TOP10 单位：篇

排序	期刊名称	发文量	排序	期刊名称	发文量
1	渔业科学进展	790	6	淡水渔业	351
2	中国水产科学	665	7	水生生物学报	237
3	南方水产科学	595	8	大连海洋大学学报	198
4	水产学报	510	9	上海海洋大学学报	177
5	海洋渔业	410	10	渔业现代化	172

2.4 合作发文机构 TOP10

2014—2023 年中国水产科学研究院北大中文核心期刊合作发文机构 TOP10 见表 2-5，2014—2023 年中国水产科学研究院 CSCD 期刊合作发文机构 TOP10 见表 2-6。

表 2-5 2014—2023 年中国水产科学研究院北大中文核心期刊合作发文机构 TOP10 单位：篇

排序	合作发文机构	发文量	排序	合作发文机构	发文量
1	上海海洋大学	1 782	6	国家海洋局第一海洋研究所	107
2	中国海洋大学	580	7	华中农业大学	104
3	南京农业大学	559	8	浙江海洋大学	90
4	中国科学院	446	9	天津农学院	87
5	大连海洋大学	237	10	中国石油大学	76

表 2-6 2014—2023 年中国水产科学研究院 CSCD 期刊合作发文机构 TOP10 单位：篇

排序	合作发文机构	发文量	排序	合作发文机构	发文量
1	上海海洋大学	1 672	6	华中农业大学	102
2	南京农业大学	434	7	浙江海洋大学	93
3	中国海洋大学	395	8	水产科学国家级实验教学示范中心	89
4	中国科学院	251	9	天津农学院	85
5	大连海洋大学	224	10	西南大学	74

中国热带农业科学院

1 英文期刊论文分析

分析数据来源于科学引文索引数据库（Web of Science，WOS）收录的文献类型为期刊论文（Article）、会议论文（Proceedings Paper）和述评（Review）的 Science Citation Index Expanded（SCIE）论文数据，数据时间范围为2014—2023 年，共检索到中国热带农业科学院作者发表的论文4 107篇。

1.1 发文量

2014—2023 年中国热带农业科学院历年 SCI 发文与被引情况见表 1-1，中国热带农业科学院英文文献历年发文趋势（2014—2023 年）见图 1-1。

表 1-1 2014—2023 年中国热带农业科学院历年 SCI 发文与被引情况

出版年	发文量（篇）	WOS 所有数据库总被引频次	WOS 核心库被引频次
2014	284	5 896	5 083
2015	299	5 860	5 064
2016	302	5 711	5 010
2017	317	6 255	5 641
2018	302	4 508	4 025
2019	408	4 340	4 005
2020	407	3 030	2 845
2021	530	1 905	1 842
2022	601	342	338
2023	657	278	276

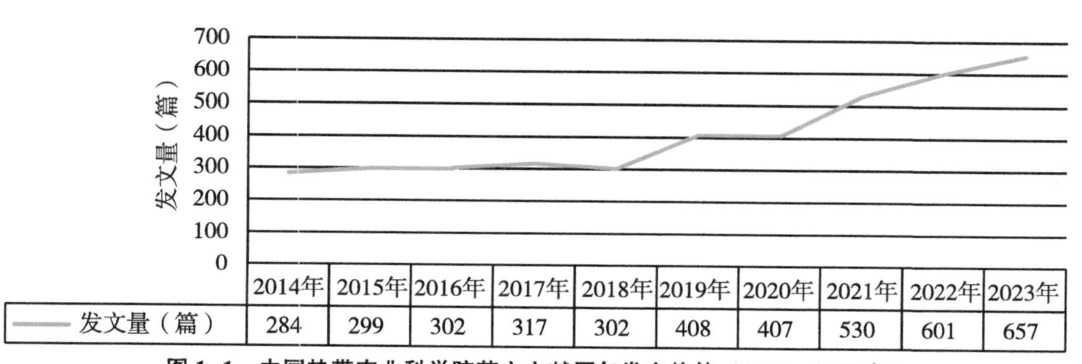

图 1-1 中国热带农业科学院英文文献历年发文趋势（2014—2023 年）

1.2 发文期刊 JCR 分区

2014—2023 年中国热带农业科学院 SCI 发文期刊 WOSJCR 分区情况见表 1-2，中国热带农业科学院 SCI 发文期刊 WOSJCR 分区趋势（2014—2023 年）见图 1-2。

表 1-2 2014—2023 年中国热带农业科学院 SCI 发文期刊 WOSJCR 分区情况 单位：篇

出版年	Q1 区发文量	Q2 区发文量	Q3 区发文量	Q4 区发文量	其他发文量
2014	73	63	60	40	48
2015	92	67	67	39	34
2016	130	79	33	25	35
2017	137	80	44	29	27
2018	119	103	42	37	1
2019	158	108	66	36	40
2020	168	90	60	42	47
2021	274	85	48	39	84
2022	365	161	40	24	11
2023	490	112	38	13	4

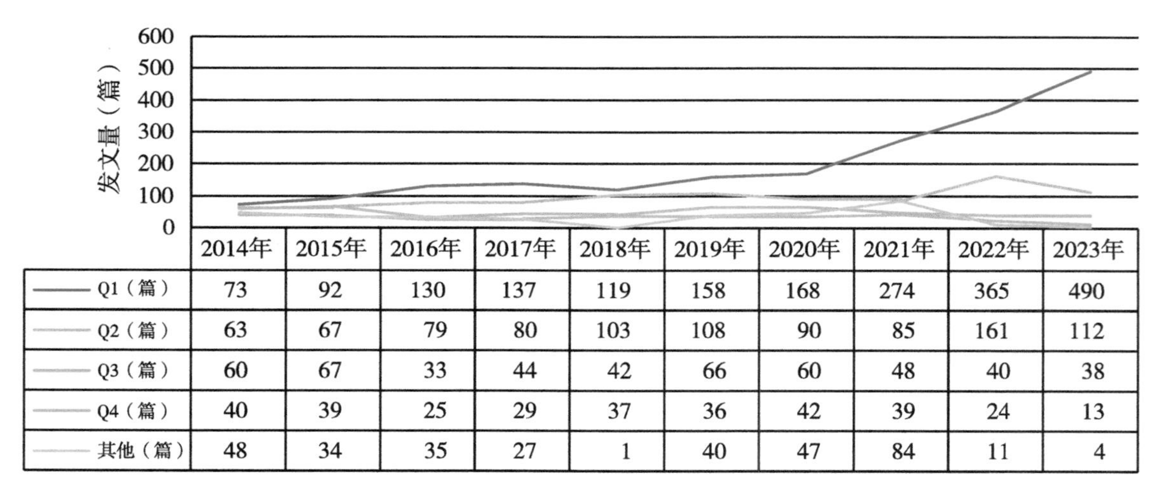

	2014年	2015年	2016年	2017年	2018年	2019年	2020年	2021年	2022年	2023年
Q1（篇）	73	92	130	137	119	158	168	274	365	490
Q2（篇）	63	67	79	80	103	108	90	85	161	112
Q3（篇）	60	67	33	44	42	66	60	48	40	38
Q4（篇）	40	39	25	29	37	36	42	39	24	13
其他（篇）	48	34	35	27	1	40	47	84	11	4

图 1-2 中国热带农业科学院 SCI 发文期刊 WOSJCR 分区趋势（2014—2023 年）

1.3 高发文研究所 TOP10

2014—2023 年中国热带农业科学院 SCI 高发文研究所 TOP10 见表 1-3。

表 1-3 2014—2023 年中国热带农业科学院 SCI 高发文研究所 TOP10 单位：篇

排序	研究所	发文量
1	中国热带农业科学院热带生物技术研究所	997
2	中国热带农业科学院环境与植物保护研究所	666
3	中国热带农业科学院热带作物品种资源研究所	514
4	中国热带农业科学院橡胶研究所	424
5	中国热带农业科学院农产品加工研究所	372
6	中国热带农业科学院海口实验站	304
7	中国热带农业科学院南亚热带作物研究所	283
8	中国热带农业科学院椰子研究所	188
9	中国热带农业科学院香料饮料研究所	174
10	中国热带农业科学院分析测试中心	130

1.4 高发文期刊 TOP10

2014—2023 年中国热带农业科学院 SCI 高发文期刊 TOP10 见表 1-4。

表 1-4 2014—2023 年中国热带农业科学院 SCI 高发文期刊 TOP10

排序	期刊名称	发文量（篇）	WOS 所有数据库总被引频次	WOS 核心库被引频次	期刊影响因子（最近年度）
1	FRONTIERS IN PLANT SCIENCE	161	1 535	1 372	4.1（2023）
2	SCIENTIFIC REPORTS	101	2 407	2 161	3.8（2023）
3	PLOS ONE	100	1 633	1 412	2.9（2023）
4	INTERNATIONAL JOURNAL OF MOLECULAR SCIENCES	97	819	719	4.9（2023）
5	MOLECULES	68	725	633	4.2（2023）
6	PLANT DISEASE	66	283	254	4.4（2023）
7	INDUSTRIAL CROPS AND PRODUCTS	64	473	430	5.6（2023）
8	FRONTIERS IN MICROBIOLOGY	57	371	337	4.0（2023）
9	FOOD CHEMISTRY	48	1 460	1 316	8.5（2023）
10	PLANTS-BASEL	44	41	40	4.0（2023）

1.5 合作发文国家与地区 TOP10

2014—2023 年中国热带农业科学院 SCI 合作发文国家与地区（合作发文 1 篇以

上）TOP10 见表 1-5。

表 1-5　2014—2023 年中国热带农业科学院 SCI 合作发文国家与地区 TOP10

排序	国家与地区	合作发文量（篇）	WOS 所有数据库总被引频次	WOS 核心库被引频次
1	美国	268	5 831	5 263
2	澳大利亚	125	2 261	2 115
3	巴基斯坦	80	422	392
4	德国	77	1 228	1 144
5	埃及	59	385	372
6	沙特阿拉伯	37	337	325
7	英格兰	35	707	616
8	法国	34	708	615
9	加拿大	32	471	433
10	日本	30	468	425

1.6　合作发文机构 TOP10

2014—2023 年中国热带农业科学院 SCI 合作发文机构 TOP10 见表 1-6。

表 1-6　2014—2023 年中国热带农业科学院 SCI 合作发文机构 TOP10

排序	合作发文机构	发文量（篇）	WOS 所有数据库总被引频次	WOS 核心库被引频次
1	海南大学	890	1 419	1 256
2	中国科学院	272	950	846
3	中国农业科学院	197	326	305
4	华中农业大学	185	432	381
5	华南农业大学	132	263	237
6	中华人民共和国农业农村部	122	46	45
7	南京农业大学	104	331	294
8	中国农业大学	96	294	262
9	广东海洋大学	89	138	130
10	迪肯大学（澳大利亚）	60	396	374

1.7 高频词 TOP20

2014—2023 年中国热带农业科学院 SCI 发文高频词（作者关键词）TOP20 见表 1-7。

表 1-7 2014—2023 年中国热带农业科学院 SCI 发文高频词（作者关键词）TOP20

排序	关键词（作者关键词）	频次	排序	关键词（作者关键词）	频次
1	*Hevea brasiliensis*	102	11	Agarwood	36
2	gene expression	93	12	Cytotoxicity	36
3	Cassava	91	13	RNA-seq	34
4	Transcriptome	65	14	Antioxidant activity	34
5	Banana	57	15	Taxonomy	31
6	Abiotic stress	54	16	Antibacterial activity	24
7	Mango	40	17	Genetic diversity	23
8	Natural rubber	40	18	Chitosan	22
9	Rubber tree	37	19	Mechanical properties	22
10	Phylogenetic analysis	37	20	AChE inhibitory activity	22

2 中文期刊论文分析

2014—2023 年，中国热带农业科学院作者共发表北大中文核心期刊论文5 708篇，中国科学引文数据库（CSCD）期刊论文4 075篇。

2.1 发文量

中国热带农业科学院中文文献历年发文趋势（2014—2023 年）见图 2-1。

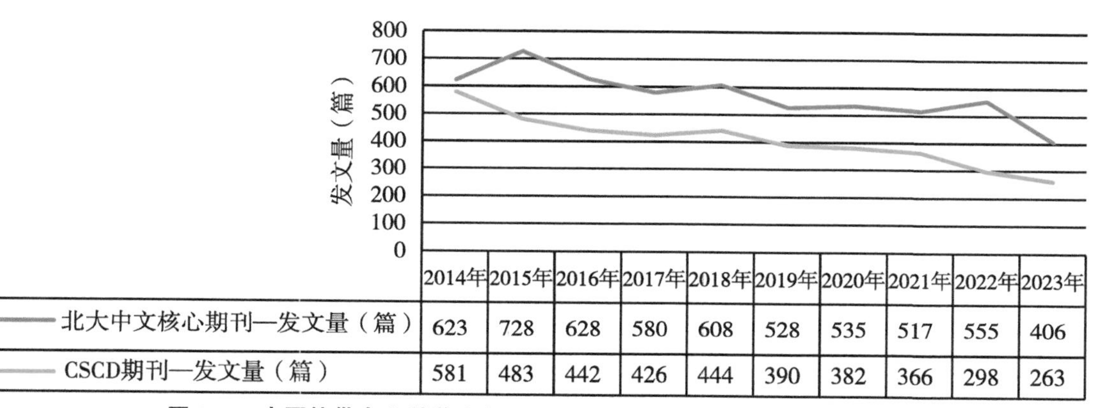

图 2-1 中国热带农业科学院中文文献历年发文趋势（2014—2023 年）

2.2 高发文研究所 TOP10

2014—2023 年中国热带农业科学院北大中文核心期刊高发文研究所 TOP10 见表 2-1，2014—2023 年中国热带农业科学院中国科学引文数据库（CSCD）期刊高发文研究所 TOP10 见表 2-2。

表 2-1　2014—2023 年中国热带农业科学院北大中文核心期刊高发文研究所 TOP10　单位：篇

排序	研究所	发文量
1	中国热带农业科学院热带作物品种资源研究所	1 190
2	中国热带农业科学院环境与植物保护研究所	974
3	中国热带农业科学院热带生物技术研究所	869
4	中国热带农业科学院橡胶研究所	698
5	中国热带农业科学院南亚热带作物研究所	559
6	中国热带农业科学院椰子研究所	332
7	中国热带农业科学院香料饮料研究所	324
8	中国热带农业科学院农产品加工研究所	317
9	中国热带农业科学院海口实验站	234
10	中国热带农业科学院	196
11	中国热带农业科学院分析测试中心	193

注：“中国热带农业科学院”发文包括作者单位只标注为“中国热带农业科学院”、院属实验室等。

表 2-2　2014—2023 年中国热带农业科学院 CSCD 期刊高发文研究所 TOP10　单位：篇

排序	研究所	发文量
1	中国热带农业科学院环境与植物保护研究所	803
2	中国热带农业科学院热带作物品种资源研究所	787
3	中国热带农业科学院热带生物技术研究所	730
4	中国热带农业科学院橡胶研究所	560
5	中国热带农业科学院南亚热带作物研究所	380
6	中国热带农业科学院香料饮料研究所	258
7	中国热带农业科学院农产品加工研究所	204

（续表）

排序	研究所	发文量
8	中国热带农业科学院椰子研究所	193
9	中国热带农业科学院海口实验站	164
10	中国热带农业科学院分析测试中心	143

2.3 高发文期刊 TOP10

2014—2023 年中国热带农业科学院高发文北大中文核心期刊 TOP10 见表 2-3，2014—2023 年中国热带农业科学院高发文 CSCD 期刊 TOP10 见表 2-4。

表 2-3 2014—2023 年中国热带农业科学院高发文期刊（北大中文核心）TOP10 单位：篇

排序	期刊名称	发文量	排序	期刊名称	发文量
1	热带作物学报	1 418	6	基因组学与应用生物学	124
2	分子植物育种	421	7	江苏农业科学	122
3	中国南方果树	206	8	食品工业科技	111
4	南方农业学报	164	9	西南农业学报	95
5	广东农业科学	162	10	生物技术通报	74

表 2-4 2014—2023 年中国热带农业科学院高发文期刊（CSCD）TOP10 单位：篇

排序	期刊名称	发文量	排序	期刊名称	发文量
1	热带作物学报	1 452	6	广东农业科学	72
2	分子植物育种	276	7	生物技术通报	69
3	南方农业学报	153	8	果树学报	68
4	基因组学与应用生物学	124	9	环境昆虫学报	64
5	西南农业学报	91	10	食品科学	59

2.4 合作发文机构 TOP10

2014—2023 年中国热带农业科学院北大中文核心期刊合作发文机构 TOP10 见表 2-5，2014—2023 年中国热带农业科学院 CSCD 期刊合作发文机构 TOP10 见表 2-6。

表 2-5　2014—2023 年中国热带农业科学院北大中文核心期刊合作发文机构 TOP10　单位：篇

排序	合作发文机构	发文量	排序	合作发文机构	发文量
1	海南大学	1 557	6	华南农业大学	82
2	华中农业大学	194	7	黑龙江八一农垦大学	80
3	云南农业大学	110	8	中国农业科学院	57
4	海南省农业科学院	94	9	中国科学院	44
5	广东海洋大学	84	10	南京农业大学	43

表 2-6　2014—2023 年中国热带农业科学院 CSCD 期刊合作发文机构 TOP10　单位：篇

排序	合作发文机构	发文量	排序	合作发文机构	发文量
1	海南大学	1 168	6	中国农业科学院	54
2	华中农业大学	129	7	海南省农业科学院	51
3	云南农业大学	79	8	黑龙江八一农垦大学	48
4	广东海洋大学	59	9	中国科学院	36
5	华南农业大学	56	10	南京农业大学	35

安徽省农业科学院

1　英文期刊论文分析

分析数据来源于科学引文索引数据库（Web of Science，WOS）收录的文献类型为期刊论文（Article）、会议论文（Proceedings Paper）和述评（Review）的 Science Citation Index Expanded（SCIE）论文数据，数据时间范围为2014—2023 年，共检索到安徽省农业科学院作者发表的论文1 409篇。

1.1　发文量

2014—2023 年安徽省农业科学院历年 SCI 发文与被引情况见表 1-1，安徽省农业科学院英文文献历年发文趋势（2014—2023 年）见图 1-1。

表 1-1　2014—2023 年安徽省农业科学院历年 SCI 发文与被引情况

出版年	载文量（篇）	WOS 所有数据库总被引频次	SCI 核心库被引频次
2014	51	2 272	1 891
2015	79	2 863	2 518
2016	87	2 037	1 830
2017	90	2 170	1 967
2018	113	2 412	2 179
2019	146	2 107	1 952
2020	165	1 547	1 455
2021	192	590	560
2022	224	90	89
2023	262	90	90

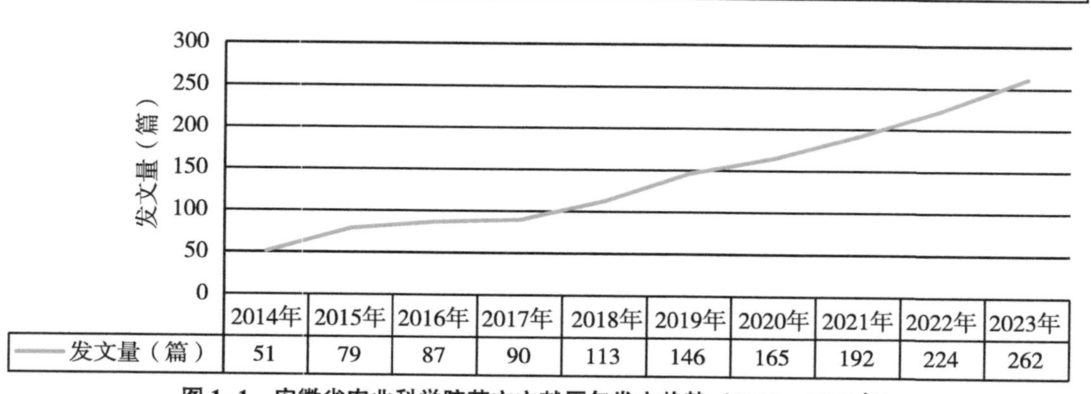

图 1-1　安徽省农业科学院英文文献历年发文趋势（2014—2023 年）

1.2 发文期刊 JCR 分区

2014—2023 年安徽省农业科学院 SCI 发文期刊 WOSJCR 分区情况见表 1-2，安徽省农业科学院 SCI 发文期刊 WOSJCR 分区趋势（2014—2023 年）见图 1-2。

表 1-2 2014—2023 年安徽省农业科学院 SCI 发文期刊 WOSJCR 分区情况 单位：篇

出版年	Q1 区发文量	Q2 区发文量	Q3 区发文量	Q4 区发文量	其他发文量
2014	23	16	6	6	0
2015	34	18	13	13	1
2016	39	15	19	4	10
2017	36	28	15	8	3
2018	47	26	19	20	1
2019	65	39	14	21	7
2020	81	48	10	16	10
2021	101	39	19	7	26
2022	143	52	17	9	3
2023	179	62	12	6	3

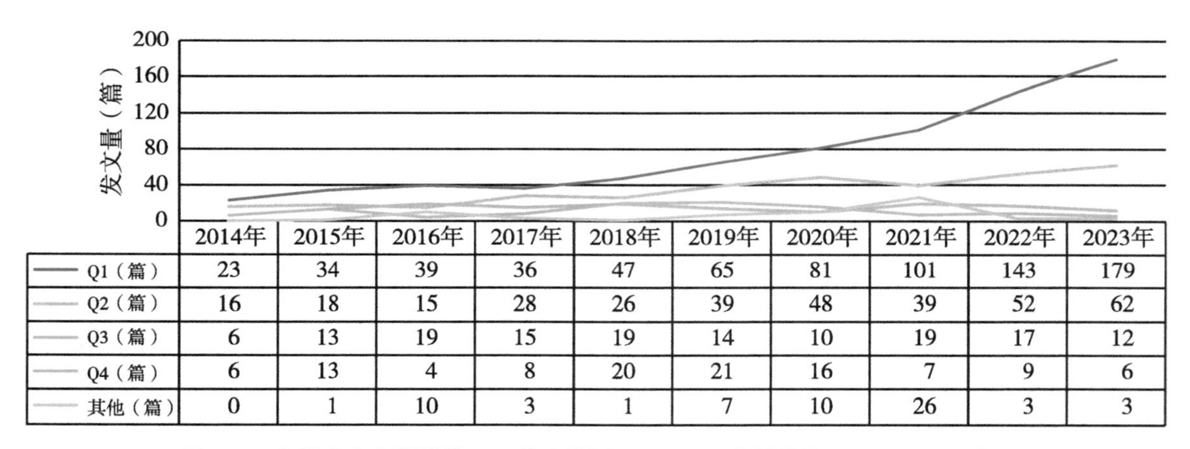

	2014年	2015年	2016年	2017年	2018年	2019年	2020年	2021年	2022年	2023年
Q1（篇）	23	34	39	36	47	65	81	101	143	179
Q2（篇）	16	18	15	28	26	39	48	39	52	62
Q3（篇）	6	13	19	15	19	14	10	19	17	12
Q4（篇）	6	13	4	8	20	21	16	7	9	6
其他（篇）	0	1	10	3	1	7	10	26	3	3

图 1-2 安徽省农业科学院 SCI 发文期刊 WOSJCR 分区趋势（2014—2023 年）

1.3 高发文研究所 TOP10

2014—2023 年安徽省农业科学院 SCI 高发文研究所 TOP10 见表 1-3。

表 1-3 2014—2023 年安徽省农业科学院 SCI 高发文研究所 TOP10 单位：篇

排序	研究所	发文量
1	安徽省农业科学院水稻研究所	235

（续表）

排序	研究所	发文量
2	安徽省农业科学院畜牧兽医研究所	201
3	安徽省农业科学院植物保护与农产品质量安全研究所	197
4	安徽省农业科学院土壤肥料研究所	128
5	安徽省农业科学院作物研究所	121
6	安徽省农业科学院园艺研究所	118
7	安徽省农业科学院水产研究所	88
8	安徽省农业科学院蚕桑研究所	51
9	安徽省农业科学院农业工程研究所	46
10	安徽省农业科学院烟草研究所	41

1.4 高发文期刊 TOP10

2014—2023 年安徽省农业科学院 SCI 高发文期刊 TOP10 见表 1-4。

表 1-4 2014—2023 年安徽省农业科学院 SCI 高发文期刊 TOP10

排序	期刊名称	发文量（篇）	WOS 所有数据库总被引频次	WOS 核心库被引频次	期刊影响因子（最近年度）
1	FRONTIERS IN PLANT SCIENCE	56	277	257	4.1（2023）
2	SCIENTIFIC REPORTS	45	1 011	921	3.8（2023）
3	PLOS ONE	36	700	636	2.9（2023）
4	AGRONOMY-BASEL	31	25	23	3.3（2023）
5	ANIMALS	26	132	126	2.7（2023）
6	INTERNATIONAL JOURNAL OF MOLECULAR SCIENCES	21	131	126	4.9（2023）
7	FOOD CHEMISTRY	20	577	522	8.5（2023）
8	BMC PLANT BIOLOGY	16	165	152	4.3（2023）
9	SCIENCE OF THE TOTAL ENVIRONMENT	15	121	111	8.2（2023）
10	FRONTIERS IN GENETICS	15	84	79	2.8（2023）

1.5 合作发文国家与地区 TOP10

2014—2023 年安徽省农业科学院 SCI 合作发文国家与地区（合作发文 1 篇以上）

TOP10 见表 1-5。

表 1-5　2014—2023 年安徽省农业科学院 SCI 合作发文国家与地区 TOP10

排序	国家与地区	合作发文量（篇）	WOS 所有数据库总被引频次	WOS 核心库被引频次
1	美国	88	3 289	2 853
2	巴基斯坦	26	107	97
3	澳大利亚	20	472	427
4	英国	20	704	621
5	德国	10	136	126
6	埃及	9	107	100
7	加拿大	8	33	30
8	丹麦	7	43	40
9	新加坡	6	83	80
10	西班牙	6	187	174

1.6　合作发文机构 TOP10

2014—2023 年安徽省农业科学院 SCI 合作发文机构 TOP10 见表 1-6。

表 1-6　2014—2023 年安徽省农业科学院 SCI 合作发文机构 TOP10

排序	合作发文机构	发文量（篇）	WOS 所有数据库总被引频次	WOS 核心库被引频次
1	安徽农业大学	308	353	328
2	中国科学院	143	767	667
3	中国农业科学院	134	548	470
4	南京农业大学	101	552	477
5	中国农业大学	64	502	426
6	广西壮族自治区农业科学院	59	35	33
7	华中农业大学	53	399	330
8	安徽大学	46	160	134
9	中国科学院大学	44	133	119
10	合肥工业大学	41	216	200

1.7　高频词 TOP20

2014—2023 年安徽省农业科学院 SCI 发文高频词（作者关键词）TOP20 见表 1-7。

表 1-7　2014—2023 年安徽省农业科学院 SCI 发文高频词（作者关键词）TOP20

排序	关键词（作者关键词）	频次	排序	关键词（作者关键词）	频次
1	Rice	75	11	Maize	10
2	Transcriptome	25	12	Genome editing	10
3	Gene expression	17	13	Phylogenetic analysis	10
4	Grain yield	15	14	GWAS	10
5	Long-term fertilization	14	15	*Bombyx mori*	10
6	Pig	13	16	Proteome	9
7	RNA-seq	13	17	Proteomics	9
8	CRISPR	12	18	Soybean	9
9	Wheat	12	19	Mitochondrial genome	9
10	Sheep	11	20	Pear	9

2　中文期刊论文分析

2014—2023 年，安徽省农业科学院作者共发表北大中文核心期刊论文 1 358篇，中国科学引文数据库（CSCD）期刊论文 964 篇。

2.1　发文量

安徽省农业科学院中文文献历年发文趋势（2014—2023 年）见图 2-1。

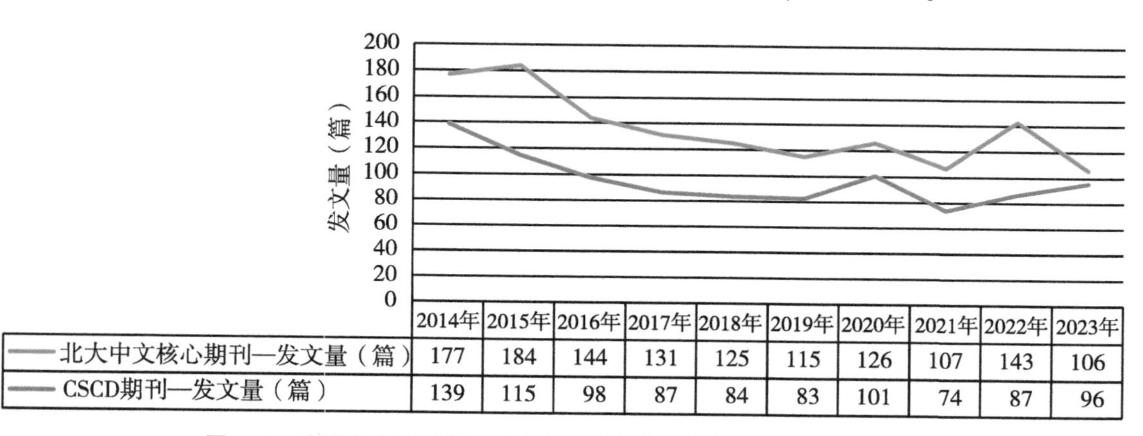

	2014年	2015年	2016年	2017年	2018年	2019年	2020年	2021年	2022年	2023年
北大中文核心期刊—发文量（篇）	177	184	144	131	125	115	126	107	143	106
CSCD期刊—发文量（篇）	139	115	98	87	84	83	101	74	87	96

图 2-1　安徽省农业科学院中文文献历年发文趋势（2014—2023 年）

2.2　高发文研究所 TOP10

2014—2023 年安徽省农业科学院北大中文核心期刊高发文研究所 TOP10 见表 2-1，

2014—2023 年安徽省农业科学院中国科学引文数据库（CSCD）期刊高发文研究所 TOP10 见表 2-2。

表 2-1　2014—2023 年安徽省农业科学院北大中文核心期刊高发文研究所 TOP10　单位：篇

排序	研究所	发文量
1	安徽省农业科学院畜牧兽医研究所	193
2	安徽省农业科学院土壤肥料研究所	162
2	安徽省农业科学院作物研究所	162
3	安徽省农业科学院水稻研究所	135
4	安徽省农业科学院水产研究所	134
5	安徽省农业科学院园艺研究所	126
6	安徽省农业科学院植物保护与农产品质量安全研究所	112
7	安徽省农业科学院农产品加工研究所	67
8	安徽省农业科学院茶叶研究所	66
9	安徽省农业科学院烟草研究所	64
10	安徽省农业科学院农业工程研究所	56

表 2-2　2014—2023 年安徽省农业科学院 CSCD 期刊高发文研究所 TOP10　单位：篇

排序	研究所	发文量
1	安徽省农业科学院土壤肥料研究所	163
2	安徽省农业科学院作物研究所	152
3	安徽省农业科学院水稻研究所	109
4	安徽省农业科学院水产研究所	104
4	安徽省农业科学院植物保护与农产品质量安全研究所	104
5	安徽省农业科学院烟草研究所	65
5	安徽省农业科学院园艺研究所	65
6	安徽省农业科学院畜牧兽医研究所	59
7	安徽省农业科学院茶叶研究所	53
8	安徽省农业科学院农产品加工研究所	33
9	安徽省农业科学院农业工程研究所	27
10	安徽省农业科学院棉花研究所	24

2.3 高发文期刊 TOP10

2014—2023 年安徽省农业科学院高发文北大中文核心期刊 TOP10 见表 2-3，2014—2023 年安徽省农业科学院高发文 CSCD 期刊 TOP10 见表 2-4。

表 2-3 2014--2023 年安徽省农业科学院高发文期刊（北大中文核心）TOP10 单位：篇

排序	期刊名称	发文量	排序	期刊名称	发文量
1	园艺学报	72	6	江苏农业科学	30
2	安徽农业大学学报	57	7	植物保护	30
3	中国家禽	37	8	中国土壤与肥料	29
4	麦类作物学报	34	9	杂交水稻	27
5	中国畜牧兽医	33	10	分子植物育种	26

表 2-4 2014—2023 年安徽省农业科学院高发文期刊（CSCD）TOP10 单位：篇

排序	期刊名称	发文量	排序	期刊名称	发文量
1	安徽农业大学学报	70	6	杂交水稻	27
2	麦类作物学报	33	7	园艺学报	26
3	植物保护	32	8	土壤	23
4	中国土壤与肥料	30	9	农药	21
5	中国农学通报	28	10	植物营养与肥料学报	20

2.4 合作发文机构 TOP10

2014—2023 年安徽省农业科学院北大中文核心期刊合作发文机构 TOP10 见表 2-5，2014—2023 年安徽省农业科学院 CSCD 期刊合作发文机构 TOP10 见表 2-6。

表 2-5 2014—2023 年安徽省农业科学院北大中文核心期刊合作发文机构 TOP10 单位：篇

排序	合作发文机构	发文量	排序	合作发文机构	发文量
1	安徽农业大学	206	6	安徽省烟草公司	20
2	中国农业科学院	73	7	华中农业大学	19
3	中国科学院	37	8	中国农业大学	16
4	安徽科技学院	36	9	国家水稻改良中心	14
5	南京农业大学	25	10	合肥工业大学	11

表 2-6　2014—2023 年安徽省农业科学院 CSCD 期刊合作发文机构 TOP10　　单位：篇

排序	合作发文机构	发文量	排序	合作发文机构	发文量
1	安徽农业大学	156	6	安徽科技学院	21
2	中国农业科学院	67	7	华中农业大学	13
3	中国科学院	35	8	国家水稻改良中心	12
4	安徽省烟草公司	24	9	安徽皖南烟叶有限责任公司	9
5	南京农业大学	22	10	中国农业大学	9

北京市农林科学院

1 英文期刊论文分析

分析数据来源于科学引文索引数据库（Web of Science，WOS）收录的文献类型为期刊论文（Article）、会议论文（Proceedings Paper）和述评（Review）的 Science Citation Index Expanded（SCIE）论文数据，数据时间范围为2014—2023 年，共检索到北京市农林科学院作者发表的论文4 701篇。

1.1 发文量

2014—2023 年北京市农林科学院历年 SCI 发文与被引情况见表 1-1，北京市农林科学院英文文献历年发文趋势（2014—2023 年）见图 1-1。

表 1-1 2014—2023 年北京市农林科学院历年 SCI 发文与被引情况

出版年	发文量（篇）	WOS 所有数据库总被引频次	WOS 核心库被引频次
2014	250	5 033	4 295
2015	278	6 618	5 740
2016	364	7 526	6 766
2017	322	7 904	7 123
2018	330	6 836	6 212
2019	486	7 692	7 117
2020	468	5 141	4 782
2021	572	2 863	2 744
2022	843	617	605
2023	788	407	403

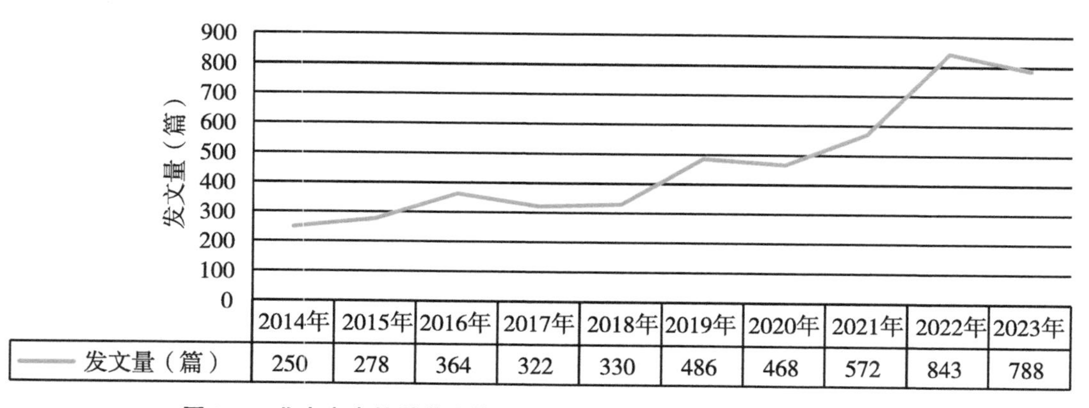

图 1-1 北京市农林科学院英文文献历年发文趋势（2014—2023 年）

1.2　发文期刊 JCR 分区

2014—2023 年北京市农林科学院 SCI 发文期刊 WOSJCR 分区情况见表 1-2，北京市农林科学院 SCI 发文期刊 WOSJCR 分区趋势（2014—2023 年）见图 1-2。

表 1-2　2014—2023 年北京市农林科学院 SCI 发文期刊 WOSJCR 分区情况　　单位：篇

出版年	Q1 区发文量	Q2 区发文量	Q3 区发文量	Q4 区发文量	其他发文量
2014	53	46	28	48	75
2015	70	62	40	17	89
2016	98	66	47	55	98
2017	132	77	54	37	22
2018	142	104	37	42	5
2019	189	132	45	36	84
2020	231	115	46	32	44
2021	330	109	20	45	68
2022	609	137	34	30	33
2023	617	124	15	20	12

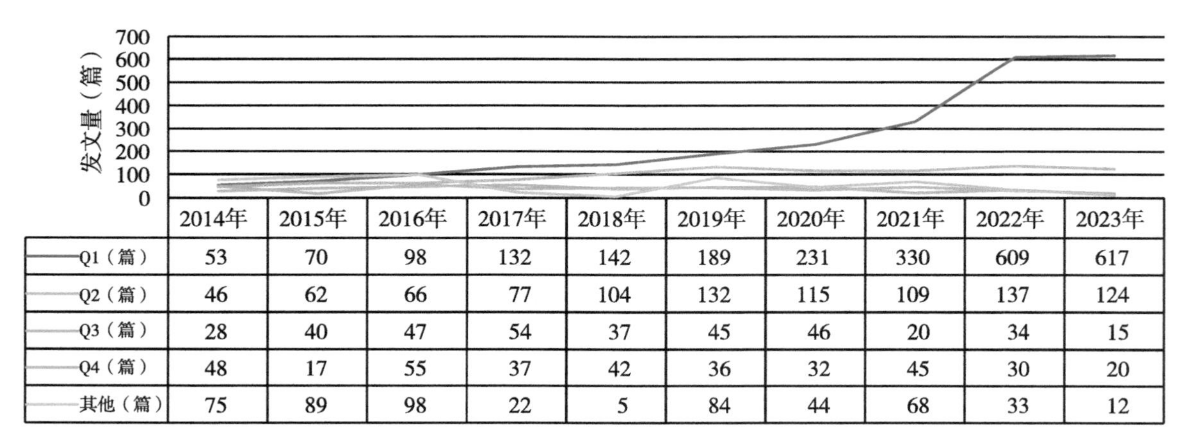

图 1-2　北京市农林科学院 SCI 发文期刊 WOSJCR 分区趋势（2014—2023 年）

1.3　高发文研究所 TOP10

2014—2023 年北京市农林科学院 SCI 高发文研究所 TOP10 见表 1-3。

表 1-3　2014—2023 年北京市农林科学院 SCI 高发文研究所 TOP10　　单位：篇

排序	研究所	发文量
1	北京市农林科学院信息技术研究中心	1 002
2	北京市农林科学院植物保护研究所	507
3	北京市农林科学院蔬菜研究所	505
4	北京市农林科学院智能装备技术研究中心	408
5	北京市农林科学院林业果树研究所	261
6	北京市农林科学院质量标准与检测技术研究所	245
7	北京市农林科学院畜牧兽医研究所	225
8	北京市农林科学院生物技术研究所	222
9	北京市农林科学院植物营养与资源环境研究所	151
10	北京市农林科学院杂交小麦研究所	149

1.4　高发文期刊 TOP10

2014—2023 年北京市农林科学院 SCI 高发文期刊 TOP10 见表 1-4。

表 1-4　2014—2023 年北京市农林科学院 SCI 高发文期刊 TOP10

排序	期刊名称	发文量（篇）	WOS 所有数据库总被引频次	WOS 核心库被引频次	期刊影响因子（最近年度）
1	FRONTIERS IN PLANT SCIENCE	169	1 148	1 067	4. 1（2023）
2	COMPUTERS AND ELECTRONICS IN AGRICULTURE	139	1 159	1 061	7. 7（2023）
3	SPECTROSCOPY AND SPECTRAL ANALYSIS	127	577	293	0. 7（2023）
4	SCIENTIFIC REPORTS	95	1 578	1 449	3. 8（2023）
5	REMOTE SENSING	93	1 700	1 549	4. 2（2023）
6	AGRONOMY-BASEL	80	36	33	3. 3（2023）
7	AGRICULTURE-BASEL	65	92	92	3. 3（2023）
8	INTERNATIONAL JOURNAL OF AGRICULTURAL AND BIOLOGICAL ENGINEERING	60	600	517	2. 2（2023）
9	FOOD CHEMISTRY	58	570	538	8. 5（2023）

（续表）

排序	期刊名称	发文量（篇）	WOS 所有数据库总被引频次	WOS 核心库被引频次	期刊影响因子（最近年度）
10	INTERNATIONAL JOURNAL OF MOLECULAR SCIENCES	58	214	195	4.9（2023）

1.5 合作发文国家与地区 TOP10

2014—2023 年北京市农林科学院 SCI 合作发文国家与地区（合作发文 1 篇以上）TOP10 见表 1-5。

表 1-5 2014—2023 年北京市农林科学院 SCI 合作发文国家与地区 TOP10

排序	国家与地区	合作发文量（篇）	WOS 所有数据库总被引频次	WOS 核心库被引频次
1	美国	386	11 215	10 302
2	泰国	133	7 963	7 280
3	澳大利亚	119	3 399	3 084
4	英格兰	101	4 852	4 480
5	加拿大	81	2 362	2 122
6	意大利	80	4 807	4 413
7	法国	79	3 797	3 481
8	德国	69	5 033	4 644
9	西班牙	57	2 899	2 658
10	日本	48	2 553	2 373

1.6 合作发文机构 TOP10

2014—2023 年北京市农林科学院 SCI 合作发文机构 TOP10 见表 1-6。

表 1-6 2014—2023 年北京市农林科学院 SCI 合作发文机构 TOP10

排序	合作发文机构	发文量（篇）	WOS 所有数据库总被引频次	WOS 核心库被引频次
1	中国农业大学	607	1 295	1 170
2	中国农业科学院	383	875	781

（续表）

排序	合作发文机构	发文量（篇）	WOS 所有数据库总被引频次	WOS 核心库被引频次
3	中国科学院	382	2 581	2 424
4	中华人民共和国农业农村部	157	78	74
5	北京林业大学	152	1 091	1 066
6	皇太后大学（泰国）	121	1 778	1 735
7	西北农林科技大学	116	322	300
8	中国科学院大学	99	303	280
9	沈阳农业大学	96	136	128
10	中国林业科学研究院	79	303	282

1.7 高频词 TOP20

2014—2023 年北京市农林科学院 SCI 发文高频词（作者关键词）TOP20 见表 1-7。

表 1-7 2014—2023 年北京市农林科学院 SCI 发文高频词（作者关键词）TOP20

排序	关键词（作者关键词）	频次	排序	关键词（作者关键词）	频次
1	Maize	100	11	Hyperspectral	37
2	Winter wheat	71	12	Gene expression	36
3	Transcriptome	59	13	Tomato	34
4	Hyperspectral imaging	51	14	Machine learning	31
5	Remote sensing	50	15	Phylogenetic analysis	29
6	Phylogeny	48	16	Bemisia tabaci	28
7	Taxonomy	46	17	Watermelon	24
8	Deep learning	44	18	Genetic diversity	24
9	Wheat	40	19	Mitochondrial genome	24
10	Apple	38	20	Yield	23

2 中文期刊论文分析

2014—2023 年，北京市农林科学院作者共发表北大中文核心期刊论文5 215篇，中国科学引文数据库（CSCD）期刊论文3 568篇。

2.1 发文量

北京市农林科学院中文文献历年发文趋势（2014—2023 年）见图 2-1。

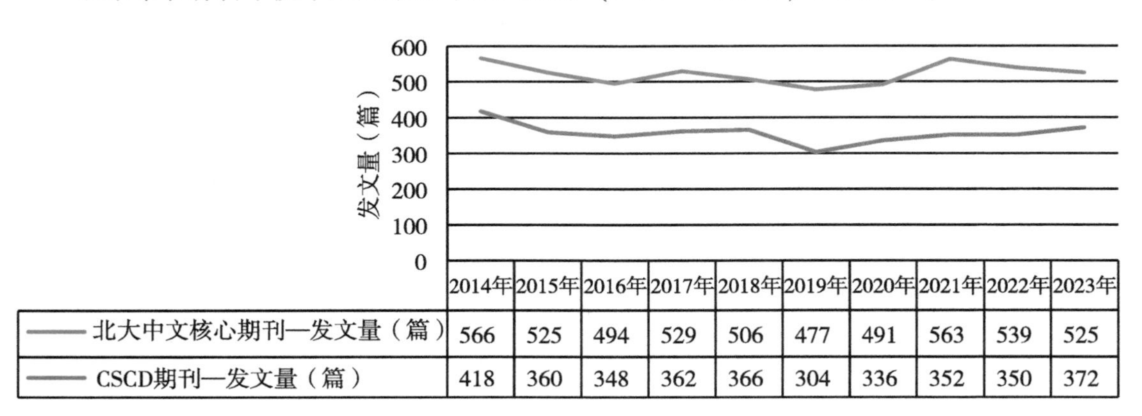

	2014年	2015年	2016年	2017年	2018年	2019年	2020年	2021年	2022年	2023年
北大中文核心期刊—发文量（篇）	566	525	494	529	506	477	491	563	539	525
CSCD期刊—发文量（篇）	418	360	348	362	366	304	336	352	350	372

图 2-1 北京市农林科学院中文文献历年发文趋势（2014—2023 年）

2.2 高发文研究所 TOP10

2014—2023 年北京市农林科学院北大中文核心期刊高发文研究所 TOP10 见表 2-1，2014—2023 年北京市农林科学院中国科学引文数据库（CSCD）期刊高发文研究所 TOP10 见表 2-2。

表 2-1 2014—2023 年北京市农林科学院北大中文核心期刊高发文研究所 TOP10 单位：篇

排序	研究所	发文量
1	北京市农林科学院信息技术研究中心	1 076
2	北京市农林科学院蔬菜研究所	603
3	北京市农林科学院	597
4	北京市农林科学院林业果树研究所	396
5	北京市农林科学院植物保护研究所	367
6	北京市农林科学院智能装备技术研究中心	320
7	北京市农林科学院畜牧兽医研究所	303
8	北京市农林科学院植物营养与资源环境研究所	279
9	北京市农林科学院玉米研究所	156
10	北京市农林科学院生物技术研究所	147
11	北京市农林科学院水产科学研究所	118

注：“北京市农林科学院”发文包括作者单位只标注为“北京市农林科学院”、院属实验室等。

表 2-2　2014—2023 年北京市农林科学院 CSCD 期刊高发文研究所 TOP10　　单位：篇

排序	研究所	发文量
1	北京市农林科学院信息技术研究中心	845
2	北京市农林科学院	387
3	北京市农林科学院植物保护研究所	296
4	北京市农林科学院林业果树研究所	287
5	北京市农林科学院蔬菜研究所	250
6	北京市农林科学院植物营养与资源环境研究所	227
7	北京市农林科学院智能装备技术研究中心	208
8	北京市农林科学院玉米研究所	124
9	北京市农林科学院生物技术研究所	114
10	北京市农林科学院草业花卉与景观生态研究所	97
11	北京市农林科学院水产科学研究所	95

注：“北京市农林科学院”发文包括作者单位只标注为“北京市农林科学院”、院属实验室等。

2.3　高发文期刊 TOP10

2014—2023 年北京市农林科学院高发文北大中文核心期刊 TOP10 见表 2-3，2014—2023 年北京市农林科学院高发文 CSCD 期刊 TOP10 见表 2-4。

表 2-3　2014—2023 年北京市农林科学院高发文期刊（北大中文核心）TOP10　　单位：篇

排序	期刊名称	发文量	排序	期刊名称	发文量
1	农业工程学报	242	6	中国农业科学	118
2	农业机械学报	210	7	江苏农业科学	102
3	北方园艺	206	8	食品工业科技	96
4	中国蔬菜	182	9	园艺学报	94
5	光谱学与光谱分析	134	10	食品科学	84

表 2-4　2014—2023 年北京市农林科学院高发文期刊（CSCD）TOP10　　单位：篇

排序	期刊名称	发文量	排序	期刊名称	发文量
1	农业工程学报	242	6	食品科学	84
2	农业机械学报	210	7	中国农业科技导报	73
3	光谱学与光谱分析	134	8	动物营养学报	64
4	中国农业科学	118	9	植物保护	64
5	园艺学报	94	10	农业环境科学学报	61

2.4 合作发文机构 TOP10

2014—2023 年北京市农林科学院北大中文核心期刊合作发文机构 TOP10 见表 2-5，2014—2023 年北京市农林科学院 CSCD 期刊合作发文机构 TOP10 见表 2-6。

表 2-5　2014—2023 年北京市农林科学院北大中文核心期刊合作发文机构 TOP10　单位：篇

排序	合作发文机构	发文量	排序	合作发文机构	发文量
1	中国农业大学	275	6	沈阳农业大学	98
2	中国农业科学院	169	7	北京林业大学	89
3	河北农业大学	132	8	西北农林科技大学	70
4	中国科学院	112	9	河北工程大学	62
5	北京农学院	102	10	山西农业大学	61

表 2-6　2014—2023 年北京市农林科学院 CSCD 期刊合作发文机构 TOP10　单位：篇

排序	合作发文机构	发文量	排序	合作发文机构	发文量
1	中国农业大学	190	6	沈阳农业大学	60
2	中国农业科学院	124	7	西北农林科技大学	50
3	中国科学院	75	8	北京农学院	48
4	北京林业大学	72	9	山西农业大学	37
5	河北农业大学	67	10	甘肃农业大学	34

重庆市农业科学院

1 英文期刊论文分析

分析数据来源于科学引文索引数据库（Web of Science，WOS）收录的文献类型为期刊论文（Article）、会议论文（Proceedings Paper）和述评（Review）的 Science Citation Index Expanded（SCIE）论文数据，数据时间范围为2014—2023 年，共检索到重庆市农业科学院作者发表的论文 419 篇。

1.1 发文量

2014—2023 年重庆市农业科学院历年 SCI 发文与被引情况见表 1-1，重庆市农业科学院英文文献历年发文趋势（2014—2023 年）见图 1-1。

表 1-1 2014—2023 年重庆市农业科学院历年 SCI 发文与被引情况

出版年	发文量（篇）	WOS 所有数据库总被引频次	WOS 核心库被引频次
2014	19	479	407
2015	25	447	407
2016	24	537	474
2017	36	927	828
2018	39	735	666
2019	34	401	361
2020	41	370	351
2021	56	154	145
2022	60	33	33
2023	85	27	28

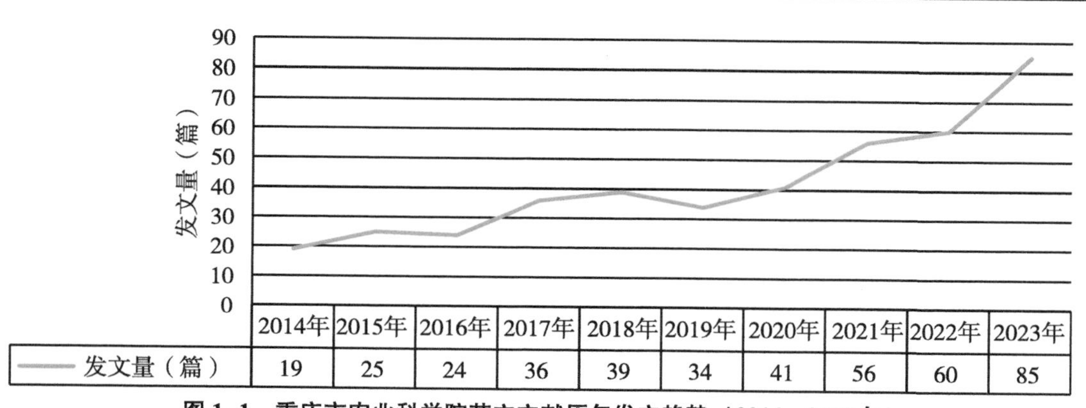

图 1-1 重庆市农业科学院英文文献历年发文趋势（2014—2023 年）

1.2 发文期刊 JCR 分区

2014—2023 年重庆市农业科学院 SCI 发文期刊 WOSJCR 分区情况见表 1-2，重庆市农业科学院 SCI 发文期刊 WOSJCR 分区趋势（2014—2023 年）见图 1-2。

表 1-2 2014—2023 年重庆市农业科学院 SCI 发文期刊 WOSJCR 分区情况 单位：篇

出版年	Q1 区发文量	Q2 区发文量	Q3 区发文量	Q4 区发文量	其他发文量
2014	9	4	4	2	0
2015	7	8	3	3	4
2016	12	8	1	3	0
2017	17	11	2	6	0
2018	15	11	10	3	0
2019	16	9	3	4	2
2020	16	13	2	4	6
2021	26	15	4	3	8
2022	44	11	2	1	2
2023	53	22	7	0	3

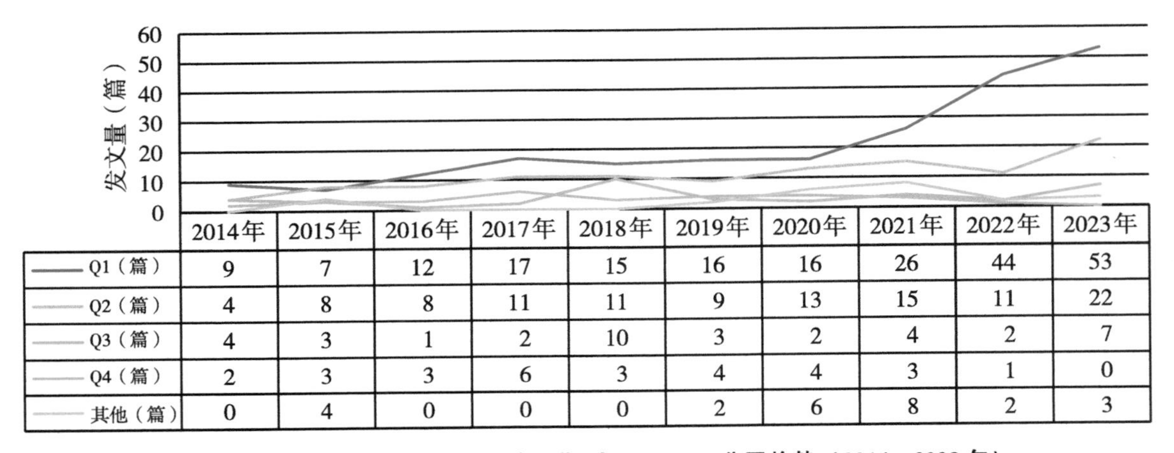

图 1-2 重庆市农业科学院 SCI 发文期刊 WOSJCR 分区趋势（2014—2023 年）

1.3 高发文研究所 TOP10

2014—2023 年重庆市农业科学院 SCI 高发文研究所 TOP10 见表 1-3。

表 1-3　2014—2023 年重庆市农业科学院 SCI 高发文研究所 TOP10　　单位：篇

排序	研究所	发文量
1	重庆市农业科学院农业资源与环境研究所	113
2	重庆市农业科学院茶叶研究所	29
3	重庆市农业科学院蔬菜花卉研究所	24
4	重庆市农业科学院生物技术研究中心	15
5	重庆市农业科学院水稻研究所	13
6	重庆市农业科学院果树研究所	12
7	重庆市农业科学院玉米研究所	9
8	重庆市农业科学院农业工程研究所	7
9	重庆市农业科学院农业科技信息中心	4
10	重庆市农业科学院特色作物研究所	3

1.4　高发文期刊 TOP10

2014—2023 年重庆市农业科学院 SCI 高发文期刊 TOP10 见表 1-4。

表 1-4　2014—2023 年重庆市农业科学院 SCI 高发文期刊 TOP10

排序	期刊名称	发文量（篇）	WOS 所有数据库总被引频次	WOS 核心库被引频次	期刊影响因子（最近年度）
1	ENVIRONMENTAL SCIENCE AND POLLUTION RESEARCH	16	194	180	5.8（2022）
2	FRONTIERS IN PLANT SCIENCE	13	86	77	4.1（2023）
3	MITOCHONDRIAL DNA PART B-RESOURCES	12	16	16	0.5（2023）
4	ENVIRONMENTAL POLLUTION	11	288	261	7.6（2023）
5	SCIENTIFIC REPORTS	10	209	194	3.8（2023）
6	CHEMOSPHERE	10	199	175	8.1（2023）
7	ECOTOXICOLOGY AND ENVIRONMENTAL SAFETY	10	69	64	6.2（2023）
8	SCIENCE OF THE TOTAL ENVIRONMENT	8	158	145	8.2（2023）
9	INTERNATIONAL JOURNAL OF MOLECULAR SCIENCES	8	65	62	4.9（2023）

（续表）

排序	期刊名称	发文量（篇）	WOS 所有数据库总被引频次	WOS 核心库被引频次	期刊影响因子（最近年度）
10	BMC PLANT BIOLOGY	6	70	57	4.3（2023）

1.5 合作发文国家与地区 TOP10

2014—2023 年重庆市农业科学院 SCI 合作发文国家与地区（合作发文 1 篇以上）TOP10 见表 1-5。

表 1-5 2014—2023 年重庆市农业科学院 SCI 合作发文国家与地区 TOP10

排序	国家与地区	合作发文量（篇）	WOS 所有数据库总被引频次	WOS 核心库被引频次
1	美国	19	464	413
2	瑞典	9	351	321
3	法国	6	77	73
4	澳大利亚	5	2	2
5	德国	4	3	3
6	英格兰	3	92	76
7	巴基斯坦	3	8	8
8	加拿大	2	15	14
9	埃及	2	2	2
10	日本	2	1	1

1.6 合作发文机构 TOP10

2014—2023 年重庆市农业科学院 SCI 合作发文机构 TOP10 见表 1-6。

表 1-6 2014—2023 年重庆市农业科学院 SCI 合作发文机构 TOP10

排序	合作发文机构	发文量（篇）	WOS 所有数据库总被引频次	WOS 核心库被引频次
1	西南大学	189	431	389
2	中国农业科学院	30	58	49

（续表）

排序	合作发文机构	发文量（篇）	WOS 所有数据库总被引频次	WOS 核心库被引频次
3	中国科学院	29	93	84
4	重庆大学	27	68	60
5	四川农业大学	16	31	30
6	南京农业大学	15	43	41
7	中国农业大学	12	9	9
8	中华人民共和国教育部	11	11	10
9	重庆三峡学院	9	10	9
10	瑞典农业科学大学	8	72	65

1.7 高频词 TOP20

2014—2023 年重庆市农业科学院 SCI 发文高频词（作者关键词）TOP20 见表 1-7。

表 1-7　2014—2023 年重庆市农业科学院 SCI 发文高频词（作者关键词）TOP20

排序	关键词（作者关键词）	频次	排序	关键词（作者关键词）	频次
1	Mercury	14	11	Tea pest	6
2	Mitochondrial genome	10	12	Transcriptome	6
3	Methylmercury	10	13	Soil	5
4	Rice	9	14	Dissolved organic matter	5
5	Cadmium	9	15	Yield	5
6	Adsorption	8	16	Tomato	5
7	Three Gorges Reservoir	8	17	*Oryza sativa*	5
8	Eggplant	8	18	Maize	5
9	Constructed wetland	6	19	Biochar	5
10	Microbial community	6	20	HPLC-ESI-MS/MS	5

2 中文期刊论文分析

2014—2023 年，重庆市农业科学院作者共发表北大中文核心期刊论文 725 篇，中国科学引文数据库（CSCD）期刊论文 503 篇。

2.1 发文量

重庆市农业科学院中文文献历年发文趋势（2014—2023 年）见图 2-1。

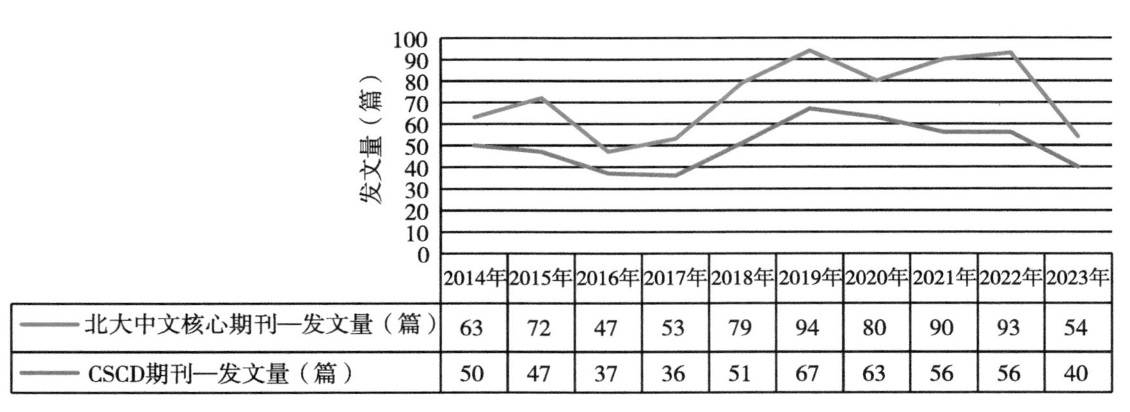

	2014年	2015年	2016年	2017年	2018年	2019年	2020年	2021年	2022年	2023年
北大中文核心期刊—发文量（篇）	63	72	47	53	79	94	80	90	93	54
CSCD期刊—发文量（篇）	50	47	37	36	51	67	63	56	56	40

图 2-1 重庆市农业科学院中文文献历年发文趋势（2014—2023 年）

2.2 高发文研究所 TOP10

2014—2023 年重庆市农业科学院北大中文核心期刊高发文研究所 TOP10 见表 2-1，2014—2023 年重庆市农业科学院中国科学引文数据库（CSCD）期刊高发文研究所 TOP10 见表 2-2。

表 2-1 2014—2023 年重庆市农业科学院北大中文核心期刊高发文研究所 TOP10 单位：篇

排序	研究所	发文量
1	重庆市农业科学院	255
2	重庆市农业科学院水稻研究所	76
3	重庆市农业科学院果树研究所	72
4	重庆市农业科学院蔬菜花卉研究所	59
5	重庆市农业科学院茶叶研究所	56
6	重庆市农业科学院生物技术研究中心	44
7	重庆市农业科学院特色作物研究所	40
8	重庆市农业科学院玉米研究所	35
9	重庆中一种业有限公司	31
10	重庆市农业科学院农产品贮藏加工研究所	29
11	重庆科光种苗有限公司	18

注：“重庆市农业科学院”发文包括作者单位只标注为“重庆市农业科学院”、院属实验室等。

表 2-2　2014—2023 年重庆市农业科学院 CSCD 期刊高发文研究所 TOP10　　单位：篇

排序	研究所	发文量
1	重庆市农业科学院	145
2	重庆市农业科学院水稻研究所	66
3	重庆市农业科学院茶叶研究所	48
4	重庆市农业科学院果树研究所	48
5	重庆市农业科学院蔬菜花卉研究所	47
6	重庆中一种业有限公司	35
7	重庆市农业科学院特色作物研究所	35
8	重庆市农业科学院生物技术研究中心	34
9	重庆市农业科学院农产品贮藏加工研究所	26
10	重庆市农业科学院玉米研究所	19
11	重庆市农业科学院农业质量标准检测技术研究所	13

注：“重庆市农业科学院”发文包括作者单位只标注为“重庆市农业科学院”、院属实验室等。

2.3　高发文期刊 TOP10

2014—2023 年重庆市农业科学院高发文北大中文核心期刊 TOP10 见表 2-3，2014—2023 年重庆市农业科学院高发文 CSCD 期刊 TOP10 见表 2-4。

表 2-3　2014—2023 年重庆市农业科学院高发文期刊（北大中文核心）TOP10　　单位：篇

排序	期刊名称	发文量	排序	期刊名称	发文量
1	杂交水稻	71	6	中国南方果树	23
2	西南农业学报	54	7	南方农业学报	22
3	分子植物育种	43	8	西南大学学报（自然科学版）	21
4	种子	27	9	中国蔬菜	18
5	园艺学报	27	10	农机化研究	17

表 2-4　2014—2023 年重庆市农业科学院高发文期刊（CSCD）TOP10　　单位：篇

排序	期刊名称	发文量	排序	期刊名称	发文量
1	杂交水稻	72	6	食品与发酵工业	17
2	西南农业学报	53	7	园艺学报	15
3	分子植物育种	28	8	食品科学	15
4	西南大学学报（自然科学版）	21	9	植物遗传资源学报	15
5	南方农业学报	20	10	植物保护	9

2.4 合作发文机构 TOP10

2014—2023 年重庆市农业科学院北大中文核心期刊合作发文机构 TOP10 见表 2-5，2014—2023 年重庆市农业科学院 CSCD 期刊合作发文机构 TOP10 见表 2-6。

表 2-5 2014—2023 年重庆市农业科学院北大中文核心期刊合作发文机构 TOP10 单位：篇

排序	合作发文机构	发文量	排序	合作发文机构	发文量
1	西南大学	79	6	重庆再生稻研究中心	12
2	中国农业科学院	23	7	宜宾学院	7
3	四川农业大学	17	8	重庆师范大学	5
4	长江师范学院	12	9	重庆大学	5
5	重庆市农业技术推广总站	12	10	宜宾职业技术学院	5

表 2-6 2014—2023 年重庆市农业科学院 CSCD 期刊合作发文机构 TOP10 单位：篇

排序	合作发文机构	发文量	排序	合作发文机构	发文量
1	西南大学	65	6	长江师范学院	7
2	中国农业科学院	18	7	东北林业大学	5
3	四川农业大学	11	8	中国科学院	5
4	重庆再生稻研究中心	9	9	重庆文理学院	5
5	重庆师范大学	7	10	东北农业大学	5

福建省农业科学院

1　英文期刊论文分析

分析数据来源于科学引文索引数据库（Web of Science，WOS）收录的文献类型为期刊论文（Article）、会议论文（Proceedings Paper）和述评（Review）的 Science Citation Index Expanded（SCIE）论文数据，数据时间范围为2014—2023 年，共检索到福建省农业科学院作者发表的论文1 315篇。

1.1　发文量

2014—2023 年福建省农业科学院历年 SCI 发文与被引情况见表 1-1，福建省农业科学院英文文献历年发文趋势（2014—2023 年）见图 1-1。

表 1-1　2014—2023 年福建省农业科学院历年 SCI 发文与被引情况

出版年	发文量（篇）	WOS 所有数据库总被引频次	WOS 核心库被引频次
2014	46	848	723
2015	53	1 147	1 018
2016	92	2 280	2 028
2017	99	1 615	1 370
2018	101	1 299	1 141
2019	133	1 249	1 114
2020	151	1 135	1 038
2021	192	508	477
2022	210	77	74
2023	238	77	76

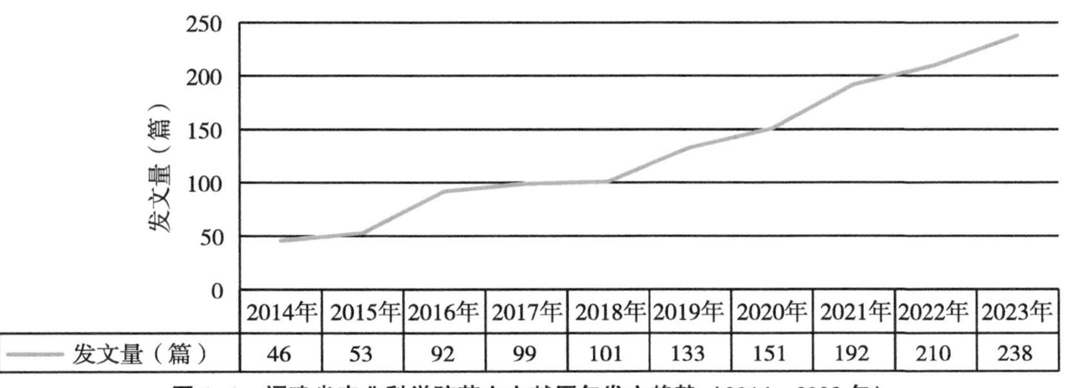

图 1-1　福建省农业科学院英文文献历年发文趋势（2014—2023 年）

1.2 发文期刊 JCR 分区

2014—2023 年福建省农业科学院 SCI 发文期刊 WOSJCR 分区情况见表 1-2，福建省农业科学院 SCI 发文期刊 WOSJCR 分区趋势（2014—2023 年）见图 1-2。

表 1-2 2014—2023 年福建省农业科学院 SCI 发文期刊 WOSJCR 分区情况 单位：篇

出版年	Q1 区发文量	Q2 区发文量	Q3 区发文量	Q4 区发文量	其他发文量
2014	11	16	13	3	3
2015	18	14	15	6	0
2016	31	30	17	8	6
2017	34	23	23	17	2
2018	38	21	23	18	1
2019	43	35	25	17	13
2020	59	34	28	18	12
2021	100	42	16	12	22
2022	124	53	17	5	11
2023	158	45	19	9	7

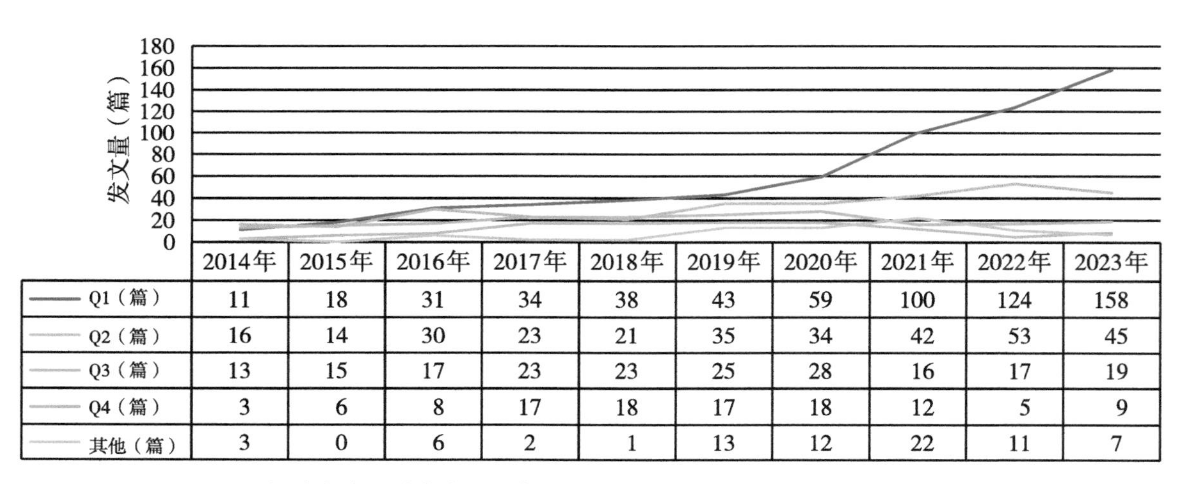

图 1-2 福建省农业科学院 SCI 发文期刊 WOSJCR 分区趋势（2014—2023 年）

1.3 高发文研究所 TOP10

2014—2023 年福建省农业科学院 SCI 高发文研究所 TOP10 见表 1-3。

表 1-3　2014—2023 年福建省农业科学院 SCI 高发文研究所 TOP10　　单位：篇

排序	研究所	发文量
1	福建省农业科学院植物保护研究所	182
2	福建省农业科学院畜牧兽医研究所	161
3	福建省农业科学院农业生物资源研究所	121
4	福建省农业科学院果树研究所	105
5	福建省农业科学院土壤肥料研究所	103
6	福建省农业科学院水稻研究所	99
6	福建省农业科学院生物技术研究所	99
7	福建省农业科学院农业工程技术研究所	92
8	福建省农业科学院茶叶研究所	54
9	福建省农业科学院食用菌研究所	41
10	福建省农业科学院作物研究所	39

1.4　高发文期刊 TOP10

2014—2023 年福建省农业科学院 SCI 高发文期刊 TOP10 见表 1-4。

表 1-4　2014—2023 年福建省农业科学院 SCI 高发文期刊 TOP10

排序	期刊名称	发文量（篇）	WOS 所有数据库总被引频次	WOS 核心库被引频次	期刊影响因子（最近年度）
1	FRONTIERS IN PLANT SCIENCE	48	139	128	4.1（2023）
2	SCIENTIFIC REPORTS	32	258	231	3.8（2023）
3	FRONTIERS IN MICROBIOLOGY	31	158	147	4.0（2023）
4	INTERNATIONAL JOURNAL OF SYSTEMATIC AND EVOLUTIONARY MICROBIOLOGY	27	127	108	2.0（2023）
5	INTERNATIONAL JOURNAL OF MOLECULAR SCIENCES	23	139	122	4.9（2023）
6	PLOS ONE	22	234	196	2.9（2023）
7	PLANTS-BASEL	19	10	9	4.0（2023）
8	INTERNATIONAL JOURNAL OF BIOLOGICAL MACROMOLECULES	18	315	267	7.7（2023）
9	SCIENTIA HORTICULTURAE	17	149	128	3.9（2023）

（续表）

排序	期刊名称	发文量（篇）	WOS所有数据库总被引频次	WOS核心库被引频次	期刊影响因子（最近年度）
10	BMC PLANT BIOLOGY	15	76	72	4.3（2023）

1.5　合作发文国家与地区TOP10

2014—2023年福建省农业科学院SCI合作发文国家与地区（合作发文1篇以上）TOP10见表1-5。

表1-5　2014—2023年福建省农业科学院SCI合作发文国家与地区TOP10

排序	国家与地区	合作发文量（篇）	WOS所有数据库总被引频次	WOS核心库被引频次
1	美国	96	1 351	1 237
2	德国	35	324	303
3	澳大利亚	33	326	302
4	加拿大	30	302	276
5	日本	26	572	538
6	印度	25	692	672
7	意大利	23	711	693
8	沙特阿拉伯	21	646	630
9	英格兰	16	105	92
10	马来西亚	15	309	295

1.6　合作发文机构TOP10

2014—2023年福建省农业科学院SCI合作发文机构TOP10见表1-6。

表1-6　2014—2023年福建省农业科学院SCI合作发文机构TOP10

排序	合作发文机构	发文量（篇）	WOS所有数据库总被引频次	WOS核心库被引频次
1	福建农林大学	383	522	452
2	中国科学院	85	361	309
3	中国农业科学院	47	97	94

（续表）

排序	合作发文机构	发文量（篇）	WOS 所有数据库总被引频次	WOS 核心库被引频次
4	厦门大学	46	84	80
5	福建师范大学	37	64	53
6	华中农业大学	35	90	80
7	南京农业大学	34	35	33
8	华南农业大学	27	69	66
9	福州大学	26	22	22
10	中国农业大学	23	43	39

1.7 高频词 TOP20

2014—2023 年福建省农业科学院 SCI 发文高频词（作者关键词）TOP20 见表 1-7。

表 1-7 2014—2023 年福建省农业科学院 SCI 发文高频词（作者关键词）TOP20

排序	关键词（作者关键词）	频次	排序	关键词（作者关键词）	频次
1	Rice	44	11	*Ralstonia solanacearum*	9
2	Transcriptome	29	12	RNA-seq	9
3	Pathogenicity	18	13	Real-time PCR	9
4	*Camellia sinensis*	17	14	Nov	9
5	Gene expression	16	15	Oryza sativa	9
6	Taxonomy	16	16	Antioxidant activity	9
7	Phylogenetic analysis	13	17	Tea	9
8	Paddy soil	11	18	Duck	8
9	Goose parvovirus	11	19	Metabolomics	8
10	Genome	10	20	Loquat	8

2 中文期刊论文分析

2014—2023 年，福建省农业科学院作者共发表北大中文核心期刊论文 2 708 篇，中国科学引文数据库（CSCD）期刊论文 1 901 篇。

2.1 发文量

2014—2023 年福建省农业科学院中文文献历年发文趋势（2014—2023 年）见图 2-1。

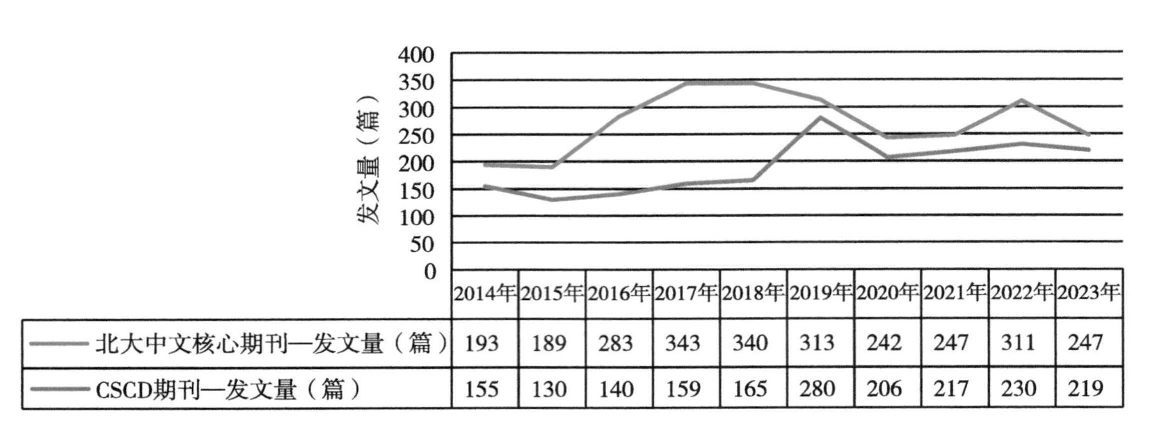

	2014年	2015年	2016年	2017年	2018年	2019年	2020年	2021年	2022年	2023年
北大中文核心期刊—发文量（篇）	193	189	283	343	340	313	242	247	311	247
CSCD期刊—发文量（篇）	155	130	140	159	165	280	206	217	230	219

图 2-1　福建省农业科学院中文文献历年发文趋势（2014—2023 年）

2.2　高发文研究所 TOP10

2014—2023 年福建省农业科学院北大中文核心期刊高发文研究所 TOP10 见表 2-1，2014—2023 年福建省农业科学院中国科学引文数据库（CSCD）期刊高发文研究所 TOP10 见表 2-2。

表 2-1　2014—2023 年福建省农业科学院北大中文核心期刊高发文研究所 TOP10　单位：篇

排序	研究所	发文量
1	福建省农业科学院畜牧兽医研究所	428
2	福建省农业科学院果树研究所	347
3	福建省农业科学院作物研究所	271
4	福建省农业科学院植物保护研究所	206
5	福建省农业科学院土壤肥料研究所	195
6	福建省农业科学院农业生态研究所	188
7	福建省农业科学院农业生物资源研究所	181
8	福建省农业科学院茶叶研究所	166
9	福建省农业科学院农业工程技术研究所	156
10	福建省农业科学院亚热带农业研究所	149

表 2-2　2014—2023 年福建省农业科学院 CSCD 期刊高发文研究所 TOP10　单位：篇

排序	研究所	发文量
1	福建省农业科学院畜牧兽医研究所	262
2	福建省农业科学院作物研究所	207
3	福建省农业科学院植物保护研究所	196

（续表）

排序	研究所	发文量
4	福建省农业科学院果树研究所	184
5	福建省农业科学院土壤肥料研究所	173
6	福建省农业科学院农业生态研究所	153
7	福建省农业科学院农业生物资源研究所	138
8	福建省农业科学院水稻研究所	127
9	福建省农业科学院茶叶研究所	122
10	福建省农业科学院农业工程技术研究所	116

2.3 高发文期刊 TOP10

2014—2023 年福建省农业科学院高发文北大中文核心期刊 TOP10 见表 2-3，2014—2023 年福建省农业科学院高发文 CSCD 期刊 TOP10 见表 2-4。

表 2-3 2014—2023 年福建省农业科学院高发文期刊（北大中文核心）TOP10 单位：篇

排序	期刊名称	发文量	排序	期刊名称	发文量
1	福建农业学报	483	6	园艺学报	59
2	中国南方果树	118	7	分子植物育种	54
3	热带作物学报	96	8	茶叶科学	54
4	农业生物技术学报	62	9	热带亚热带植物学报	53
5	核农学报	60	10	果树学报	53

表 2-4 2014—2023 年福建省农业科学院高发文期刊（CSCD）TOP10 单位：篇

排序	期刊名称	发文量	排序	期刊名称	发文量
1	福建农业学报	330	6	热带亚热带植物学报	49
2	热带作物学报	99	7	果树学报	45
3	农业生物技术学报	61	8	分子植物育种	45
4	茶叶科学	55	9	中国兽医学报	42
5	核农学报	53	10	中国生物防治学报	42

2.4 合作发文机构 TOP10

2014—2023 年福建省农业科学院北大中文核心期刊合作发文机构 TOP10 见表 2-5，2014—2023 年福建省农业科学院 CSCD 期刊合作发文机构 TOP10 见表 2-6。

表 2-5　2014—2023 年福建省农业科学院北大中文核心期刊合作发文机构 TOP10　单位：篇

排序	合作发文机构	发文量	排序	合作发文机构	发文量
1	福建农林大学	420	6	福州市蔬菜科学研究所	14
2	福建师范大学	36	7	江西省农业科学院	12
3	福州大学	33	8	福建农业职业技术学院	12
4	中国农业科学院	33	9	福建省南平市农业科学研究所	12
5	福建省建宁县农业农村局	14	10	江苏省农业科学院	12

表 2-6　2014—2023 年福建省农业科学院 CSCD 期刊合作发文机构 TOP10　单位：篇

排序	合作发文机构	发文量	排序	合作发文机构	发文量
1	福建农林大学	317	6	福建省种子总站	10
2	中国农业科学院	39	7	中国科学院	10
3	福建师范大学	29	8	江苏省农业科学院	9
4	福州大学	27	9	福州海关技术中心	9
5	福建农业职业技术学院	11	10	南京农业大学	8

甘肃省农业科学院

1 英文期刊论文分析

分析数据来源于科学引文索引数据库（Web of Science，WOS）收录的文献类型为期刊论文（Article）、会议论文（Proceedings Paper）和述评（Review）的 Science Citation Index Expanded（SCIE）论文数据，数据时间范围为2014—2023 年，共检索到甘肃省农业科学院作者发表的论文 488 篇。

1.1 发文量

2014—2023 年甘肃省农业科学院历年 SCI 发文与被引情况见表 1-1，甘肃省农业科学院英文文献历年发文趋势（2014—2023 年）见图 1-1。

表 1-1　2014—2023 年甘肃省农业科学院历年 SCI 发文与被引情况

出版年	发文量（篇）	WOS 所有数据库总被引频次	WOS 核心库被引频次
2014	21	336	302
2015	20	667	580
2016	29	523	441
2017	18	374	335
2018	28	536	479
2019	49	665	599
2020	79	693	638
2021	58	211	205
2022	82	44	44
2023	104	50	48

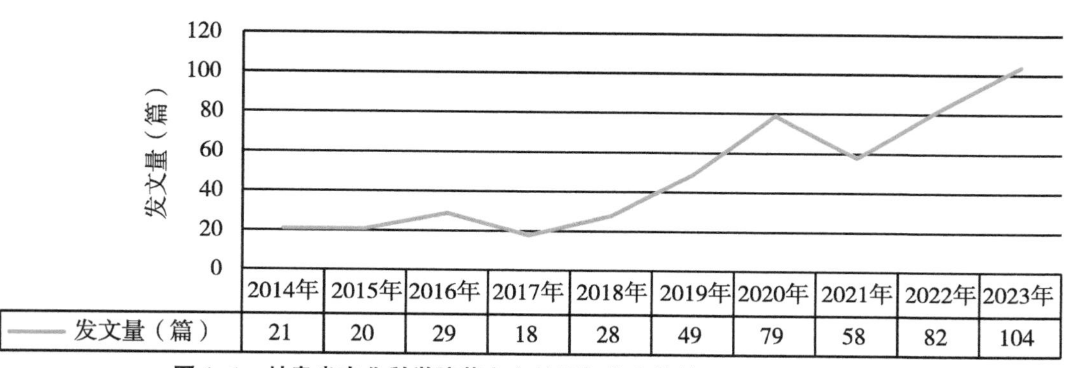

图 1-1　甘肃省农业科学院英文文献历年发文趋势（2014—2023 年）

1.2 发文期刊 JCR 分区

2014—2023 年甘肃省农业科学院 SCI 发文期刊 WOSJCR 分区情况见表 1-2，甘肃省农业科学院 SCI 发文期刊 WOSJCR 分区趋势（2014—2023 年）见图 1-2。

表 1-2 2014—2023 年甘肃省农业科学院 SCI 发文期刊 WOSJCR 分区情况 单位：篇

出版年	Q1 区发文量	Q2 区发文量	Q3 区发文量	Q4 区发文量	其他发文量
2014	10	7	2	0	2
2015	15	2	0	3	0
2016	8	12	5	3	1
2017	11	2	3	2	0
2018	13	10	1	3	1
2019	26	9	3	8	3
2020	35	15	10	8	11
2021	33	13	1	1	10
2022	52	23	2	2	3
2023	76	21	6	1	0

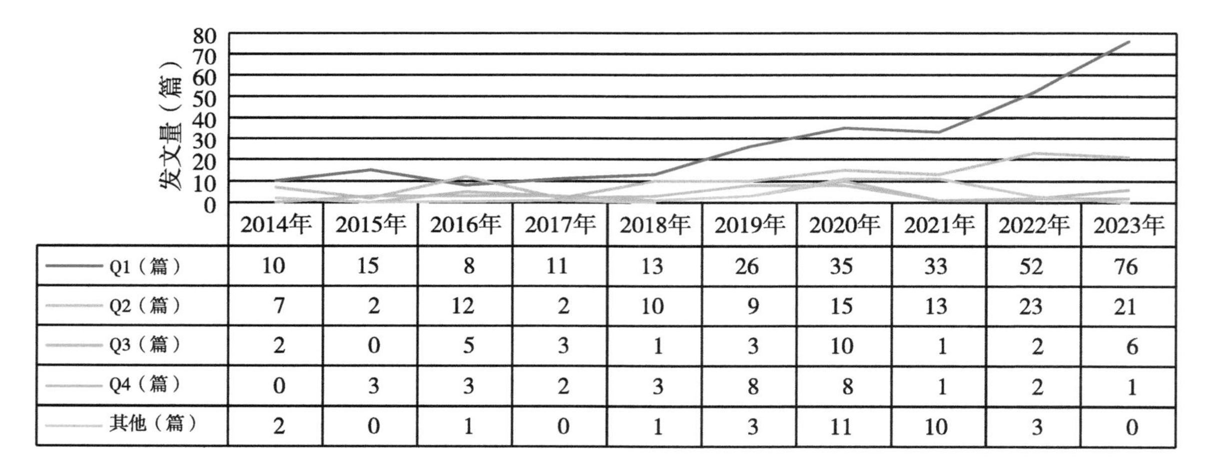

图 1-2 甘肃省农业科学院 SCI 发文期刊 WOSJCR 分区趋势（2014—2023 年）

1.3 高发文研究所 TOP10

2014—2023 年甘肃省农业科学院 SCI 高发文研究所 TOP10 见表 1-3。

表 1-3　2014—2023 年甘肃省农业科学院 SCI 高发文研究所 TOP10　　单位：篇

排序	研究所	发文量
1	甘肃省农业科学院土壤肥料与节水农业研究所	65
2	甘肃省农业科学院作物研究所	60
3	甘肃省农业科学院植物保护研究所	54
4	甘肃省农业科学院旱地农业研究所	44
5	甘肃省农业科学院小麦研究所	26
6	甘肃省农业科学院马铃薯研究所	20
6	甘肃省农业科学院蔬菜研究所	20
6	甘肃省农业科学院林果花卉研究所	20
7	甘肃省农业科学院农产品贮藏加工研究所	2
8	甘肃省农业科学院经济作物与啤酒原料研究所	1
8	甘肃省农业科学院生物技术研究所	1

1.4　高发文期刊 TOP10

2014—2023 年甘肃省农业科学院 SCI 高发文期刊 TOP10 见表 1-4。

表 1-4　2014—2023 年甘肃省农业科学院 SCI 高发文期刊 TOP10

排序	期刊名称	发文量（篇）	WOS 所有数据库总被引频次	WOS 核心库被引频次	期刊影响因子（最近年度）
1	AGRONOMY-BASEL	19	19	17	3.3（2023）
2	FRONTIERS IN PLANT SCIENCE	16	27	27	4.1（2023）
3	JOURNAL OF INTEGRATIVE AGRICULTURE	15	93	82	4.6（2023）
4	AGRICULTURAL WATER MANAGEMENT	14	192	176	5.9（2023）
5	FIELD CROPS RESEARCH	13	123	109	5.6（2023）
6	SCIENTIFIC REPORTS	10	144	125	3.8（2023）
7	PLOS ONE	10	89	80	2.9（2023）
8	JOURNAL OF AGRICULTURAL AND FOOD CHEMISTRY	9	228	220	5.7（2023）
9	PLANT AND SOIL	9	240	199	3.9（2023）

（续表）

排序	期刊名称	发文量（篇）	WOS 所有数据库总被引频次	WOS 核心库被引频次	期刊影响因子（最近年度）
10	PLANT DISEASE	8	29	26	4.4（2023）

1.5 合作发文国家与地区 TOP10

2014—2023 年甘肃省农业科学院 SCI 合作发文国家与地区（合作发文 1 篇以上）TOP10 见表 1-5。

表 1-5 2014—2023 年甘肃省农业科学院 SCI 合作发文国家与地区 TOP10

排序	国家与地区	合作发文量（篇）	WOS 所有数据库总被引频次	WOS 核心库被引频次
1	美国	58	585	526
2	澳大利亚	30	418	382
3	加拿大	14	150	138
4	巴基斯坦	13	10	10
5	荷兰	8	278	251
6	英格兰	6	28	25
7	肯尼亚	6	15	15
8	韩国	5	54	47
9	新加坡	5	48	46
10	苏丹	5	6	5

1.6 合作发文机构 TOP10

2014—2023 年甘肃省农业科学院 SCI 合作发文机构 TOP10 见表 1-6。

表 1-6 2014—2023 年甘肃省农业科学院 SCI 合作发文机构 TOP10

排序	合作发文机构	发文量（篇）	WOS 所有数据库总被引频次	WOS 核心库被引频次
1	甘肃农业大学	127	74	65
2	中国农业科学院	83	264	240
3	兰州大学	59	106	97

（续表）

排序	合作发文机构	发文量（篇）	WOS 所有数据库总被引频次	WOS 核心库被引频次
4	中国农业大学	38	201	181
5	西北农林科技大学	34	106	94
6	中国科学院	18	42	37
7	兰州理工大学	15	9	8
8	西澳大学（澳大利亚）	13	13	10
9	西南大学	10	20	18
10	西北师范大学	10	11	10

1.7 高频词 TOP20

2014—2023 年甘肃省农业科学院 SCI 发文高频词（作者关键词）TOP20 见表 1-7。

表 1-7 2014—2023 年甘肃省农业科学院 SCI 发文高频词（作者关键词）TOP20

排序	关键词（作者关键词）	频次	排序	关键词（作者关键词）	频次
1	Maize	15	11	Genetic diversity	6
2	Potato	13	12	Phosphorus	6
3	Transcriptome	10	13	Soil fertility	6
4	Intercropping	10	14	Nitrogen	6
5	Drought tolerance	9	15	Metabolome	5
6	Wheat	7	16	Organic carbon	5
7	Soybean	7	17	Flax	5
8	Yield	7	18	Stripe rust	5
9	QTL	6	19	Grain yield	5
10	Loess plateau	6	20	Photosynthesis	5

2 中文期刊论文分析

2014—2023 年，甘肃省农业科学院作者共发表北大中文核心期刊论文1 740篇，中国科学引文数据库（CSCD）期刊论文1 410篇。

2.1 发文量

甘肃省农业科学院中文文献历年发文趋势（2014—2023 年）见图 2-1。

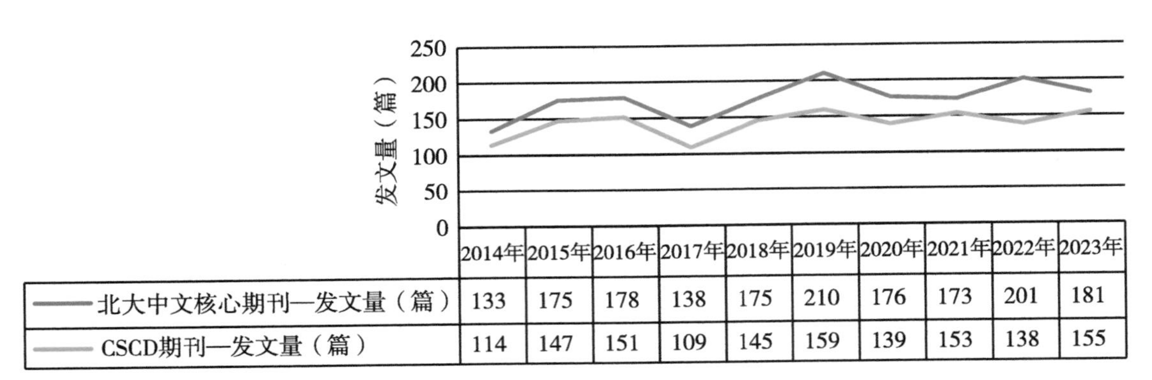

	2014年	2015年	2016年	2017年	2018年	2019年	2020年	2021年	2022年	2023年
北大中文核心期刊—发文量（篇）	133	175	178	138	175	210	176	173	201	181
CSCD期刊—发文量（篇）	114	147	151	109	145	159	139	153	138	155

图 2-1　甘肃省农业科学院中文文献历年发文趋势（2014—2023 年）

2.2　高发文研究所 TOP10

2014—2023 年甘肃省农业科学院北大中文核心期刊高发文研究所 TOP10 见表 2-1，2014—2023 年甘肃省农业科学院中国科学引文数据库（CSCD）期刊高发文研究所 TOP10 见表 2-2。

表 2-1　2014—2023 年甘肃省农业科学院北大中文核心期刊高发文研究所 TOP10　单位：篇

排序	研究所	发文量
1	甘肃省农业科学院植物保护研究所	258
2	甘肃省农业科学院旱地农业研究所	209
3	甘肃省农业科学院土壤肥料与节水农业研究所	190
4	甘肃省农业科学院作物研究所	183
5	甘肃省农业科学院林果花卉研究所	168
6	甘肃省农业科学院畜草与绿化农业研究所	162
7	甘肃省农业科学院蔬菜研究所	143
8	甘肃省农业科学院	127
9	甘肃省农业科学院农产品贮藏加工研究所	117
10	甘肃省农业科学院生物技术研究所	94
11	甘肃省农业科学院小麦研究所	67

注：“甘肃省农业科学院”发文包括作者单位只标注为“甘肃省农业科学院”、院属实验室等。

表 2-2　2014—2023 年甘肃省农业科学院 CSCD 期刊高发文研究所 TOP10　单位：篇

排序	研究所	发文量
1	甘肃省农业科学院植物保护研究所	243
2	甘肃省农业科学院旱地农业研究所	200

（续表）

排序	研究所	发文量
3	甘肃省农业科学院土壤肥料与节水农业研究所	189
4	甘肃省农业科学院作物研究所	173
5	甘肃省农业科学院林果花卉研究所	126
6	甘肃省农业科学院畜草与绿化农业研究所	118
7	甘肃省农业科学院生物技术研究所	92
8	甘肃省农业科学院	91
9	甘肃省农业科学院蔬菜研究所	88
10	甘肃省农业科学院小麦研究所	64
11	甘肃省农业科学院农产品贮藏加工研究所	49

注：“甘肃省农业科学院”发文包括作者单位只标注为“甘肃省农业科学院”、院属实验室等。

2.3 高发文期刊 TOP10

2014—2023 年甘肃省农业科学院高发文北大中文核心期刊 TOP10 见表 2-3，2014—2023 年甘肃省农业科学院高发文 CSCD 期刊 TOP10 见表 2-4。

表 2-3 2014—2023 年甘肃省农业科学院高发文期刊（北大中文核心）TOP10 单位：篇

排序	期刊名称	发文量	排序	期刊名称	发文量
1	干旱地区农业研究	105	6	甘肃农业大学学报	65
2	西北农业学报	86	7	核农学报	51
3	草业学报	72	8	中国蔬菜	51
4	植物保护	72	9	中国农业科学	42
5	麦类作物学报	71	10	草业科学	41

表 2-4 2014—2023 年甘肃省农业科学院高发文期刊（CSCD）TOP10 单位：篇

排序	期刊名称	发文量	排序	期刊名称	发文量
1	干旱地区农业研究	107	6	甘肃农业大学学报	68
2	西北农业学报	89	7	核农学报	51
3	草业学报	75	8	草业科学	47
4	植物保护	70	9	中国农业科学	42
5	麦类作物学报	69	10	作物学报	41

2.4 合作发文机构 TOP10

2014—2023 年甘肃省农业科学院北大中文核心期刊合作发文机构 TOP10 见表 2-5，2014—2023 年甘肃省农业科学院 CSCD 期刊合作发文机构 TOP10 见表 2-6。

表 2-5 2014—2023 年甘肃省农业科学院北大中文核心期刊合作发文机构 TOP10 单位：篇

排序	合作发文机构	发文量	排序	合作发文机构	发文量
1	甘肃农业大学	475	6	西北师范大学	21
2	中国农业科学院	113	7	兰州大学	18
3	天水市农业科学研究所	38	8	中国科学院	13
4	西北农林科技大学	29	9	甘肃省农业技术推广总站	12
5	中国农业大学	23	10	甘肃省定西市农业科学研究院	12

表 2-6 2014—2023 年甘肃省农业科学院 CSCD 期刊合作发文机构 TOP10 单位：篇

排序	合作发文机构	发文量	排序	合作发文机构	发文量
1	甘肃农业大学	419	6	兰州大学	21
2	中国农业科学院	94	7	西北师范大学	18
3	天水市农业科学研究所	33	8	中国科学院	16
4	西北农林科技大学	27	9	农业农村部天水作物有害生物科学观测实验站	13
5	中国农业大学	26	10	西南科技大学	10

广东省农业科学院

1　英文期刊论文分析

分析数据来源于科学引文索引数据库（Web of Science，WOS）收录的文献类型为期刊论文（Article）、会议论文（Proceedings Paper）和述评（Review）的 Science Citation Index Expanded（SCIE）论文数据，数据时间范围为2014—2023 年，共检索到广东省农业科学院作者发表的论文4 413篇。

1.1　发文量

2014—2023 年广东省农业科学院历年 SCI 发文与被引情况见表 1-1，广东省农业科学院英文文献历年发文趋势（2014—2023 年）见图 1-1。

表 1-1　2014—2023 年广东省农业科学院历年 SCI 发文与被引情况

出版年	发文量（篇）	WOS 所有数据库总被引频次	WOS 核心库被引频次
2014	199	4 828	4 244
2015	224	6 558	5 846
2016	245	6 367	5 667
2017	266	6 314	5 625
2018	293	5 491	4 984
2019	441	5 778	5 330
2020	544	5 351	5 035
2021	622	2 801	2 682
2022	797	529	523
2023	782	347	341

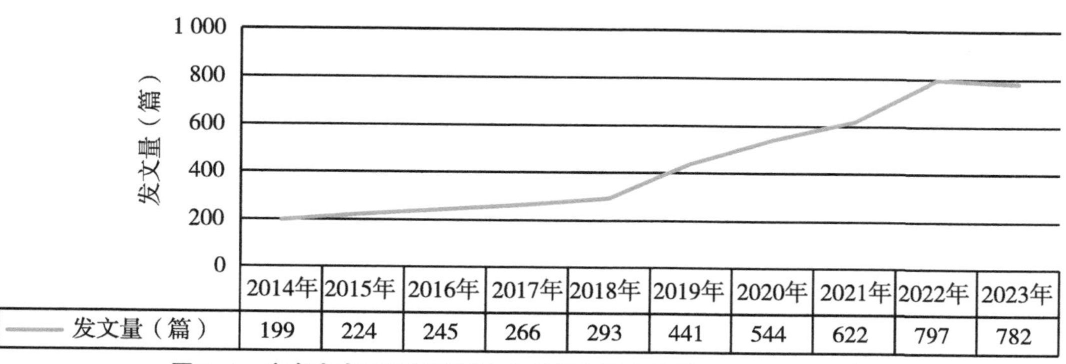

图 1-1　广东省农业科学院英文文献历年发文趋势（2014—2023 年）

1.2 发文期刊 JCR 分区

2014—2023 年广东省农业科学院 SCI 发文期刊 WOSJCR 分区情况见表 1-2，广东省农业科学院 SCI 发文期刊 WOSJCR 分区趋势（2014—2023 年）见图 1-2。

表 1-2 2014—2023 年广东省农业科学院 SCI 发文期刊 WOSJCR 分区情况 单位：篇

出版年	Q1 区发文量	Q2 区发文量	Q3 区发文量	Q4 区发文量	其他发文量
2014	68	55	40	23	13
2015	82	61	42	32	7
2016	107	64	46	20	8
2017	137	67	38	19	5
2018	130	93	42	23	5
2019	187	129	55	46	24
2020	280	149	44	26	45
2021	360	120	30	20	92
2022	545	183	37	16	16
2023	634	122	19	7	0

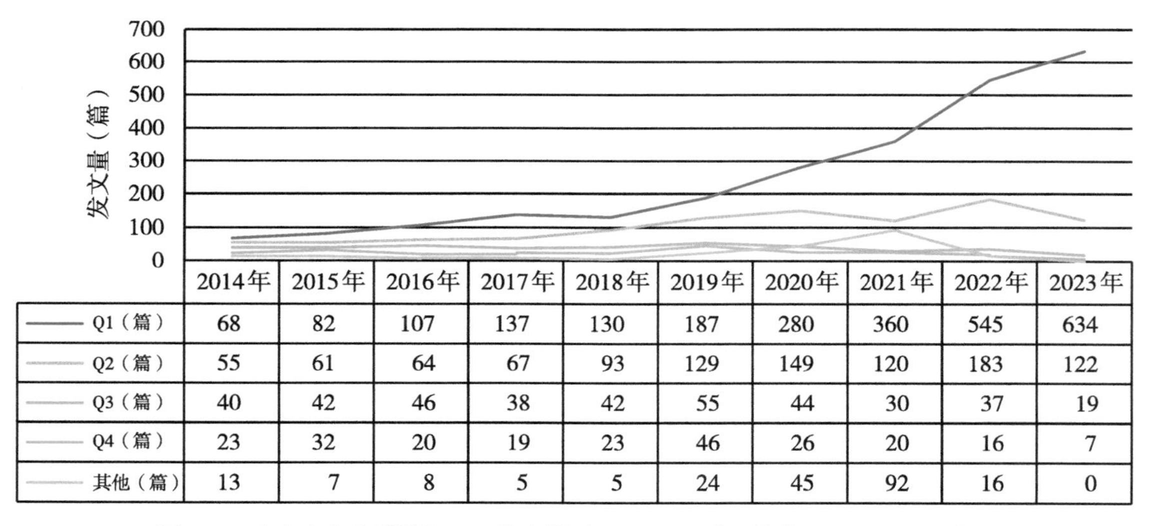

图 1-2 广东省农业科学院 SCI 发文期刊 WOSJCR 分区趋势（2014—2023 年）

1.3 高发文研究所 TOP10

2014—2023 年广东省农业科学院 SCI 高发文研究所 TOP10 见表 1-3。

表 1-3　2014—2023 年广东省农业科学院 SCI 高发文研究所 TOP10　　单位：篇

排序	研究所	发文量
1	广东省农业科学院动物科学研究所	877
2	广东省农业科学院作物研究所	770
3	广东省农业科学院蚕业与农产品加工研究所	572
4	广东省农业科学院植物保护研究所	388
5	广东省农业科学院果树研究所	321
6	广东省农业科学院农业资源与环境研究所	276
7	广东省农业科学院水稻研究所	273
8	广东省农业科学院蔬菜研究所	215
9	广东省农业科学院动物卫生研究所	212
10	广东省农业科学院农业生物基因研究中心	191

1.4　高发文期刊 TOP10

2014—2023 年广东省农业科学院 SCI 高发文期刊 TOP10 见表 1-4。

表 1-4　2014—2023 年广东省农业科学院 SCI 高发文期刊 TOP10

排序	期刊名称	发文量（篇）	WOS 所有数据库总被引频次	WOS 核心库被引频次	期刊影响因子（最近年度）
1	INTERNATIONAL JOURNAL OF MOLECULAR SCIENCES	134	971	896	4.9（2023）
2	FRONTIERS IN PLANT SCIENCE	126	1 054	961	4.1（2023）
3	POULTRY SCIENCE	102	832	737	3.8（2023）
4	FOOD CHEMISTRY	88	2 078	1 846	8.5（2023）
5	FRONTIERS IN MICROBIOLOGY	78	646	590	4.0（2023）
6	LWT-FOOD SCIENCE AND TECHNOLOGY	76	651	609	6.0（2023）
7	SCIENTIFIC REPORTS	71	1 329	1 227	3.8（2023）
8	PLOS ONE	63	1 208	1 075	2.9（2023）
9	ANIMALS	60	176	156	2.7（2023）
10	JOURNAL OF AGRICULTURAL AND FOOD CHEMISTRY	60	619	570	5.7（2023）

1.5 合作发文国家与地区 TOP10

2014—2023 年广东省农业科学院 SCI 合作发文国家与地区（合作发文 1 篇以上）TOP10 见表 1-5。

表 1-5 2014—2023 年广东省农业科学院 SCI 合作发文国家与地区 TOP10

排序	国家与地区	合作发文量（篇）	WOS 所有数据库总被引频次	WOS 核心库被引频次
1	美国	415	6 683	6 065
2	巴基斯坦	169	1 639	1 581
3	澳大利亚	114	1 645	1 526
4	埃及	98	894	820
5	加拿大	65	691	658
6	德国	55	648	608
7	沙特阿拉伯	47	347	324
8	印度	45	657	615
9	英格兰	36	840	761
10	新西兰	34	354	336

1.6 合作发文机构 TOP10

2014—2023 年广东省农业科学院 SCI 合作发文机构 TOP10 见表 1-6。

表 1-6 2014—2023 年广东省农业科学院 SCI 合作发文机构 TOP10

排序	合作发文机构	发文量（篇）	WOS 所有数据库总被引频次	WOS 核心库被引频次
1	中国科学院	285	1 062	955
2	华南理工大学	262	237	229
3	华中农业大学	175	595	538
4	中国农业科学院	171	258	236
5	中华人民共和国农业农村部	163	94	92
6	中山大学	141	336	319

（续表）

排序	合作发文机构	发文量（篇）	WOS 所有数据库总被引频次	WOS 核心库被引频次
7	中国科学院大学	125	589	529
8	佛山大学	89	137	133
9	仲恺农业工程学院	83	73	66
10	华南师范大学	82	102	97

1.7 高频词 TOP20

2014—2023 年广东省农业科学院 SCI 发文高频词（作者关键词）TOP20 见表 1-7。

表 1-7 2014—2023 年广东省农业科学院 SCI 发文高频词（作者关键词）TOP20

排序	关键词（作者关键词）	频次	排序	关键词（作者关键词）	频次
1	Rice	117	11	RNA-seq	37
2	Chicken	74	12	Yield	36
3	Transcriptome	67	13	Phylogenetic analysis	36
4	Antioxidant activity	65	14	Growth	32
5	Gene expression	56	15	Metabolomics	29
6	Pig	40	16	Tea	28
7	Apoptosis	39	17	Photosynthesis	28
8	Gut microbiota	38	18	*Camellia sinensis*	28
9	Oxidative stress	38	19	Cadmium	26
10	Growth performance	38	20	Phenolics	25

2 中文期刊论文分析

2014—2023 年，广东省农业科学院作者共发表北大中文核心期刊论文3 936篇，中国科学引文数据库（CSCD）期刊论文2 229篇。

2.1 发文量

广东省农业科学院中文文献历年发文趋势（2014—2023 年）见图 2-1。

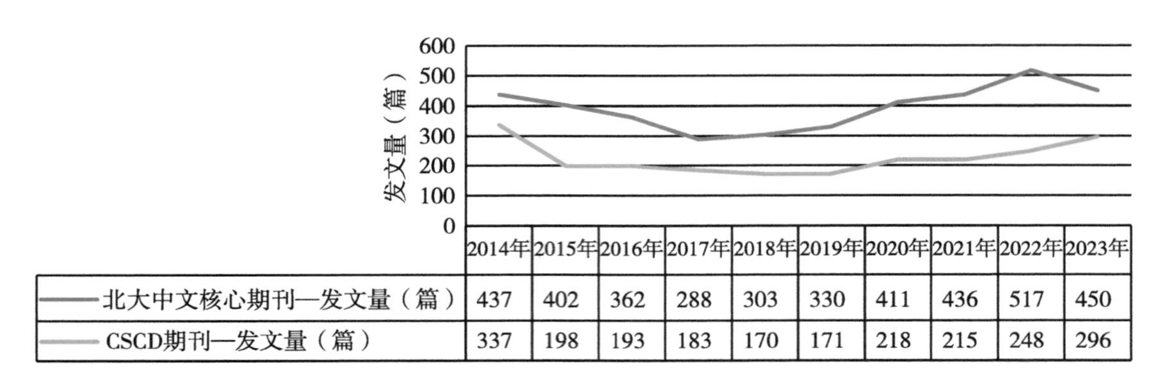

图 2-1　广东省农业科学院中文文献历年发文趋势（2014—2023 年）

2.2　高发文研究所 TOP10

2014—2023 年广东省农业科学院北大中文核心期刊高发文研究所 TOP10 见表 2-1，2014—2023 年广东省农业科学院中国科学引文数据库（CSCD）期刊高发文研究所 TOP10 见表 2-2。

表 2-1　2014—2023 年广东省农业科学院北大中文核心期刊高发文研究所 TOP10　单位：篇

排序	研究所	发文量
1	广东省农业科学院蚕业与农产品加工研究所	661
2	广东省农业科学院动物科学研究所	538
3	广东省农业科学院果树研究所	507
4	广东省农业科学院植物保护研究所	477
5	广东省农业科学院水稻研究所	237
6	广东省农业科学院动物卫生研究所	234
7	广东省农业科学院农业经济与信息研究所	223
8	广东省农业科学院蔬菜研究所	217
9	广东省农业科学院作物研究所	207
10	广东省农业科学院农业资源与环境研究所	185

表 2-2　2014—2023 年广东省农业科学院 CSCD 期刊高发文研究所 TOP10　单位：篇

排序	研究所	发文量
1	广东省农业科学院植物保护研究所	402
2	广东省农业科学院蚕业与农产品加工研究所	361
3	广东省农业科学院动物科学研究所	322

（续表）

排序	研究所	发文量
4	广东省农业科学院果树研究所	206
5	广东省农业科学院农业资源与环境研究所	148
6	广东省农业科学院作物研究所	143
7	广东省农业科学院水稻研究所	137
8	广东省农业科学院蔬菜研究所	120
9	广东省农业科学院动物卫生研究所	95
10	广东省农业科学院环境园艺研究所	87

2.3 高发文期刊 TOP10

2014—2023 年广东省农业科学院高发文北大中文核心期刊 TOP10 见表 2-3，2014—2023 年广东省农业科学院高发文 CSCD 期刊 TOP10 见表 2-4。

表 2-3 2014—2023 年广东省农业科学院高发文期刊（北大中文核心）TOP10 单位：篇

排序	期刊名称	发文量	排序	期刊名称	发文量
1	广东农业科学	663	6	分子植物育种	105
2	动物营养学报	230	7	中国畜牧兽医	95
3	现代食品科技	182	8	环境昆虫学报	80
4	热带作物学报	167	9	南方农业学报	72
5	园艺学报	131	10	食品工业科技	69

表 2-4 2014—2023 年广东省农业科学院高发文期刊（CSCD）TOP10 单位：篇

排序	期刊名称	发文量	排序	期刊名称	发文量
1	动物营养学报	231	6	园艺学报	77
2	热带作物学报	124	7	南方农业学报	73
3	广东农业科学	116	8	植物保护	61
4	环境昆虫学报	81	9	果树学报	60
5	蚕业科学	77	10	食品科学	56

2.4 合作发文机构 TOP10

2014—2023 年广东省农业科学院北大中文核心期刊合作发文机构 TOP10 见表 2-5，

2014—2023 年广东省农业科学院 CSCD 期刊合作发文机构 TOP10 见表 2-6。

表 2-5　2014—2023 年广东省农业科学院北大中文核心期刊合作发文机构 TOP10　单位：篇

排序	合作发文机构	发文量	排序	合作发文机构	发文量
1	华南农业大学	432	6	江西农业大学	60
2	中国热带农业科学院	246	7	华南理工大学	57
3	仲恺农业工程学院	116	8	广东海洋大学	55
4	海南大学	104	9	中国农业科学院	55
5	华中农业大学	103	10	华南师范大学	36

表 2-6　2014—2023 年广东省农业科学院 CSCD 期刊合作发文机构 TOP10　单位：篇

排序	合作发文机构	发文量	排序	合作发文机构	发文量
1	华南农业大学	292	6	江西农业大学	29
2	华中农业大学	70	7	湖南农业大学	27
3	中国农业科学院	47	8	华南师范大学	26
4	仲恺农业工程学院	46	9	暨南大学	26
5	广东海洋大学	41	10	中国热带农业科学院	25

广西壮族自治区农业科学院

1 英文期刊论文分析

分析数据来源于科学引文索引数据库（Web of Science，WOS）收录的文献类型为期刊论文（Article）、会议论文（Proceedings Paper）和述评（Review）的 Science Citation Index Expanded（SCIE）论文数据，数据时间范围为2014—2023 年，共检索到广西壮族自治区农业科学院作者发表的论文1 292篇。

1.1 发文量

2014—2023 年广西壮族自治区农业科学院历年 SCI 发文与被引情况见表 1-1，广西壮族自治区农业科学院英文文献历年发文趋势（2014—2023 年）见图 1-1。

表 1-1 2014—2023 年广西壮族自治区农业科学院历年 SCI 发文与被引情况

出版年	发文量（篇）	WOS 所有数据库总被引频次	WOS 核心库被引频次
2014	30	1 137	993
2015	64	1 878	1 648
2016	45	788	689
2017	70	1 564	1 391
2018	65	1 377	1 185
2019	124	1 473	1 354
2020	160	1 317	1 248
2021	201	858	827
2022	280	167	162
2023	253	145	143

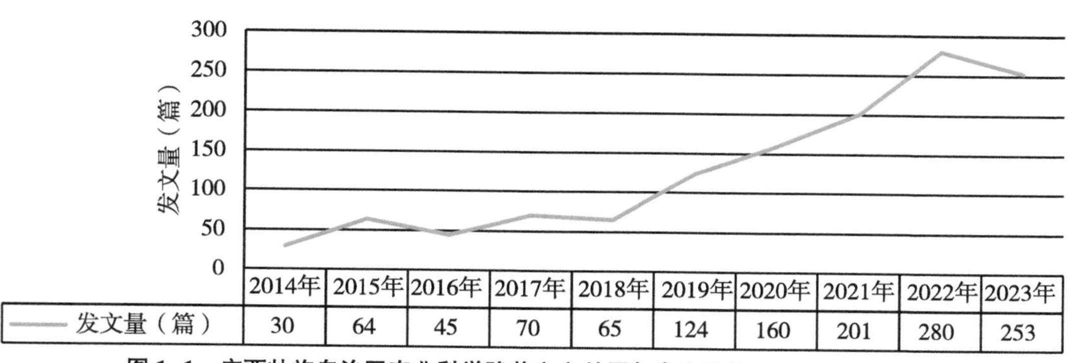

图 1-1 广西壮族自治区农业科学院英文文献历年发文趋势（2014—2023 年）

1.2 发文期刊 JCR 分区

2014—2023 年广西壮族自治区农业科学院 SCI 发文期刊 WOSJCR 分区情况见表 1-2，广西壮族自治区农业科学院 SCI 发文期刊 WOSJCR 分区趋势（2014—2023 年）见图 1-2。

表 1-2 2014—2023 年广西壮族自治区农业科学院 SCI 发文期刊 WOSJCR 分区情况 单位：篇

出版年	Q1 区发文量	Q2 区发文量	Q3 区发文量	Q4 区发文量	其他发文量
2014	9	7	9	4	1
2015	20	10	17	11	6
2016	15	11	15	4	0
2017	30	14	19	7	0
2018	29	15	14	4	3
2019	38	35	25	18	8
2020	77	26	15	19	23
2021	102	38	18	14	29
2022	158	81	16	20	5
2023	173	58	13	7	2

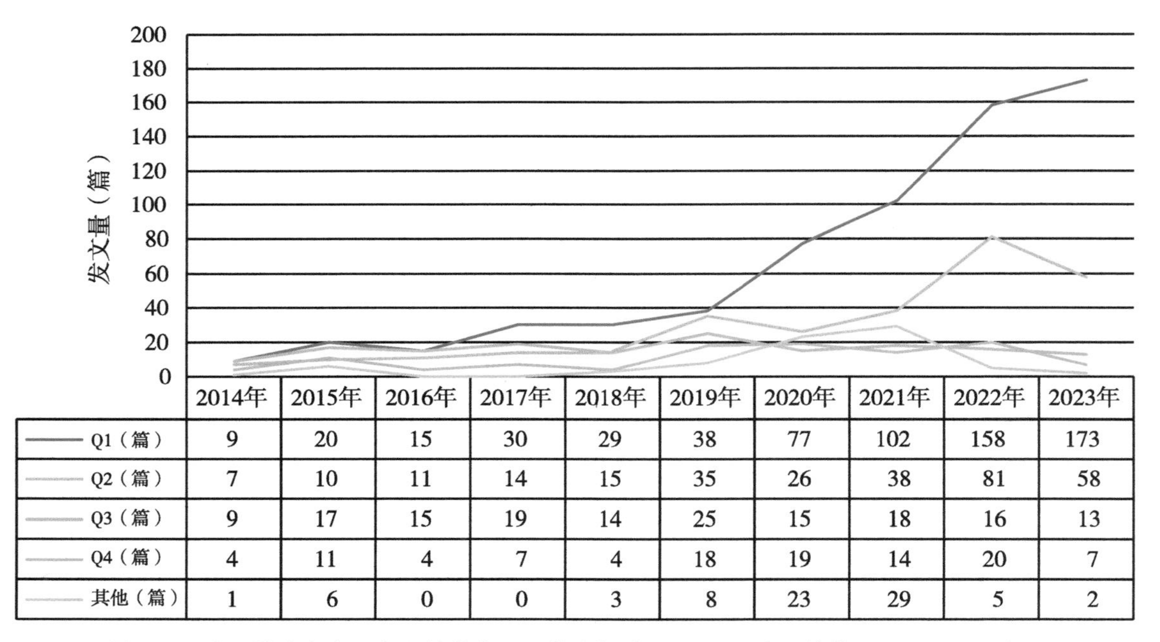

	2014年	2015年	2016年	2017年	2018年	2019年	2020年	2021年	2022年	2023年
Q1（篇）	9	20	15	30	29	38	77	102	158	173
Q2（篇）	7	10	11	14	15	35	26	38	81	58
Q3（篇）	9	17	15	19	14	25	15	18	16	13
Q4（篇）	4	11	4	7	4	18	19	14	20	7
其他（篇）	1	6	0	0	3	8	23	29	5	2

图 1-2 广西壮族自治区农业科学院 SCI 发文期刊 WOSJCR 分区趋势（2014—2023 年）

1.3 高发文研究所 TOP10

2014—2023 年广西壮族自治区农业科学院 SCI 高发文研究所 TOP10 见表 1-3。

表 1-3 2014—2023 年广西壮族自治区农业科学院 SCI 高发文研究所 TOP10 单位：篇

排序	研究所	发文量
1	广西壮族自治区农业科学院甘蔗研究所	263
2	广西作物遗传改良生物技术重点开放实验室	226
3	广西壮族自治区农业科学院植物保护研究所	143
4	广西壮族自治区农业科学院水稻研究所	108
5	广西壮族自治区农业科学院经济作物研究所	100
6	广西壮族自治区农业科学院农产品加工研究所	96
7	广西壮族自治区农业科学院生物技术研究所	89
8	广西壮族自治区亚热带作物研究所	62
9	广西壮族自治区农业科学院农业资源与环境研究所	50
10	广西壮族自治区农业科学院葡萄与葡萄酒研究所	32

1.4 高发文期刊 TOP10

2014—2023 年广西壮族自治区农业科学院 SCI 高发文期刊 TOP10 见表 1-4。

表 1-4 2014—2023 年广西壮族自治区农业科学院 SCI 高发文期刊 TOP10

排序	期刊名称	发文量（篇）	WOS 所有数据库总被引频次	WOS 核心库被引频次	期刊影响因子（最近年度）
1	SUGAR TECH	66	933	807	1.8（2023）
2	FRONTIERS IN PLANT SCIENCE	60	674	556	4.1（2023）
3	FRONTIERS IN MICROBIOLOGY	47	304	268	4.0（2023）
4	INTERNATIONAL JOURNAL OF MOLECULAR SCIENCES	32	140	127	4.9（2023）
5	SCIENTIFIC REPORTS	29	422	388	3.8（2023）
6	BMC PLANT BIOLOGY	27	133	127	4.3（2023）
7	MITOCHONDRIAL DNA PART B-RESOURCES	25	13	13	0.5（2023）
8	PLOS ONE	23	768	674	2.9（2023）

（续表）

排序	期刊名称	发文量（篇）	WOS 所有数据库总被引频次	WOS 核心库被引频次	期刊影响因子（最近年度）
9	AGRONOMY-BASEL	21	52	52	3.3（2023）
10	PLANTS-BASEL	20	73	71	4.0（2023）

1.5 合作发文国家与地区 TOP10

2014—2023 年广西壮族自治区农业科学院 SCI 合作发文国家与地区（合作发文 1 篇以上）TOP10 见表 1-5。

表 1-5 2014—2023 年广西壮族自治区农业科学院 SCI 合作发文国家与地区 TOP10

排序	国家与地区	合作发文量（篇）	WOS 所有数据库总被引频次	WOS 核心库被引频次
1	澳大利亚	81	971	808
2	美国	75	1 152	1 045
3	印度	59	566	527
4	巴基斯坦	26	190	177
5	俄罗斯	25	179	177
6	埃及	18	257	248
7	日本	13	525	475
8	土耳其	13	220	212
9	加拿大	13	141	134
10	法国	13	50	47

1.6 合作发文机构 TOP10

2014—2023 年广西壮族自治区农业科学院 SCI 合作发文机构 TOP10 见表 1-6。

表 1-6 2014—2023 年广西壮族自治区农业科学院 SCI 合作发文机构 TOP10

排序	合作发文机构	发文量（篇）	WOS 所有数据库总被引频次	WOS 核心库被引频次
1	广西大学	337	510	446
2	中国农业科学院	218	352	309

（续表）

排序	合作发文机构	发文量（篇）	WOS 所有数据库总被引频次	WOS 核心库被引频次
3	中国科学院	91	162	153
4	中国农业大学	71	206	193
5	华南农业大学	68	83	78
6	西南大学	50	44	43
7	昆士兰大学（澳大利亚）	49	46	45
8	福建农林大学	36	45	42
9	中国热带农业科学院	34	60	51
10	中国科学院大学	34	38	38

1.7 高频词 TOP20

2014—2023 年广西壮族自治区农业科学院 SCI 发文高频词（作者关键词）TOP20 见表 1-7。

表 1-7 2014—2023 年广西壮族自治区农业科学院 SCI 发文高频词（作者关键词）TOP20

排序	关键词（作者关键词）	频次	排序	关键词（作者关键词）	频次
1	Sugarcane	120	11	Genetic diversity	10
2	Rice	42	12	Phylogeny	10
3	Transcriptome	41	13	Drought stress	10
4	Gene expression	33	14	Pathogenicity	9
5	RNA-seq	13	15	Biological control	9
6	Peanut	13	16	Interaction	9
7	Abiotic stress	12	17	Photosynthesis	9
8	Phylogenetic analysis	11	18	Cassava	9
9	Banana	11	19	Mitochondrial genome	9
10	*Plasmopara viticola*	10	20	Cold stress	8

2 中文期刊论文分析

2014—2023 年，广西壮族自治区农业科学院作者共发表北大中文核心期刊论文3 612篇，中国科学引文数据库（CSCD）期刊论文1 964篇。

2.1 发文量

广西壮族自治区农业科学院中文文献历年发文趋势（2014—2023 年）见图 2-1。

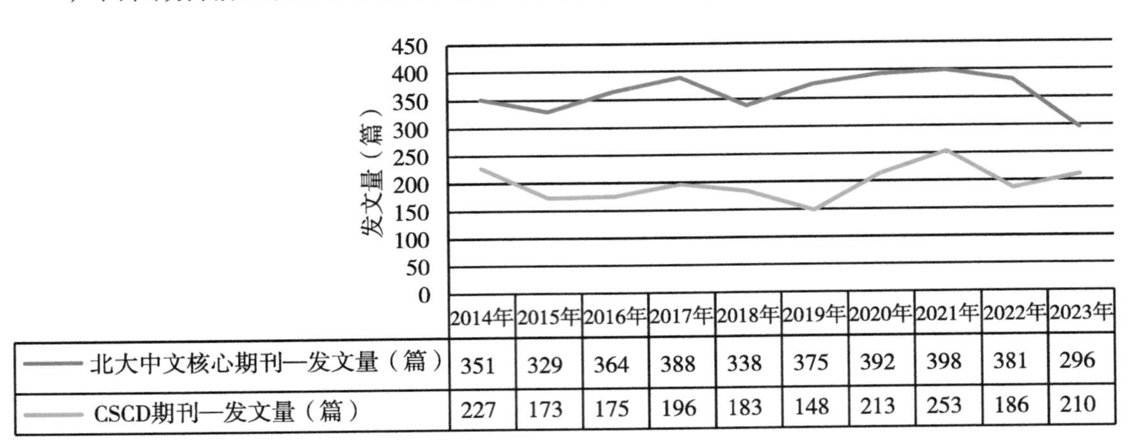

图 2-1 广西壮族自治区农业科学院中文文献历年发文趋势（2014—2023 年）

2.2 高发文研究所 TOP10

2014—2023 年广西壮族自治区农业科学院北大中文核心期刊高发文研究所 TOP10 见表 2-1，2014—2023 年广西壮族自治区农业科学院中国科学引文数据库（CSCD）期刊高发文研究所 TOP10 见表 2-2。

表 2-1 2014—2023 年广西壮族自治区农业科学院北大中文核心期刊高发文研究所 TOP10

单位：篇

排序	研究所	发文量
1	广西壮族自治区农业科学院甘蔗研究所	462
2	广西壮族自治区亚热带作物研究所	332
3	广西壮族自治区农业科学院植物保护研究所	324
4	广西壮族自治区农业科学院园艺研究所	291
5	广西壮族自治区农业科学院经济作物研究所	289
6	广西壮族自治区农业科学院农业资源与环境研究所	287
7	广西作物遗传改良生物技术重点开放实验室	253
7	广西壮族自治区农业科学院水稻研究所	253
8	广西壮族自治区农业科学院农产品加工研究所	220
9	广西壮族自治区农业科学院生物技术研究所	194
10	广西壮族自治区农业科学院	192
11	广西南亚热带农业科学研究所	176

注：“广西壮族自治区农业科学院”发文包括作者单位只标注为“广西壮族自治区农业科学院”、院属实验室等。

表 2-2　2014—2023 年广西壮族自治区农业科学院 CSCD 期刊高发文研究所 TOP10　单位：篇

排序	研究所	发文量
1	广西壮族自治区农业科学院植物保护研究所	236
2	广西壮族自治区农业科学院经济作物研究所	234
3	广西壮族自治区农业科学院甘蔗研究所	221
4	广西壮族自治区农业科学院农业资源与环境研究所	188
5	广西壮族自治区农业科学院水稻研究所	174
6	广西壮族自治区农业科学院微生物研究所	143
7	广西壮族自治区农业科学院园艺研究所	138
8	广西壮族自治区农业科学院生物技术研究所	113
9	广西作物遗传改良生物技术重点开放实验室	104
10	广西壮族自治区农业科学院农产品加工研究所	99

2.3　高发文期刊 TOP10

2014—2023 年广西壮族自治区农业科学院高发文北大中文核心期刊 TOP10 见表 2-3，2014—2023 年广西壮族自治区农业科学院高发文 CSCD 期刊 TOP10 见表 2-4。

表 2-3　2014—2023 年广西壮族自治区农业科学院高发文期刊（北大中文核心）TOP10

单位：篇

排序	期刊名称	发文量	排序	期刊名称	发文量
1	南方农业学报	630	6	江苏农业科学	94
2	西南农业学报	393	7	种子	89
3	中国南方果树	231	8	北方园艺	71
4	热带作物学报	191	9	食品工业科技	65
5	分子植物育种	99	10	杂交水稻	62

表 2-4　2014—2023 年广西壮族自治区农业科学院高发文期刊（CSCD）TOP10　单位：篇

排序	期刊名称	发文量	排序	期刊名称	发文量
1	南方农业学报	555	6	杂交水稻	37
2	西南农业学报	333	7	植物保护	34
3	热带作物学报	169	8	植物病理学报	27
4	分子植物育种	40	9	果树学报	26
5	植物遗传资源学报	38	10	广西植物	25

2.4 合作发文机构TOP10

2014—2023年广西壮族自治区农业科学院北大中文核心期刊合作发文机构TOP10见表2-5，2014—2023年广西壮族自治区农业科学院CSCD期刊合作发文机构TOP10见表2-6。

表2-5 2014—2023年广西壮族自治区农业科学院北大中文核心期刊合作发文机构TOP10

单位：篇

排序	合作发文机构	发文量	排序	合作发文机构	发文量
1	广西大学	610	6	中国热带农业科学院	53
2	中国农业科学院	211	7	广西特色作物研究院	38
3	广西科学院	68	8	湖南农业大学	27
4	华南农业大学	65	9	桂林理工大学	23
5	中国科学院	58	10	贺州学院	22

表2-6 2014—2023年广西壮族自治区农业科学院CSCD期刊合作发文机构TOP10 单位：篇

排序	合作发文机构	发文量	排序	合作发文机构	发文量
1	广西大学	316	6	中国农业大学	18
2	中国农业科学院	135	7	桂林理工大学	17
3	中国科学院	38	8	华南农业大学	17
4	中国热带农业科学院	35	9	广西特色作物研究院	16
5	长江大学	21	10	湖南农业大学	14

贵州省农业科学院

1 英文期刊论文分析

分析数据来源于科学引文索引数据库（Web of Science，WOS）收录的文献类型为期刊论文（Article）、会议论文（Proceedings Paper）和述评（Review）的 Science Citation Index Expanded（SCIE）论文数据，数据时间范围为2014—2023 年，共检索到贵州省农业科学院作者发表的论文 943 篇。

1.1 发文量

2014—2023 年贵州省农业科学院历年 SCI 发文与被引情况见表 1-1，贵州省农业科学院英文文献历年发文趋势（2014—2023 年）见图 1-1。

表 1-1 2014—2023 年贵州省农业科学院历年 SCI 发文与被引情况

出版年	发文量（篇）	WOS 所有数据库总被引频次	WOS 核心库被引频次
2014	18	582	534
2015	29	2 587	2 360
2016	55	1 901	1 748
2017	52	1 726	1 565
2018	72	1 578	1 394
2019	94	1 336	1 220
2020	94	1 385	1 278
2021	123	357	345
2022	203	101	99
2023	203	96	94

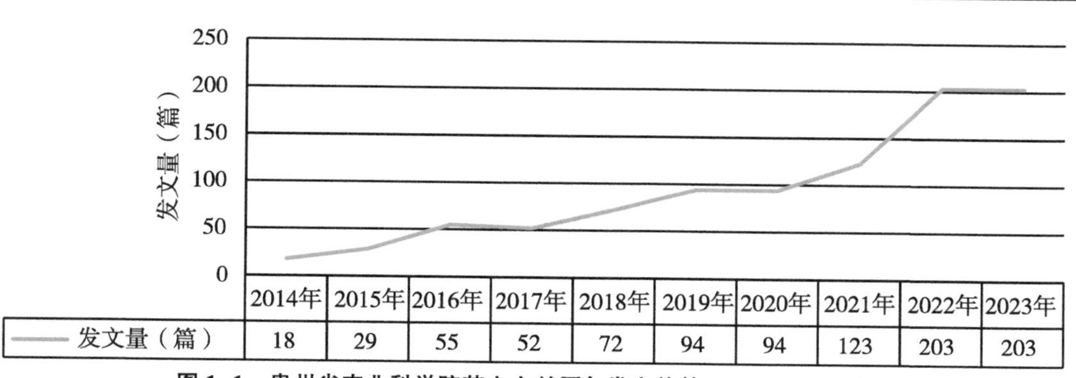

图 1-1 贵州省农业科学院英文文献历年发文趋势（2014—2023 年）

1.2 发文期刊 JCR 分区

2014—2023 年贵州省农业科学院 SCI 发文期刊 WOSJCR 分区情况见表 1-2，贵州省农业科学院 SCI 发文期刊 WOSJCR 分区趋势（2014—2023 年）见图 1-2。

表 1-2 2014—2023 年贵州省农业科学院 SCI 发文期刊 WOSJCR 分区情况 单位：篇

出版年	Q1 区发文量	Q2 区发文量	Q3 区发文量	Q4 区发文量	其他发文量
2014	6	4	8	0	0
2015	10	4	5	7	3
2016	13	4	27	11	0
2017	19	11	15	5	2
2018	24	13	24	11	0
2019	28	18	31	13	4
2020	36	23	16	8	11
2021	53	27	13	15	15
2022	98	65	21	13	6
2023	135	42	18	5	3

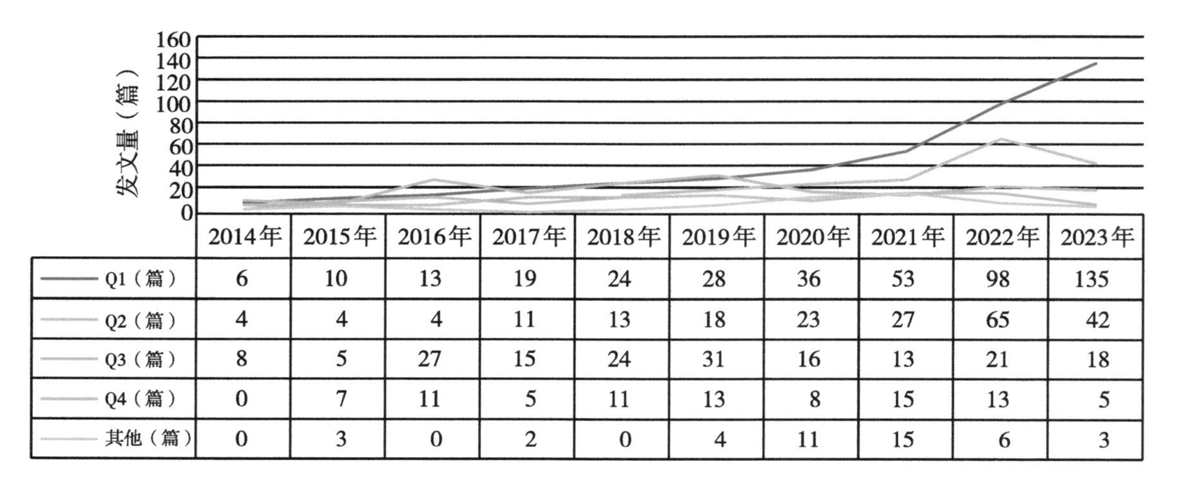

图 1-2 贵州省农业科学院 SCI 发文期刊 WOSJCR 分区趋势（2014—2023 年）

1.3 高发文研究所 TOP10

2014—2023 年贵州省农业科学院 SCI 高发文研究所 TOP10 见表 1-3。

表 1-3　2014—2023 年贵州省农业科学院 SCI 高发文研究所 TOP10　单位：篇

排序	研究所	发文量
1	贵州省农业生物技术研究所	223
2	贵州省植物保护研究所	97
3	贵州省茶叶研究所	46
4	贵州省草业研究所	43
5	贵州省园艺研究所	41
6	贵州省油菜研究所	30
6	贵州省旱粮研究所	30
7	贵州省农业科学院果树科学（柑橘/火龙果）研究所	17
8	贵州省油料（香料）研究所	10
9	贵州省水稻研究所	6
10	贵州亚热带作物（生物质能源）研究所	4

1.4　高发文期刊 TOP10

2014—2023 年贵州省农业科学院 SCI 高发文期刊 TOP10 见表 1-4。

表 1-4　2014—2023 年贵州省农业科学院 SCI 高发文期刊 TOP10

排序	期刊名称	发文量（篇）	WOS 所有数据库总被引频次	WOS 核心库被引频次	期刊影响因子（最近年度）
1	PHYTOTAXA	46	391	362	1.0（2023）
2	FRONTIERS IN PLANT SCIENCE	42	181	161	4.1（2023）
3	FUNGAL DIVERSITY	40	5 726	5 229	24.5（2023）
4	MYCOSPHERE	35	996	918	10.0（2023）
5	INTERNATIONAL JOURNAL OF MOLECULAR SCIENCES	29	246	230	4.9（2023）
6	AGRONOMY-BASEL	23	14	13	3.3（2023）
7	FRONTIERS IN MICROBIOLOGY	18	22	20	4.0（2023）
8	SCIENTIFIC REPORTS	17	222	199	3.8（2023）
9	PLOS ONE	14	161	139	2.9（2023）
10	MYCOLOGICAL PROGRESS	13	252	234	2.1（2023）

1.5　合作发文国家与地区 TOP10

2014—2023 年贵州省农业科学院 SCI 合作发文国家与地区（合作发文 1 篇以上）

TOP10 见表 1-5。

表 1-5　2014—2023 年贵州省农业科学院 SCI 合作发文国家与地区 TOP10

排序	国家与地区	合作发文量（篇）	WOS 所有数据库总被引频次	WOS 核心库被引频次
1	泰国	158	7 987	7 313
2	沙特阿拉伯	67	5 774	5 303
3	印度	57	5 425	4 952
4	美国	55	4 241	3 853
5	意大利	39	4 433	4 064
6	新西兰	37	4 418	4 058
7	德国	30	3 805	3 502
8	阿曼	26	2 471	2 250
9	毛里求斯	25	3 709	3 357
10	英格兰	24	3 090	2 842

1.6　合作发文机构 TOP10

2014—2023 年贵州省农业科学院 SCI 合作发文机构 TOP10 见表 1-6。

表 1-6　2014—2023 年贵州省农业科学院 SCI 合作发文机构 TOP10

排序	合作发文机构	发文量（篇）	WOS 所有数据库总被引频次	WOS 核心库被引频次
1	贵州大学	254	1 354	1 326
2	皇太后大学（泰国）	147	1 835	1 802
3	中国科学院	126	1 798	1 756
4	中国农业科学院	66	99	95
5	沙特国王大学	58	1 371	1 351
6	清迈大学（泰国）	53	787	776
7	华中农业大学	37	77	67
8	南京农业大学	37	46	45
9	西南大学	35	43	41
10	阿扎德住房协会	34	934	923

1.7 高频词 TOP20

2014—2023 年贵州省农业科学院 SCI 发文高频词（作者关键词）TOP20 见表 1-7。

表 1-7 2014—2023 年贵州省农业科学院 SCI 发文高频词（作者关键词）TOP20

排序	关键词（作者关键词）	频次	排序	关键词（作者关键词）	频次
1	Taxonomy	96	11	RNA-seq	16
2	Phylogeny	96	12	Pleosporales	14
3	Dothideomycetes	39	13	Genetic diversity	13
4	Sordariomycetes	27	14	Asexual fungi	12
5	Morphology	25	15	Basidiomycota	10
6	Transcriptome	22	16	Rice	10
7	New species	21	17	Gene expression	10
8	Asexual morph	19	18	Biochar	9
9	*Brassica napus*	17	19	Population structure	9
10	Ascomycota	16	20	New genus	8

2 中文期刊论文分析

2014—2023 年，贵州省农业科学院作者共发表北大中文核心期刊论文3 171篇，中国科学引文数据库（CSCD）期刊论文1 340篇。

2.1 发文量

贵州省农业科学院中文文献历年发文趋势（2014—2023 年）见图 2-1。

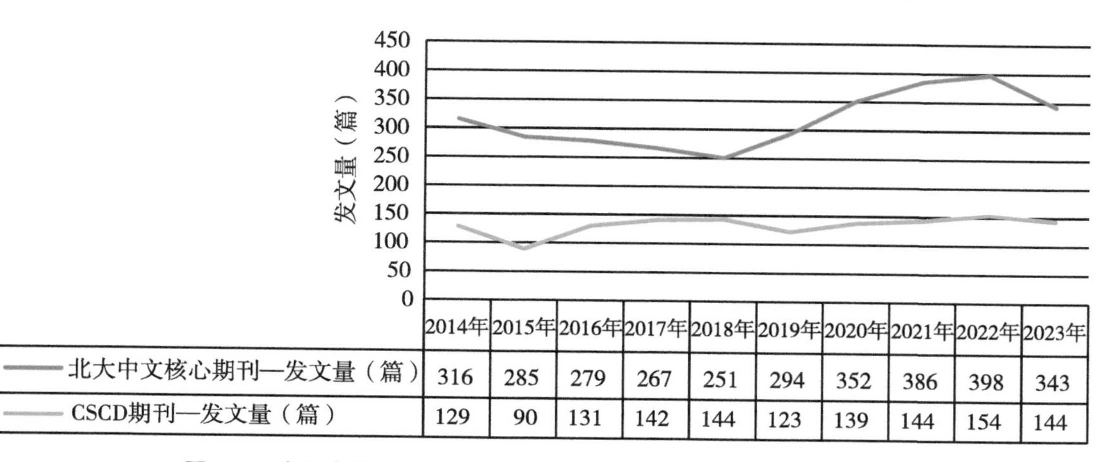

	2014年	2015年	2016年	2017年	2018年	2019年	2020年	2021年	2022年	2023年
北大中文核心期刊—发文量（篇）	316	285	279	267	251	294	352	386	398	343
CSCD期刊—发文量（篇）	129	90	131	142	144	123	139	144	154	144

图 2-1 贵州省农业科学院中文文献历年发文趋势（2014—2023 年）

2.2 高发文研究所 TOP10

2014—2023 年贵州省农业科学院北大中文核心期刊高发文研究所 TOP10 见表 2-1，2014—2023 年贵州省农业科学院中国科学引文数据库（CSCD）期刊高发文研究所 TOP10 见表 2-2。

表 2-1 2014—2023 年贵州省农业科学院北大中文核心期刊高发文研究所 TOP10 单位：篇

排序	研究所	发文量
1	贵州省畜牧兽医研究所	315
2	贵州省土壤肥料研究所	307
3	贵州省草业研究所	299
4	贵州省农业生物技术研究所	288
5	贵州省植物保护研究所	219
6	贵州省旱粮研究所	199
7	贵州省农业科学院果树科学（柑橘/火龙果）研究所	186
8	贵州省农业科学院	182
9	贵州省蚕业（辣椒）研究所	160
10	贵州省茶叶研究所	159
11	贵州省园艺研究所	158

注：“贵州省农业科学院”发文包括作者单位只标注为“贵州省农业科学院”、院属实验室等。

表 2-2 2014—2023 年贵州省农业科学院 CSCD 期刊高发文研究所 TOP10 单位：篇

排序	研究所	发文量
1	贵州省土壤肥料研究所	200
2	贵州省草业研究所	176
3	贵州省植物保护研究所	128
4	贵州省茶叶研究所	98
5	贵州省农业生物技术研究所	91
6	贵州省畜牧兽医研究所	85
7	贵州省农业科学院果树科学（柑橘/火龙果）研究所	79
8	贵州省旱粮研究所	77
9	贵州省水稻研究所	75
10	贵州省亚热带作物（生物质能源）研究所	72

2.3 高发文期刊 TOP10

2014—2023 年贵州省农业科学院高发文北大中文核心期刊 TOP10 见表 2-3，2014—2023 年贵州省农业科学院高发文 CSCD 期刊 TOP10 见表 2-4。

表 2-3 2014—2023 年贵州省农业科学院高发文期刊（北大中文核心）TOP10 单位：篇

排序	期刊名称	发文量	排序	期刊名称	发文量
1	贵州农业科学	473	6	黑龙江畜牧兽医	83
2	种子	320	7	南方农业学报	78
3	西南农业学报	201	8	北方园艺	75
4	分子植物育种	103	9	食品工业科技	55
5	江苏农业科学	103	10	中国南方果树	52

表 2-4 2014—2023 年贵州省农业科学院高发文期刊（CSCD）TOP10 单位：篇

排序	期刊名称	发文量	排序	期刊名称	发文量
1	西南农业学报	194	6	草业学报	35
2	南方农业学报	76	7	基因组学与应用生物学	34
3	分子植物育种	42	8	杂交水稻	28
4	热带作物学报	40	9	植物遗传资源学报	28
5	种子	37	10	中国土壤与肥料	26

2.4 合作发文机构 TOP10

2014—2023 年贵州省农业科学院北大中文核心期刊合作发文机构 TOP10 见表 2-5，2014—2023 年贵州省农业科学院 CSCD 期刊合作发文机构 TOP10 见表 2-6。

表 2-5 2014—2023 年贵州省农业科学院北大中文核心期刊合作发文机构 TOP10 单位：篇

排序	合作发文机构	发文量	排序	合作发文机构	发文量
1	贵州大学	699	6	四川农业大学	54
2	贵州师范大学	95	7	安顺学院	28
3	西南大学	91	8	南京农业大学	27
4	中国农业科学院	69	9	中国科学院	24
5	中国热带农业科学院	55	10	贵州医科大学	24

表 2-6　2014—2023 年贵州省农业科学院 CSCD 期刊合作发文机构 TOP10　　单位：篇

排序	合作发文机构	发文量	排序	合作发文机构	发文量
1	贵州大学	319	6	中国热带农业科学院	31
2	西南大学	62	7	南京农业大学	16
3	贵州师范大学	51	8	中国科学院	16
4	中国农业科学院	49	9	贵州省烟草科学研究院	15
5	四川农业大学	35	10	云南省农业科学院	14

海南省农业科学院

1 英文期刊论文分析

分析数据来源于科学引文索引数据库（Web of Science，WOS）收录的文献类型为期刊论文（Article）、会议论文（Proceedings Paper）和述评（Review）的 Science Citation Index Expanded（SCIE）论文数据，数据时间范围为2014—2023 年，共检索到海南省农业科学院作者发表的论文 312 篇。

1.1 发文量

2014—2023 年海南省农业科学院历年 SCI 发文与被引情况见表 1-1，海南省农业科学院英文文献历年发文趋势（2014—2023 年）见图 1-1。

表 1-1 2014—2023 年海南省农业科学院历年 SCI 发文与被引情况

出版年	发文量（篇）	WOS 所有数据库总被引频次	WOS 核心库被引频次
2014	6	110	101
2015	15	103	83
2016	27	343	313
2017	26	510	464
2018	20	307	291
2019	27	312	296
2020	27	228	222
2021	38	537	531
2022	57	24	21
2023	69	30	29

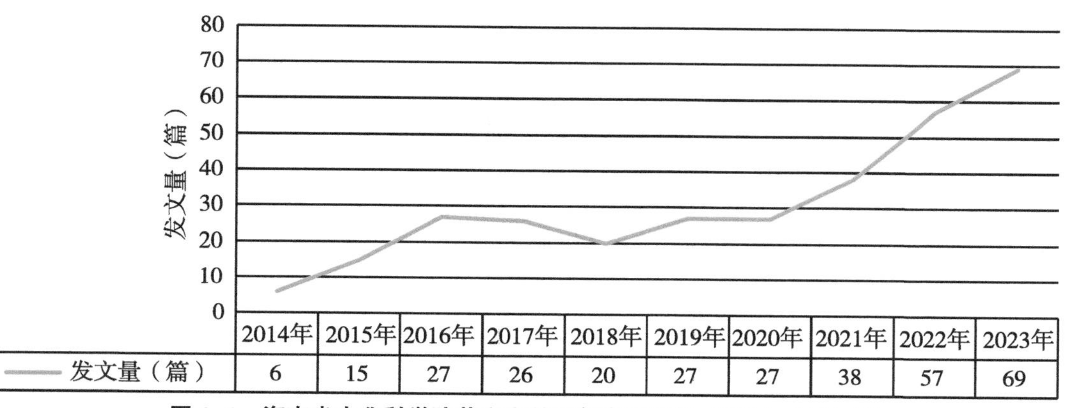

图 1-1 海南省农业科学院英文文献历年发文趋势（2014—2023 年）

1.2 发文期刊 JCR 分区

2014—2023 年海南省农业科学院 SCI 发文期刊 WOSJCR 分区情况见表 1-2，海南省农业科学院 SCI 发文期刊 WOSJCR 分区趋势（2014—2023 年）见图 1-2。

表 1-2 2014—2023 年海南省农业科学院 SCI 发文期刊 WOSJCR 分区情况 单位：篇

出版年	Q1 区发文量	Q2 区发文量	Q3 区发文量	Q4 区发文量	其他发文量
2014	0	3	1	0	2
2015	3	5	4	1	2
2016	13	3	3	3	5
2017	15	6	4	1	0
2018	8	6	2	3	1
2019	12	11	2	1	1
2020	16	7	0	2	2
2021	21	8	4	1	4
2022	38	17	2	0	0
2023	53	14	1	0	1

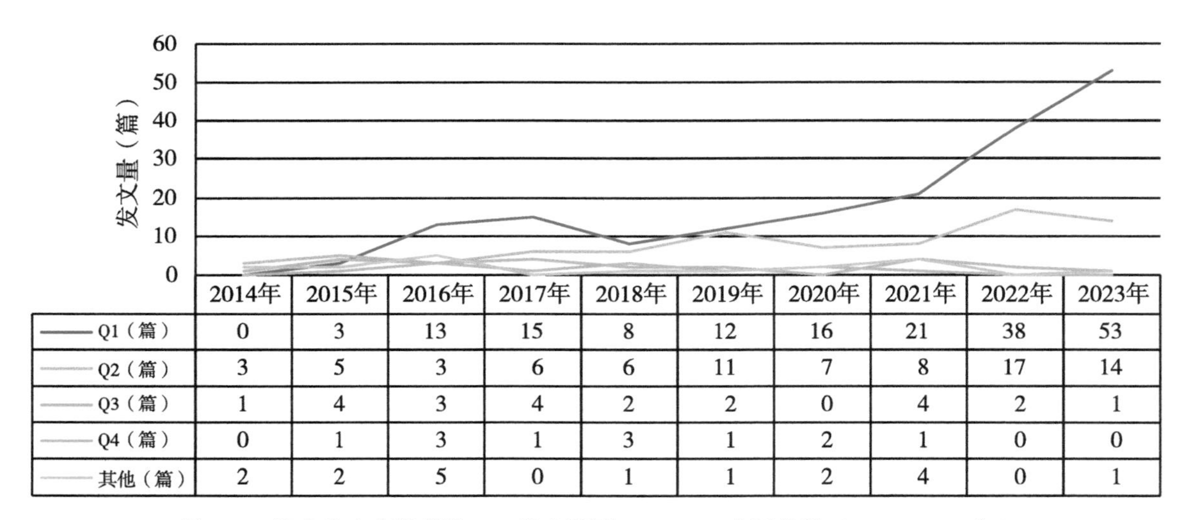

	2014年	2015年	2016年	2017年	2018年	2019年	2020年	2021年	2022年	2023年
Q1（篇）	0	3	13	15	8	12	16	21	38	53
Q2（篇）	3	5	3	6	6	11	7	8	17	14
Q3（篇）	1	4	3	4	2	2	0	4	2	1
Q4（篇）	0	1	3	1	3	1	2	1	0	0
其他（篇）	2	2	5	0	1	1	2	4	0	1

图 1-2 海南省农业科学院 SCI 发文期刊 WOSJCR 分区趋势（2014—2023 年）

1.3 高发文研究所 TOP10

2014—2023 年海南省农业科学院 SCI 高发文研究所 TOP10 见表 1-3。

表 1-3 2014—2023 年海南省农业科学院 SCI 高发文研究所 TOP10 单位：篇

排序	研究所	发文量
1	海南省农业科学院畜牧兽医研究所	62
2	海南省农业科学院热带果树研究所	26
3	海南省农业科学院植物保护研究所	23
4	海南省农业科学院热带园艺研究所	17
5	海南省农业科学院粮食作物研究所	1

注：全部发文研究所数量不足 10 个。

1.4 高发文期刊 TOP10

2014—2023 年海南省农业科学院 SCI 高发文期刊 TOP10 见表 1-4。

表 1-4 2014—2023 年海南省农业科学院 SCI 高发文期刊 TOP10

排序	期刊名称	发文量（篇）	WOS 所有数据库总被引频次	WOS 核心库被引频次	期刊影响因子（最近年度）
1	SCIENTIFIC REPORTS	13	149	138	3.8（2023）
2	PLOS ONE	12	113	108	2.9（2023）
3	FRONTIERS IN PLANT SCIENCE	8	27	22	4.1（2023）
4	FRONTIERS IN VETERINARY SCIENCE	8	1	1	2.6（2023）
5	MANAGEMENT SCIENCE	7	74	74	4.6（2023）
6	AGRONOMY-BASEL	6	2	2	3.3（2023）
7	ENVIRONMENTAL SCIENCE AND POLLUTION RESEARCH	5	77	65	5.8（2022）
8	INTERNATIONAL JOURNAL OF MOLECULAR SCIENCES	5	12	10	4.9（2023）
9	ANIMALS	5	11	10	2.7（2023）
10	PRODUCTION AND OPERATIONS MANAGEMENT	4	37	35	4.8（2023）

1.5 合作发文国家与地区 TOP10

2014—2023 年海南省农业科学院 SCI 合作发文国家与地区（合作发文 1 篇以上）TOP10 见表 1-5。

表 1-5　2014—2023 年海南省农业科学院 SCI 合作发文国家与地区 TOP10

排序	国家与地区	合作发文量（篇）	WOS 所有数据库总被引频次	WOS 核心库被引频次
1	美国	71	1 263	1 229
2	英格兰	7	130	126
3	德国	6	99	98
4	巴基斯坦	5	158	152
5	俄罗斯	5	43	34
6	新加坡	4	56	54
7	瑞士	3	47	47
8	意大利	3	35	34
9	澳大利亚	3	34	33
10	丹麦	3	25	24

1.6　合作发文机构 TOP10

2014—2023 年海南省农业科学院 SCI 合作发文机构 TOP10 见表 1-6。

表 1-6　2014—2023 年海南省农业科学院 SCI 合作发文机构 TOP10

排序	合作发文机构	发文量（篇）	WOS 所有数据库总被引频次	WOS 核心库被引频次
1	海南大学	64	43	40
2	加州大学伯克利分校（美国）	43	737	729
3	中国农业科学院	34	59	52
4	华南农业大学	34	44	40
5	中国科学院	13	34	33
6	香港大学	12	523	520
7	中国农业大学	10	12	12
8	北京大学	9	47	46
9	华中农业大学	8	15	13
10	海南省食品药品监督管理局	8	8	7

1.7 高频词 TOP20

2014—2023 年海南省农业科学院 SCI 发文高频词（作者关键词）TOP20 见表 1-7。

表 1-7 2014—2023 年海南省农业科学院 SCI 发文高频词（作者关键词）TOP20

排序	关键词（作者关键词）	频次	排序	关键词（作者关键词）	频次
1	Cadmium	6	11	*Sesuvium portulacastrum*	4
2	Rice	6	12	miRNA	3
3	Heat stress	5	13	Wenchang chickens	3
4	Growth performance	5	14	Antifungal activity	3
5	Meat quality	5	15	Maize	3
6	Pig	5	16	Soybean	3
7	Transcriptome	4	17	Genetic diversity	3
8	Gene expression	4	18	Cuminaldehyde	3
9	Quality	4	19	Rambutan	3
10	Metabolomics	4	20	Genotype	3

2 中文期刊论文分析

2014—2023 年，海南省农业科学院作者共发表北大中文核心期刊论文 766 篇，中国科学引文数据库（CSCD）期刊论文 350 篇。

2.1 发文量

海南省农业科学院中文文献历年发文趋势（2014—2023 年）见图 2-1。

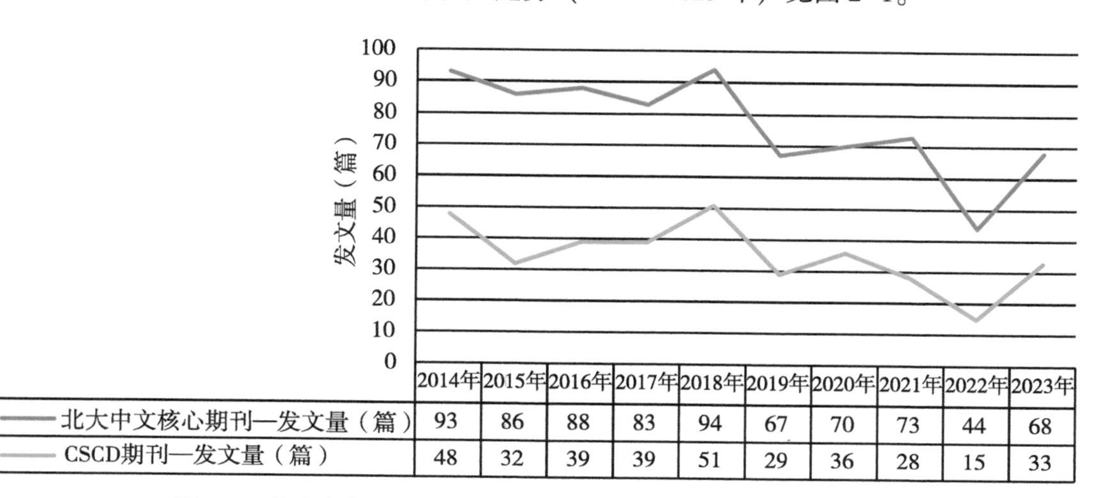

图 2-1 海南省农业科学院中文文献历年发文趋势（2014—2023 年）

2.2 高发文研究所 TOP10

2014—2023 年海南省农业科学院北大中文核心期刊高发文研究所 TOP10 见表 2-1，2014—2023 年海南省农业科学院中国科学引文数据库（CSCD）期刊高发文研究所 TOP10 见表 2-2。

表 2-1 2014—2023 年海南省农业科学院北大中文核心期刊高发文研究所 TOP10 单位：篇

排序	研究所	发文量
1	海南省农业科学院畜牧兽医研究所	159
2	海南省农业科学院植物保护研究所	138
3	海南省农业科学院蔬菜研究所	90
4	海南省农业科学院热带果树研究所	87
5	海南省农业科学院农产品加工设计研究所	83
6	海南省农业科学院农业环境与土壤研究所	80
7	海南省农业科学院粮食作物研究所	77
8	海南省农业科学院热带园艺研究所	51
9	海南省农业科学院	41
10	海南省农业科学院南繁育种研究中心	1

注：全部发文研究所数量不足 10 个。“海南省农业科学院”发文包括作者单位只标注为“海南省农业科学院”、院属实验室等。

表 2-2 2014—2023 年海南省农业科学院 CSCD 期刊高发文研究所 TOP10 单位：篇

排序	研究所	发文量
1	海南省农业科学院植物保护研究所	78
2	海南省农业科学院粮食作物研究所	61
3	海南省农业科学院热带果树研究所	49
4	海南省农业科学院蔬菜研究所	43
4	海南省农业科学院农业环境与土壤研究所	43
5	海南省农业科学院农产品加工设计研究所	28
6	海南省农业科学院畜牧兽医研究所	26
7	海南省农业科学院热带园艺研究所	23
8	海南省农业科学院	22

注：全部发文研究所数量不足 10 个。“海南省农业科学院”发文包括作者单位只标注为“海南省农业科学院”、院属实验室等。

2.3 高发文期刊 TOP10

2014—2023 年海南省农业科学院高发文北大中文核心期刊 TOP10 见表 2-3，2014—2023 年海南省农业科学院高发文 CSCD 期刊 TOP10 见表 2-4。

表 2-3 2014—2023 年海南省农业科学院高发文期刊（北大中文核心）TOP10 单位：篇

排序	期刊名称	发文量	排序	期刊名称	发文量
1	分子植物育种	87	6	基因组学与应用生物学	26
2	热带作物学报	46	7	北方园艺	24
3	黑龙江畜牧兽医	39	8	中国家禽	24
4	广东农业科学	29	9	江苏农业科学	22
5	中国南方果树	28	10	杂交水稻	22

表 2-4 2014—2023 年海南省农业科学院高发文期刊（CSCD）TOP10 单位：篇

排序	期刊名称	发文量	排序	期刊名称	发文量
1	分子植物育种	49	6	西南农业学报	13
2	热带作物学报	44	7	食品工业科技	10
3	基因组学与应用生物学	24	8	植物遗传资源学报	9
4	杂交水稻	22	9	农药	9
5	广东农业科学	15	10	食品科学	6

2.4 合作发文机构 TOP10

2014—2023 年海南省农业科学院北大中文核心期刊合作发文机构 TOP10 见表 2-5，2014—2023 年海南省农业科学院 CSCD 期刊合作发文机构 TOP10 见表 2-6。

表 2-5 2014—2023 年海南省农业科学院北大中文核心期刊合作发文机构 TOP10 单位：篇

排序	合作发文机构	发文量	排序	合作发文机构	发文量
1	海南大学	133	6	农业农村部海口热带果树科学观测实验站	13
2	中国热带农业科学院	93	7	农业农村部海南耕地保育科学观测实验站	11
3	华南农业大学	33	8	海南省食品检验检测中心	10
4	中国农业科学院	29	9	南京农业大学	9
5	广东省农业科学院	18	10	江西生物科技职业学院	7

表 2-6　2014—2023 年海南省农业科学院 CSCD 期刊合作发文机构 TOP10　　单位：篇

排序	合作发文机构	发文量	排序	合作发文机构	发文量
1	海南大学	73	6	中国科学院	7
2	中国热带农业科学院	50	7	湖南农业大学	5
3	中国农业科学院	21	8	海南师范大学	5
4	华南农业大学	16	9	云南省农业科学院	5
5	广东省农业科学院	11	10	江西省农业科学院	4

河北省农林科学院

1 英文期刊论文分析

分析数据来源于科学引文索引数据库（Web of Science，WOS）收录的文献类型为期刊论文（Article）、会议论文（Proceedings Paper）和述评（Review）的 Science Citation Index Expanded（SCIE）论文数据，数据时间范围为2014—2023 年，共检索到河北省农林科学院作者发表的论文1 037篇。

1.1 发文量

2014—2023 年河北省农林科学院历年 SCI 发文与被引情况见表 1-1，河北省农林科学院英文文献历年发文趋势（2014—2023 年）见图 1-1。

表 1-1 2014—2023 年河北省农林科学院历年 SCI 发文与被引情况

出版年	发文量（篇）	WOS 所有数据库总被引频次	WOS 核心库被引频次
2014	50	1 353	1 130
2015	61	1 031	878
2016	54	1 478	1 241
2017	67	1 212	1 066
2018	79	2 050	1 805
2019	99	1 431	1 270
2020	117	874	788
2021	124	390	365
2022	187	89	85
2023	199	73	72

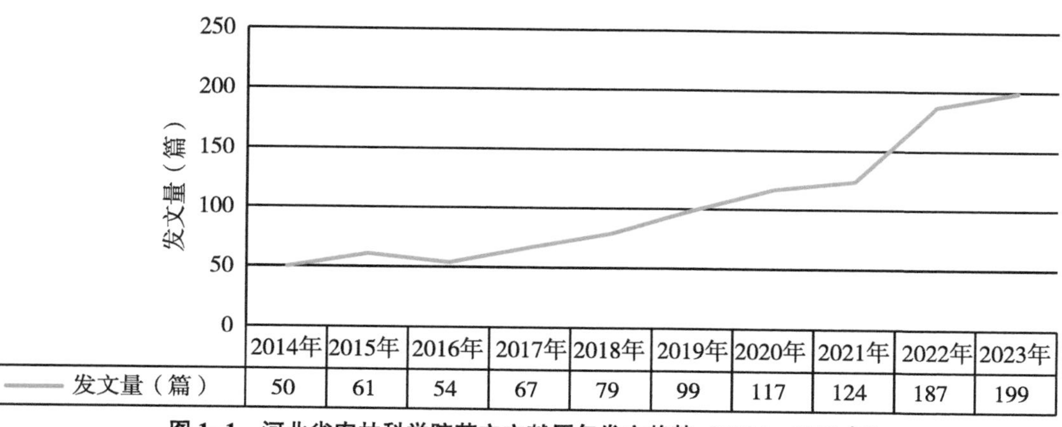

图 1-1 河北省农林科学院英文文献历年发文趋势（2014—2023 年）

1.2 发文期刊 JCR 分区

2014—2023 年河北省农林科学院 SCI 发文期刊 WOSJCR 分区情况见表 1-2，河北省农林科学院 SCI 发文期刊 WOSJCR 分区趋势（2014—2023 年）见图 1-2。

表 1-2 2014—2023 年河北省农林科学院 SCI 发文期刊 WOSJCR 分区情况 单位：篇

出版年	Q1 区发文量	Q2 区发文量	Q3 区发文量	Q4 区发文量	其他发文量
2014	13	22	6	4	5
2015	20	18	11	9	3
2016	16	18	12	6	2
2017	32	10	15	10	0
2018	26	28	17	8	0
2019	50	19	16	7	7
2020	51	26	13	13	14
2021	69	32	7	7	9
2022	130	40	11	4	2
2023	151	36	7	4	1

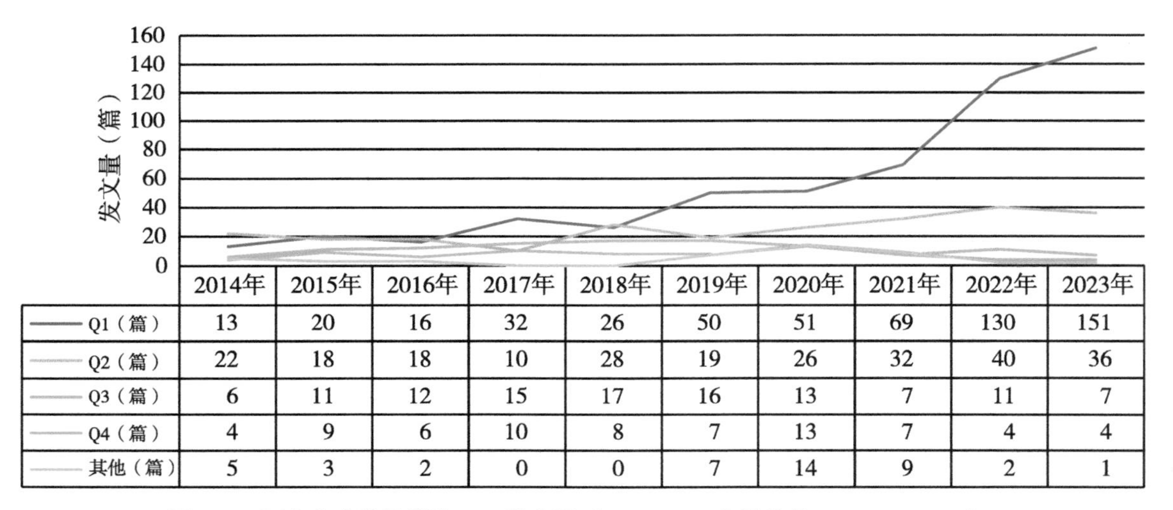

图 1-2 河北省农林科学院 SCI 发文期刊 WOSJCR 分区趋势（2014—2023 年）

1.3 高发文研究所 TOP10

2014—2023 年河北省农林科学院 SCI 高发文研究所 TOP10 见表 1-3。

表 1-3　2014—2023 年河北省农林科学院 SCI 高发文研究所 TOP10　　单位：篇

排序	研究所	发文量
1	河北省农林科学院粮油作物研究所	260
2	河北省农林科学院植物保护研究所	138
3	河北省农林科学院遗传生理研究所	113
4	河北省农林科学院旱作农业研究所	91
5	河北省农林科学院谷子研究所	89
6	河北省农林科学院农业资源环境研究所	53
7	河北省农林科学院经济作物研究所	51
8	河北省农林科学院昌黎果树研究所	47
9	河北省农林科学院滨海农业研究所	31
10	河北省农林科学院棉花研究所	29

1.4　高发文期刊 TOP10

2014—2023 年河北省农林科学院 SCI 高发文期刊 TOP10 见表 1-4。

表 1-4　2014—2023 年河北省农林科学院 SCI 高发文期刊 TOP10

排序	期刊名称	发文量（篇）	WOS 所有数据库总被引频次	WOS 核心库被引频次	期刊影响因子（最近年度）
1	FRONTIERS IN PLANT SCIENCE	71	327	305	4.1（2023）
2	JOURNAL OF INTEGRATIVE AGRICULTURE	37	236	190	4.6（2023）
3	PLOS ONE	29	427	369	2.9（2023）
4	THEORETICAL AND APPLIED GENETICS	26	336	285	4.4（2023）
5	INTERNATIONAL JOURNAL OF MOLECULAR SCIENCES	22	266	228	4.9（2023）
6	AGRONOMY-BASEL	22	18	17	3.3（2023）
7	SCIENTIFIC REPORTS	20	274	244	3.8（2023）
8	CROP JOURNAL	20	109	96	6.0（2023）
9	BMC PLANT BIOLOGY	16	175	166	4.3（2023）

（续表）

排序	期刊名称	发文量（篇）	WOS所有数据库总被引频次	WOS核心库被引频次	期刊影响因子（最近年度）
10	FRONTIERS IN MICROBIOLOGY	15	54	49	4.0（2023）

1.5 合作发文国家与地区TOP10

2014—2023年河北省农林科学院SCI合作发文国家与地区（合作发文1篇以上）TOP10见表1-5。

表1-5 2014—2023年河北省农林科学院SCI合作发文国家与地区TOP10

排序	国家与地区	合作发文量（篇）	WOS所有数据库总被引频次	WOS核心库被引频次
1	美国	99	2 034	1 833
2	澳大利亚	32	561	511
3	巴基斯坦	20	131	115
4	墨西哥	12	175	158
5	新西兰	9	115	104
6	加拿大	8	221	174
7	荷兰	8	137	125
8	英格兰	7	428	356
9	瑞士	6	127	112
10	泰国	6	84	75

1.6 合作发文机构TOP10

2014—2023年河北省农林科学院SCI合作发文机构TOP10见表1-6。

表1-6 2014—2023年河北省农林科学院SCI合作发文机构TOP10

排序	合作发文机构	发文量（篇）	WOS所有数据库总被引频次	WOS核心库被引频次
1	中国农业科学院	216	504	433
2	中国农业大学	131	350	311
3	河北农业大学	115	26	26

（续表）

排序	合作发文机构	发文量（篇）	WOS 所有数据库总被引频次	WOS 核心库被引频次
4	中国科学院	71	158	138
5	河北师范大学	42	94	82
6	北京市农林科学院	33	34	33
7	美国农业部农业研究院	27	17	17
8	山东省农业科学院	25	90	82
9	中国科学院大学	25	41	34
10	阿肯色大学（美国）	24	26	26

1.7 高频词 TOP20

2014—2023 年河北省农林科学院 SCI 发文高频词（作者关键词）TOP20 见表 1-7。

表 1-7 2014—2023 年河北省农林科学院 SCI 发文高频词（作者关键词）TOP20

排序	关键词（作者关键词）	频次	排序	关键词（作者关键词）	频次
1	Maize	28	11	Winter wheat	13
2	Wheat	28	12	Gene expression	12
3	Soybean	26	13	Pear	11
4	Yield	22	14	RNA-seq	10
5	Transcriptome	20	15	*Microplitis mediator*	10
6	Foxtail millet	20	16	QTL	10
7	Cotton	19	17	Drought tolerance	9
8	Triticum aestivum	18	18	Phylogenetic analysis	9
9	Grain yield	15	19	GWAS	9
10	Drought stress	14	20	Ethylene	8

2 中文期刊论文分析

2014—2023 年，河北省农林科学院作者共发表北大中文核心期刊论文 1 953篇，中国科学引文数据库（CSCD）期刊论文 1 226篇。

2.1 发文量

河北省农林科学院中文文献历年发文趋势（2014—2023 年）见图 2-1。

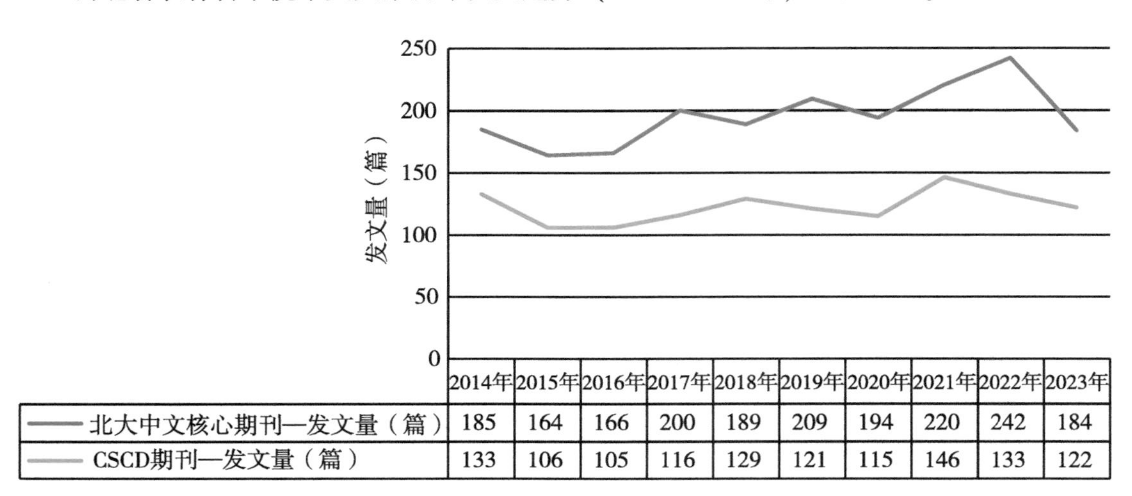

图 2-1 河北省农林科学院中文文献历年发文趋势（2014—2023 年）

2.2 高发文研究所 TOP10

2014—2023 年河北省农林科学院北大中文核心期刊高发文研究所 TOP10 见表 2-1，2014—2023 年河北省农林科学院中国科学引文数据库（CSCD）期刊高发文研究所 TOP10 见表 2-2。

表 2-1 2014—2023 年河北省农林科学院北大中文核心期刊高发文研究所 TOP10 单位：篇

排序	研究所	发文量
1	河北省农林科学院植物保护研究所	325
2	河北省农林科学院粮油作物研究所	245
3	河北省农林科学院旱作农业研究所	184
4	河北省农林科学院经济作物研究所	153
5	河北省农林科学院农业资源环境研究所	149
6	河北省农林科学院谷子研究所	148
7	河北省农林科学院昌黎果树研究所	147
8	河北省农林科学院遗传生理研究所	141
9	河北省农林科学院	134
10	河北省农林科学院棉花研究所	124
11	河北省农林科学院滨海农业研究所	92

注：“河北省农林科学院”发文包括作者单位只标注为“河北省农林科学院”、院属实验室等。

表 2-2　2014—2023 年河北省农林科学院 CSCD 期刊高发文研究所 TOP10　单位：篇

排序	研究所	发文量
1	河北省农林科学院植物保护研究所	287
2	河北省农林科学院粮油作物研究所	175
3	河北省农林科学院旱作农业研究所	148
4	河北省农林科学院农业资源环境研究所	107
5	河北省农林科学院昌黎果树研究所	88
6	河北省农林科学院遗传生理研究所	84
7	河北省农林科学院谷子研究所	83
8	河北省农林科学院棉花研究所	81
9	河北省农林科学院经济作物研究所	75
10	河北省农林科学院滨海农业研究所	45

2.3　高发文期刊 TOP10

2014—2023 年河北省农林科学院高发文北大中文核心期刊 TOP10 见表 2-3，2014—2023 年河北省农林科学院高发文 CSCD 期刊 TOP10 见表 2-4。

表 2-3　2014—2023 年河北省农林科学院高发文期刊（北大中文核心）TOP10　单位：篇

排序	期刊名称	发文量	排序	期刊名称	发文量
1	华北农学报	221	6	植物病理学报	51
2	北方园艺	78	7	麦类作物学报	44
3	中国农业科学	75	8	中国生物防治学报	41
4	河北农业大学学报	56	9	中国植保导刊	39
5	园艺学报	53	10	江苏农业科学	37

表 2-4　2014—2023 年河北省农林科学院高发文期刊（CSCD）TOP10　单位：篇

排序	期刊名称	发文量	排序	期刊名称	发文量
1	华北农学报	93	6	园艺学报	35
2	中国农业科学	69	7	麦类作物学报	34
3	河北农业大学学报	52	8	植物保护	33
4	植物病理学报	51	9	作物学报	33
5	中国生物防治学报	42	10	果树学报	32

2.4 合作发文机构 TOP10

2014—2023 年河北省农林科学院北大中文核心期刊合作发文机构 TOP10 见表 2-5，2014—2023 年河北省农林科学院 CSCD 期刊合作发文机构 TOP10 见表 2-6。

表 2-5　2014—2023 年河北省农林科学院北大中文核心期刊合作发文机构 TOP10　单位：篇

排序	合作发文机构	发文量	排序	合作发文机构	发文量
1	河北农业大学	210	6	国家棉花改良中心	29
2	中国农业科学院	119	7	河北师范大学	29
3	中国农业大学	79	8	国家大豆改良中心	23
4	河北科技大学	41	9	河北工程大学	22
5	中国科学院	33	10	北京市农林科学院	17

表 2-6　2014—2023 年河北省农林科学院 CSCD 期刊合作发文机构 TOP10　单位：篇

排序	合作发文机构	发文量	排序	合作发文机构	发文量
1	河北农业大学	119	6	河北师范大学	16
2	中国农业科学院	91	7	河北科技大学	14
3	中国农业大学	59	8	河北科技师范学院	12
4	中国科学院	23	9	南京农业大学	12
5	北京市农林科学院	17	10	国家大豆改良中心	11

河南省农业科学院

1　英文期刊论文分析

分析数据来源于科学引文索引数据库（Web of Science，WOS）收录的文献类型为期刊论文（Article）、会议论文（Proceedings Paper）和述评（Review）的 Science Citation Index Expanded（SCIE）论文数据，数据时间范围为2014—2023 年，共检索到河南省农业科学院作者发表的论文1 484篇。

1.1　发文量

2014—2023 年河南省农业科学院历年 SCI 发文与被引情况见表 1-1，河南省农业科学院英文文献历年发文趋势（2014—2023 年）见图 1-1。

表 1-1　2014—2023 年河南省农业科学院历年 SCI 发文与被引情况

出版年	发文量（篇）	WOS 所有数据库总被引频次	WOS 核心库被引频次
2014	59	1 662	1 361
2015	83	2 323	2 025
2016	113	2 840	2 525
2017	124	2 623	2 384
2018	113	2 593	2 326
2019	138	2 299	2 075
2020	176	1 425	1 290
2021	231	714	674
2022	250	113	113
2023	197	77	77

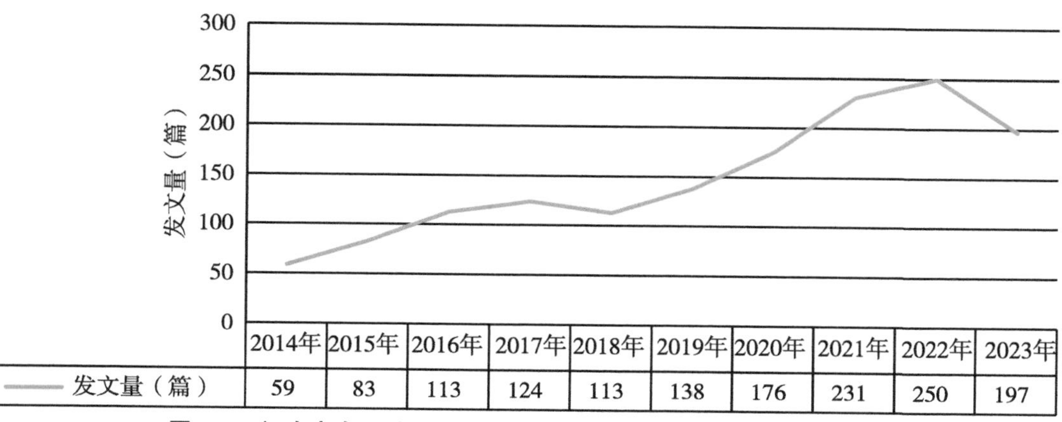

图 1-1　河南省农业科学院英文文献历年发文趋势（2014—2023 年）

1.2 发文期刊 JCR 分区

2014—2023 年河南省农业科学院 SCI 发文期刊 WOSJCR 分区情况见表 1-2，河南省农业科学院 SCI 发文期刊 WOSJCR 分区趋势（2014—2023 年）见图 1-2。

表 1-2 2014—2023 年河南省农业科学院 SCI 发文期刊 WOSJCR 分区情况 单位：篇

出版年	Q1 区发文量	Q2 区发文量	Q3 区发文量	Q4 区发文量	其他发文量
2014	26	16	11	4	2
2015	32	23	14	12	2
2016	42	32	25	13	1
2017	65	34	12	11	2
2018	54	34	13	11	1
2019	55	53	16	8	6
2020	89	38	20	11	18
2021	99	52	24	9	47
2022	139	88	12	9	2
2023	133	50	7	3	3

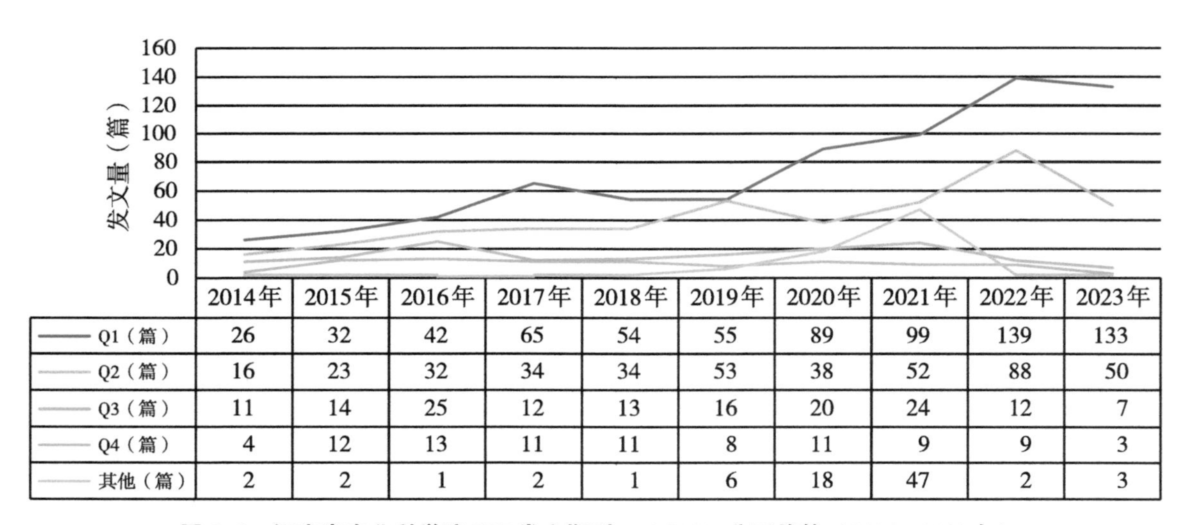

图 1-2 河南省农业科学院 SCI 发文期刊 WOSJCR 分区趋势（2014—2023 年）

1.3 高发文研究所 TOP10

2014—2023 年河南省农业科学院 SCI 高发文研究所 TOP10 见表 1-3。

表 1-3　2014—2023 年河南省农业科学院 SCI 高发文研究所 TOP10　　单位：篇

排序	研究所	发文量
1	河南省动物免疫学重点实验室	257
2	河南省农业科学院植物保护研究所	217
3	河南省农业科学院植物营养与资源环境研究所	132
4	河南省农业科学院畜牧兽医研究所	121
5	河南省农业科学院粮食作物研究所	82
6	河南省农业科学院经济作物研究所	77
7	河南省农业科学院农业质量标准与检测技术研究所	71
8	河南省农业科学院园艺研究所	62
9	河南省芝麻研究中心	60
9	河南省农业科学院小麦研究所	60
10	河南省农业科学院农业经济与信息研究所	36

1.4　高发文期刊 TOP10

2014—2023 年河南省农业科学院 SCI 高发文期刊 TOP10 见表 1-4。

表 1-4　2014—2023 年河南省农业科学院 SCI 发文期刊 TOP10

排序	期刊名称	发文量（篇）	WOS 所有数据库总被引频次	WOS 核心库被引频次	期刊影响因子（最近年度）
1	FRONTIERS IN PLANT SCIENCE	62	579	543	4.1（2023）
2	PLOS ONE	47	787	700	2.9（2023）
3	SCIENTIFIC REPORTS	37	643	584	3.8（2023）
4	FRONTIERS IN MICROBIOLOGY	32	386	355	4.0（2023）
5	BMC PLANT BIOLOGY	31	147	133	4.3（2023）
6	INTERNATIONAL JOURNAL OF MOLECULAR SCIENCES	29	231	201	4.9（2023）
7	JOURNAL OF INTEGRATIVE AGRICULTURE	26	144	115	4.6（2023）
8	INTERNATIONAL JOURNAL OF BIOLOGICAL MACROMOLECULES	23	62	56	7.7（2023）
9	AGRONOMY-BASEL	23	10	9	3.3（2023）

（续表）

排序	期刊名称	发文量（篇）	WOS所有数据库总被引频次	WOS核心库被引频次	期刊影响因子（最近年度）
10	VIRUSES-BASEL	19	75	66	3.8（2023）

1.5 合作发文国家与地区TOP10

2014—2023年河南省农业科学院SCI合作发文国家与地区（合作发文1篇以上）TOP10见表1-5。

表1-5 2014—2023年河南省农业科学院SCI合作发文国家与地区TOP10

排序	国家与地区	合作发文量（篇）	WOS所有数据库总被引频次	WOS核心库被引频次
1	美国	153	3 971	3 524
2	英格兰	43	697	593
3	澳大利亚	23	898	780
4	加拿大	20	240	208
5	埃及	17	64	60
6	德国	13	129	124
7	印度	11	975	890
8	荷兰	11	81	75
9	法国	10	288	267
10	墨西哥	9	64	63

1.6 合作发文机构TOP10

2014—2023年河南省农业科学院SCI合作发文机构TOP10见表1-6。

表1-6 2014—2023年河南省农业科学院SCI合作发文机构TOP10

排序	合作发文机构	发文量（篇）	WOS所有数据库总被引频次	WOS核心库被引频次
1	河南农业大学	392	711	644
2	郑州大学	184	350	333
3	中国农业科学院	172	515	446

（续表）

排序	合作发文机构	发文量（篇）	WOS 所有数据库总被引频次	WOS 核心库被引频次
4	西北农林科技大学	133	324	267
5	中国农业大学	92	257	229
6	中国科学院	87	349	309
7	扬州大学	70	60	57
8	河南科技大学	68	77	63
9	南京农业大学	60	214	196
10	华中农业大学	38	175	155

1.7 高频词 TOP20

2014—2023 年河南省农业科学院 SCI 发文高频词（作者关键词）TOP20 见表 1-7。

表 1-7 2014—2023 年河南省农业科学院 SCI 发文高频词（作者关键词）TOP20

排序	关键词（作者关键词）	频次	排序	关键词（作者关键词）	频次
1	Maize	38	11	Soybean	12
2	Wheat	38	12	Phylogenetic analysis	12
3	Transcriptome	31	13	QTL mapping	12
4	Monoclonal antibody	26	14	Yield	12
5	Peanut	20	15	Broiler	12
6	PRRSV	19	16	Resistance	12
7	Long-term fertilization	15	17	Genetic diversity	12
8	Fluorescence	13	18	Colloidal gold	12
9	Gene expression	13	19	Immunochromatographic strip	12
10	RNA-seq	12	20	Rapid detection	10

2 中文期刊论文分析

2014—2023 年，河南省农业科学院作者共发表北大中文核心期刊论文2 953篇，中国科学引文数据库（CSCD）期刊论文1 878篇。

2.1 发文量

河南省农业科学院中文文献历年发文趋势（2014—2023 年）见图 2-1。

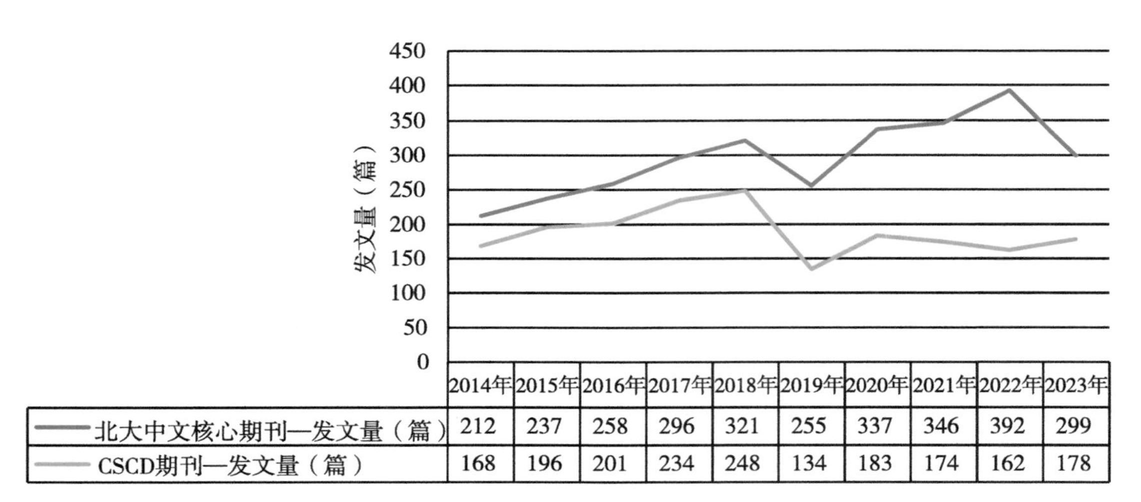

图 2-1　河南省农业科学院中文文献历年发文趋势（2014—2023 年）

2. 2　高发文研究所 TOP10

2014—2023 年河南省农业科学院北大中文核心期刊高发文研究所 TOP10 见表 2-1，2014—2023 年河南省农业科学院中国科学引文数据库（CSCD）期刊高发文研究所 TOP10 见表 2-2。

表 2-1　2014—2023 年河南省农业科学院北大中文核心期刊高发文研究所 TOP10　单位：篇

排序	研究所	发文量
1	河南省农业科学院植物保护研究所	353
2	河南省农业科学院植物营养与资源环境研究所	334
3	河南省农业科学院	302
4	河南省农业科学院农副产品加工研究所	280
5	河南省农业科学院园艺研究所	252
6	河南省农业科学院粮食作物研究所	245
7	河南省农业科学院经济作物研究所	228
8	河南省农业科学院农业经济与信息研究所	217
9	河南省农业科学院畜牧兽医研究所	214
10	河南省动物免疫学重点实验室	185
11	河南省农业科学院小麦研究所	178

注：“河南省农业科学院”发文包括作者单位只标注为“河南省农业科学院”、院属实验室等。

表 2-2 2014—2023 年河南省农业科学院 CSCD 期刊高发文研究所 TOP10 单位：篇

排序	研究所	发文量
1	河南省农业科学院植物保护研究所	310
2	河南省农业科学院植物营养与资源环境研究所	271
3	河南省农业科学院粮食作物研究所	186
4	河南省农业科学院	184
5	河南省农业科学院农业经济与信息研究所	145
6	河南省农业科学院农副产品加工研究所	141
7	河南省农业科学院经济作物研究所	126
8	河南省农业科学院小麦研究所	122
9	河南省农业科学院园艺研究所	110
10	河南省农业科学院畜牧兽医研究所	99
11	河南省农业科学院烟草研究所	93

注：“河南省农业科学院”发文包括作者单位只标注为“河南省农业科学院”、院属实验室等。

2.3 高发文期刊 TOP10

2014—2023 年河南省农业科学院高发文北大中文核心期刊 TOP10 见表 2-3，2014—2023 年河南省农业科学院高发文 CSCD 期刊 TOP10 见表 2-4。

表 2-3 2014—2023 年河南省农业科学院高发文期刊（北大中文核心）TOP10 单位：篇

排序	期刊名称	发文量	排序	期刊名称	发文量
1	河南农业科学	643	6	中国瓜菜	66
2	植物保护	90	7	分子植物育种	65
3	华北农学报	75	8	食品工业科技	54
4	江苏农业科学	69	9	玉米科学	53
5	麦类作物学报	67	10	中国油料作物学报	47

表 2-4 2014—2023 年河南省农业科学院高发文期刊（CSCD）TOP10 单位：篇

排序	期刊名称	发文量	排序	期刊名称	发文量
1	河南农业科学	377	6	分子植物育种	50
2	植物保护	92	7	中国油料作物学报	45
3	华北农学报	71	8	中国土壤与肥料	44
4	麦类作物学报	59	9	作物学报	43
5	玉米科学	54	10	中国农业科学	38

2.4 合作发文机构 TOP10

2014—2023 年河南省农业科学院北大中文核心期刊合作发文机构 TOP10 见表 2-5，2014—2023 年河南省农业科学院 CSCD 期刊合作发文机构 TOP10 见表 2-6。

表 2-5 2014—2023 年河南省农业科学院北大中文核心期刊合作发文机构 TOP10 单位：篇

排序	合作发文机构	发文量	排序	合作发文机构	发文量
1	河南农业大学	447	6	河南工业大学	74
2	中国农业科学院	130	7	河南省烟草公司	57
3	河南科技大学	88	8	信阳市农业科学院	45
4	西北农林科技大学	86	9	河南牧业经济学院	34
5	郑州大学	78	10	漯河市农业科学院	34

表 2-6 2014—2023 年河南省农业科学院 CSCD 期刊合作发文机构 TOP10 单位：篇

排序	合作发文机构	发文量	排序	合作发文机构	发文量
1	河南农业大学	298	6	河南省烟草公司	40
2	中国农业科学院	110	7	信阳市农业科学院	39
3	河南科技大学	68	8	河南工业大学	29
4	郑州大学	49	9	南京农业大学	23
5	西北农林科技大学	49	10	驻马店市农业科学院	20

黑龙江省农业科学院

1　英文期刊论文分析

分析数据来源于科学引文索引数据库（Web of Science，WOS）收录的文献类型为期刊论文（Article）、会议论文（Proceedings Paper）和述评（Review）的 Science Citation Index Expanded（SCIE）论文数据，数据时间范围为2014—2023 年，共检索到黑龙江省农业科学院作者发表的论文1 586篇。

1.1　发文量

2014—2023 年黑龙江省农业科学院历年 SCI 发文与被引情况见表 1-1，黑龙江省农业科学院英文文献历年发文趋势（2014—2023 年）见图 1-1。

表 1-1　2014—2023 年黑龙江省农业科学院历年 SCI 发文与被引情况

出版年	发文量（篇）	WOS 所有数据库总被引频次	WOS 核心库被引频次
2014	51	768	648
2015	70	1 927	1 680
2016	87	1 830	1 641
2017	127	3 342	2 946
2018	124	1 765	1 555
2019	159	1 416	1 247
2020	188	1 587	1 473
2021	198	478	452
2022	298	145	142
2023	284	126	125

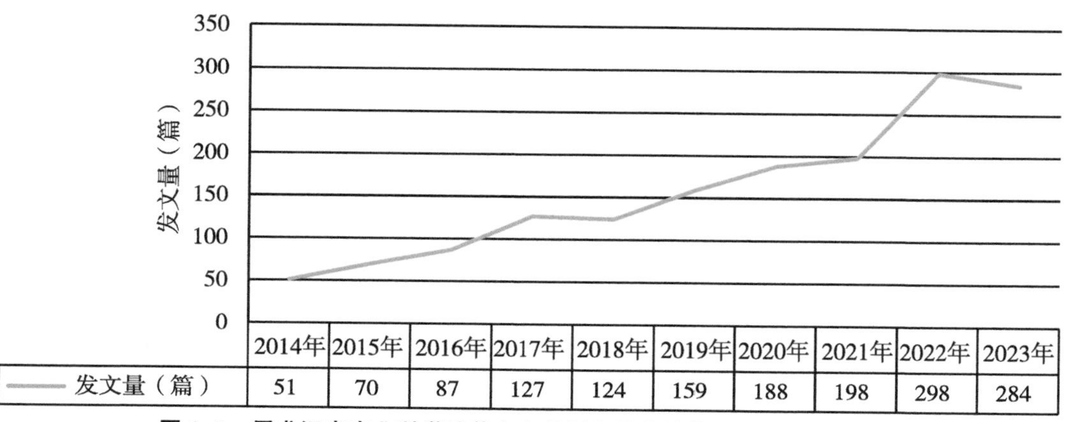

图 1-1　黑龙江省农业科学院英文文献历年发文趋势（2014—2023 年）

1.2 发文期刊 JCR 分区

2014—2023 年黑龙江省农业科学院 SCI 发文期刊 WOSJCR 分区情况见表 1-2，黑龙江省农业科学院 SCI 发文期刊 WOSJCR 分区趋势（2014—2023 年）见图 1-2。

表 1-2 2014—2023 年黑龙江省农业科学院 SCI 发文期刊 WOSJCR 分区情况 单位：篇

出版年	Q1 区发文量	Q2 区发文量	Q3 区发文量	Q4 区发文量	其他发文量
2014	7	9	23	7	5
2015	25	13	14	13	5
2016	26	25	16	14	6
2017	61	21	20	21	4
2018	42	41	23	17	1
2019	56	43	24	30	6
2020	85	47	13	20	23
2021	91	52	10	21	24
2022	171	84	26	12	5
2023	182	66	14	15	7

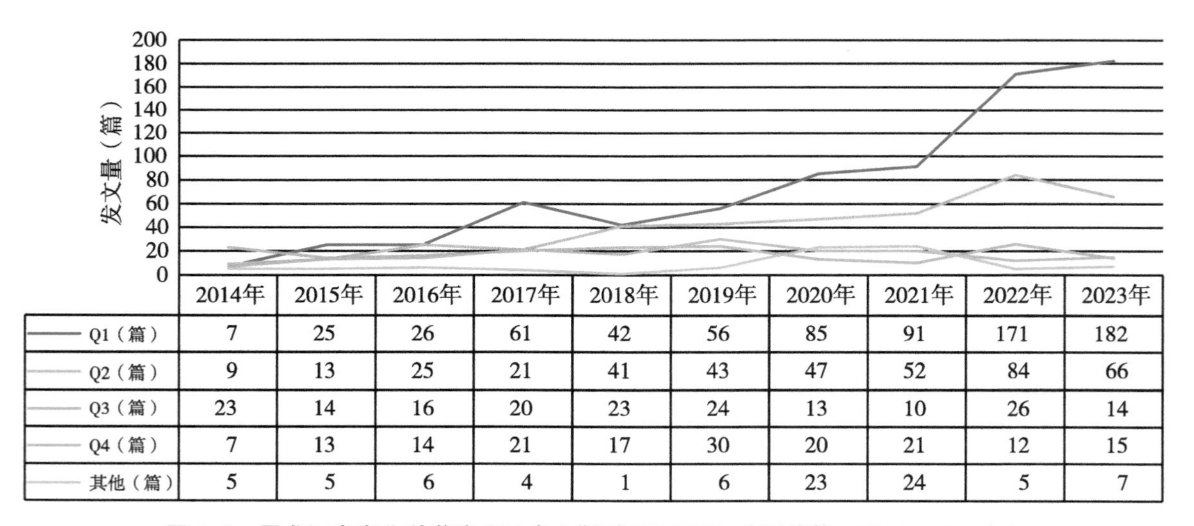

	2014年	2015年	2016年	2017年	2018年	2019年	2020年	2021年	2022年	2023年
Q1（篇）	7	25	26	61	42	56	85	91	171	182
Q2（篇）	9	13	25	21	41	43	47	52	84	66
Q3（篇）	23	14	16	20	23	24	13	10	26	14
Q4（篇）	7	13	14	21	17	30	20	21	12	15
其他（篇）	5	5	6	4	1	6	23	24	5	7

图 1-2 黑龙江省农业科学院 SCI 发文期刊 WOSJCR 分区趋势（2014—2023 年）

1.3 高发文研究所 TOP10

2014—2023 年黑龙江省农业科学院 SCI 高发文研究所 TOP10 见表 1-3。

表 1-3 2014—2023 年黑龙江省农业科学院 SCI 高发文研究所 TOP10 单位：篇

排序	研究所	发文量
1	黑龙江省农业科学院畜牧研究所	202
2	黑龙江省农业科学院土壤肥料与环境资源研究所	102
3	黑龙江省农业科学院院机关	93
4	黑龙江省农业科学院大豆研究所	76
5	黑龙江省农业科学院草业研究所	74
6	黑龙江省农业科学院佳木斯分院	73
7	黑龙江省农业科学院耕作栽培研究所	56
8	黑龙江省农业科学院园艺分院	55
8	黑龙江省农业科学院牡丹江分院	55
9	黑龙江省农业科学院黑河分院	53
10	黑龙江省农业科学院农产品质量安全研究所	51

1.4 高发文期刊 TOP10

2014—2023 年黑龙江省农业科学院 SCI 高发文期刊 TOP10 见表 1-4。

表 1-4 2014—2023 年黑龙江省农业科学院 SCI 高发文期刊 TOP10

排序	期刊名称	发文量（篇）	WOS 所有数据库总被引频次	WOS 核心库被引频次	期刊影响因子（最近年度）
1	FRONTIERS IN PLANT SCIENCE	88	925	852	4.1（2023）
2	PLANT DISEASE	42	85	79	4.4（2023）
3	INTERNATIONAL JOURNAL OF MOLECULAR SCIENCES	41	251	239	4.9（2023）
4	PLOS ONE	36	552	483	2.9（2023）
5	SCIENTIFIC REPORTS	34	456	417	3.8（2023）
6	JOURNAL OF INTEGRATIVE AGRICULTURE	30	287	258	4.6（2023）
7	AGRONOMY-BASEL	30	31	30	3.3（2023）
8	FRONTIERS IN MICROBIOLOGY	27	166	158	4.0（2023）

（续表）

排序	期刊名称	发文量（篇）	WOS 所有数据库总被引频次	WOS 核心库被引频次	期刊影响因子（最近年度）
9	BMC PLANT BIOLOGY	23	264	247	4.3（2023）
10	CROP JOURNAL	18	133	117	6.0（2023）

1.5 合作发文国家与地区 TOP10

2014—2023 年黑龙江省农业科学院 SCI 合作发文国家与地区（合作发文 1 篇以上）TOP10 见表 1-5。

表 1-5 2014—2023 年黑龙江省农业科学院 SCI 合作发文国家与地区 TOP10

排序	国家与地区	合作发文量（篇）	WOS 所有数据库总被引频次	WOS 核心库被引频次
1	美国	113	2 146	1 903
2	日本	25	221	212
3	加拿大	23	299	278
4	澳大利亚	23	378	351
5	巴基斯坦	16	178	169
6	挪威	13	173	158
7	德国	11	266	212
8	墨西哥	9	170	168
9	荷兰	8	163	105
10	比利时	8	78	68

1.6 合作发文机构 TOP10

2014—2023 年黑龙江省农业科学院 SCI 合作发文机构 TOP10 见表 1-6。

表 1-6 2014—2023 年黑龙江省农业科学院 SCI 合作发文机构 TOP10

排序	合作发文机构	发文量（篇）	WOS 所有数据库总被引频次	WOS 核心库被引频次
1	东北农业大学	482	650	581
2	中国科学院	237	552	466

（续表）

排序	合作发文机构	发文量（篇）	WOS 所有数据库总被引频次	WOS 核心库被引频次
3	中国农业科学院	222	545	463
4	黑龙江八一农垦大学	108	64	63
5	沈阳农业大学	90	84	78
6	中国农业大学	86	170	149
7	东北林业大学	83	151	129
8	中国科学院大学	79	207	170
9	吉林省农业科学院	51	79	66
10	黑龙江大学	42	60	55

1.7 高频词 TOP20

2014—2023 年黑龙江省农业科学院 SCI 发文高频词（作者关键词）TOP20 见表 1-7。

表 1-7 2014—2023 年黑龙江省农业科学院 SCI 发文高频词（作者关键词）TOP20

排序	关键词（作者关键词）	频次	排序	关键词（作者关键词）	频次
1	Soybean	96	11	*Phytophthora sojae*	16
2	Maize	44	12	Pig	16
3	Rice	36	13	Drought stress	16
4	Salt stress	27	14	China	16
5	RNA-seq	26	15	Meta-analysis	16
6	QTL	26	16	Japonica rice	15
7	Transcriptome	23	17	Cold stress	15
8	Black soil	21	18	Abiotic stress	15
9	Glycine max	21	19	Flax	14
10	Yield	21	20	Gene expression	14

2 中文期刊论文分析

2014—2023 年，黑龙江省农业科学院作者共发表北大中文核心期刊论文2 392篇，中国科学引文数据库（CSCD）期刊论文1 309篇。

2.1 发文量

黑龙江省农业科学院中文文献历年发文趋势（2014—2023 年）见图 2-1。

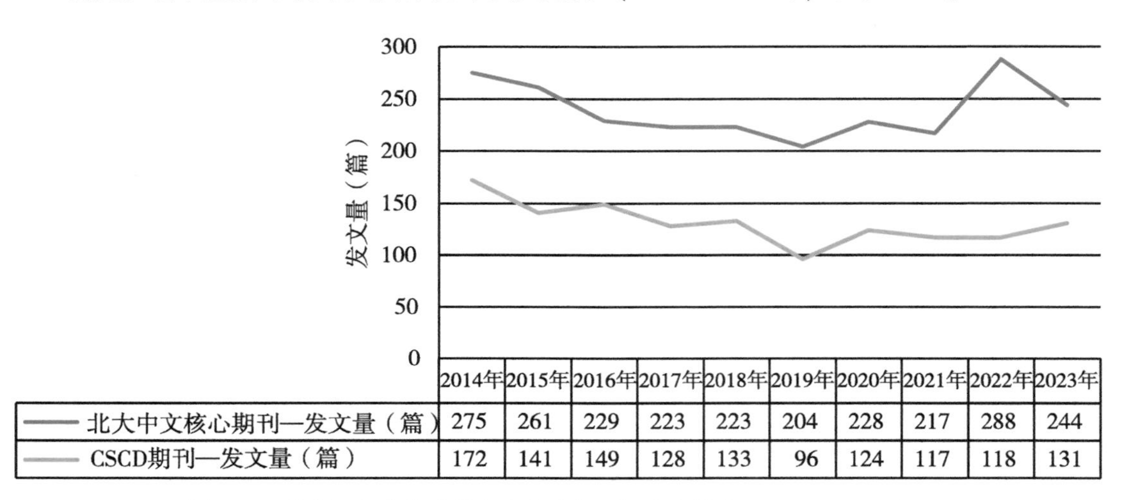

图 2-1 黑龙江省农业科学院中文文献历年发文趋势（2014—2023 年）

2.2 高发文研究所 TOP10

2014—2023 年黑龙江省农业科学院北大中文核心期刊高发文研究所 TOP10 见表 2-1，2014—2023 年黑龙江省农业科学院中国科学引文数据库（CSCD）期刊高发文研究所 TOP10 见表 2-2。

表 2-1 2014—2023 年黑龙江省农业科学院北大中文核心期刊高发文研究所 TOP10 单位：篇

排序	研究所	发文量
1	黑龙江省农业科学院	200
1	黑龙江省农业科学院畜牧兽医分院	200
2	黑龙江省农业科学院耕作栽培研究所	187
3	黑龙江省农业科学院畜牧研究所	184
4	黑龙江省农业科学院佳木斯分院	167
5	黑龙江省农业科学院土壤肥料与环境资源研究所	162
6	黑龙江省农业科学院园艺分院	154
7	黑龙江省农业科学院院机关	148
8	黑龙江省农业科学院牡丹江分院	115
8	黑龙江省农业科学院草业研究所	115
9	黑龙江省农业科学院大豆研究所	113

（续表）

排序	研究所	发文量
10	黑龙江省农业科学院大庆分院	107
11	黑龙江省农业科学院齐齐哈尔分院	93

注：“黑龙江省农业科学院”发文包括作者单位只标注为“黑龙江省农业科学院”、院属实验室等。

表 2-2　2014—2023 年黑龙江省农业科学院 CSCD 期刊高发文研究所 TOP10　单位：篇

排序	研究所	发文量
1	黑龙江省农业科学院佳木斯分院	146
2	黑龙江省农业科学院土壤肥料与环境资源研究所	142
3	黑龙江省农业科学院耕作栽培研究所	117
4	黑龙江省农业科学院	98
5	黑龙江省农业科学院大豆研究所	86
6	黑龙江省农业科学院院机关	78
7	黑龙江省农业科学院大庆分院	69
8	黑龙江省农业科学院畜牧兽医分院	61
9	黑龙江省农业科学院牡丹江分院	60
10	黑龙江省农业科学院畜牧研究所	57
11	黑龙江省农业科学院克山分院	54

注：“黑龙江省农业科学院”发文包括作者单位只标注为“黑龙江省农业科学院”、院属实验室等。

2.3　高发文期刊 TOP10

2014—2023 年黑龙江省农业科学院高发文北大中文核心期刊 TOP10 见表 2-3，2014—2023 年黑龙江省农业科学院高发文 CSCD 期刊 TOP10 见表 2-4。

表 2-3　2014—2023 年黑龙江省农业科学院高发文期刊（北大中文核心）TOP10　单位：篇

排序	期刊名称	发文量	排序	期刊名称	发文量
1	大豆科学	244	6	农机化研究	64
2	黑龙江畜牧兽医	143	7	分子植物育种	48
3	北方园艺	128	8	玉米科学	47
4	作物杂志	87	9	江苏农业科学	46
5	东北农业大学学报	76	10	农业工程学报	42

表 2-4　2014—2023 年黑龙江省农业科学院高发文期刊（CSCD）TOP10　单位：篇

排序	期刊名称	发文量	排序	期刊名称	发文量
1	大豆科学	214	6	中国土壤与肥料	34
2	东北农业大学学报	74	7	中国农业科学	34
3	玉米科学	47	8	农业工程学报	33
4	植物遗传资源学报	37	9	中国油料作物学报	33
5	作物学报	35	10	核农学报	31

2.4　合作发文机构 TOP10

2014—2023 年黑龙江省农业科学院北大中文核心期刊合作发文机构 TOP10 见表 2-5，2014—2023 年黑龙江省农业科学院 CSCD 期刊合作发文机构 TOP10 见表 2-6。

表 2-5　2014—2023 年黑龙江省农业科学院北大中文核心期刊合作发文机构 TOP10　单位：篇

排序	合作发文机构	发文量	排序	合作发文机构	发文量
1	东北农业大学	386	6	齐齐哈尔大学	62
2	黑龙江八一农垦大学	171	7	中国科学院	56
3	中国农业科学院	154	8	哈尔滨师范大学	49
4	沈阳农业大学	90	9	中国农业大学	35
5	东北林业大学	80	10	黑龙江大学	29

表 2-6　2014—2023 年黑龙江省农业科学院 CSCD 期刊合作发文机构 TOP10　单位：篇

排序	合作发文机构	发文量	排序	合作发文机构	发文量
1	东北农业大学	247	6	哈尔滨师范大学	35
2	中国农业科学院	108	7	齐齐哈尔大学	26
3	黑龙江八一农垦大学	101	8	中国科学院	22
4	东北林业大学	62	9	中国农业大学	21
5	沈阳农业大学	59	10	吉林省农业科学院	20

湖北省农业科学院

1 英文期刊论文分析

分析数据来源于科学引文索引数据库（Web of Science，WOS）收录的文献类型为期刊论文（Article）、会议论文（Proceedings Paper）和述评（Review）的 Science Citation Index Expanded（SCIE）论文数据，数据时间范围为2014—2023 年，共检索到湖北省农业科学院作者发表的论文1 479篇。

1.1 发文量

2014—2023 年湖北省农业科学院历年 SCI 发文与被引情况见表 1-1，湖北省农业科学院英文文献历年发文趋势（2014—2023 年）见图 1-1。

表 1-1　2014—2023 年湖北省农业科学院历年 SCI 发文与被引情况

出版年	发文量（篇）	WOS 所有数据库总被引频次	WOS 核心库被引频次
2014	62	1 074	959
2015	68	1 902	1 662
2016	85	1 776	1 640
2017	83	1 917	1 714
2018	102	1 539	1 381
2019	158	1 979	1 811
2020	173	1 449	1 333
2021	207	683	650
2022	251	118	114
2023	290	114	114

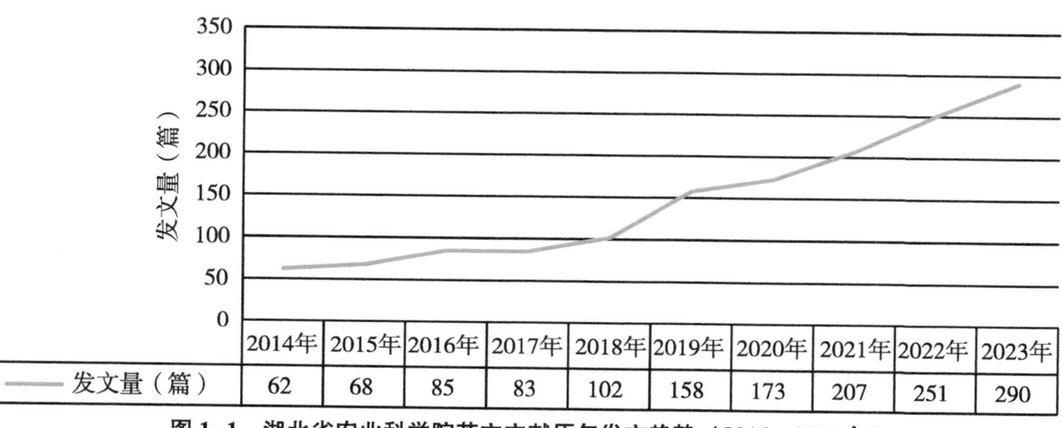

图 1-1　湖北省农业科学院英文文献历年发文趋势（2014—2023 年）

1.2 发文期刊 JCR 分区

2014—2023 年湖北省农业科学院 SCI 发文期刊 WOSJCR 分区情况见表 1-2，湖北省农业科学院 SCI 发文期刊 WOSJCR 分区趋势（2014—2023 年）见图 1-2。

表 1-2 2014—2023 年湖北省农业科学院 SCI 发文期刊 WOSJCR 分区情况 单位：篇

出版年	Q1 区发文量	Q2 区发文量	Q3 区发文量	Q4 区发文量	其他发文量
2014	16	23	9	10	4
2015	27	17	15	8	1
2016	31	26	20	7	1
2017	41	14	16	11	1
2018	40	31	15	15	1
2019	74	46	19	8	11
2020	91	35	20	13	14
2021	93	61	17	10	26
2022	145	76	13	7	10
2023	203	63	16	5	3

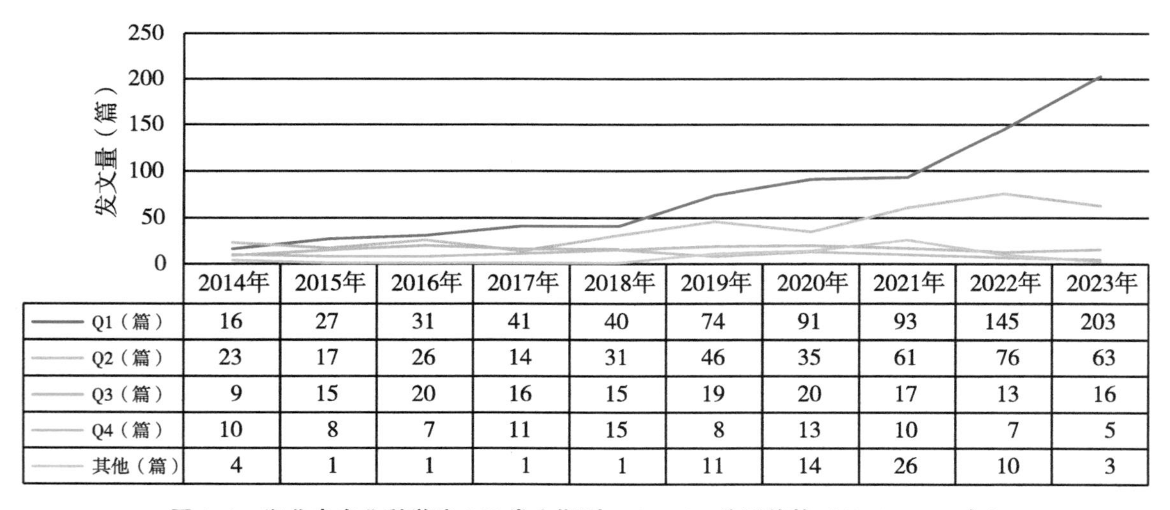

图 1-2 湖北省农业科学院 SCI 发文期刊 WOSJCR 分区趋势（2014—2023 年）

1.3 高发文研究所 TOP10

2014—2023 年湖北省农业科学院 SCI 高发文研究所 TOP10 见表 1-3。

表 1-3　2014—2023 年湖北省农业科学院 SCI 高发文研究所 TOP10　　单位：篇

排序	研究所	发文量
1	湖北省农业科学院畜牧兽医研究所	252
2	湖北省农业科学院农产品加工与核农技术研究所	199
3	湖北省农业科学院植保土肥研究所	187
4	湖北省农业科学院经济作物研究所	167
5	湖北省生物农药工程研究中心	155
6	湖北省农业科学院粮食作物研究所	133
7	湖北省农业科学院果树茶叶研究所	110
8	湖北省农业科学院农业质量标准与检测技术研究所	96
9	湖北省农业科学院农业经济技术研究所	14

注：全部发文研究所数量不足 10 个。

1.4　高发文期刊 TOP10

2014—2023 年湖北省农业科学院 SCI 高发文期刊 TOP10 见表 1-4。

表 1-4　2014—2023 年湖北省农业科学院 SCI 高发文期刊 TOP10

排序	期刊名称	发文量（篇）	WOS 所有数据库总被引频次	WOS 核心库被引频次	期刊影响因子（最近年度）
1	FRONTIERS IN PLANT SCIENCE	48	144	125	4.1（2023）
2	SCIENTIFIC REPORTS	38	524	477	3.8（2023）
3	INTERNATIONAL JOURNAL OF MOLECULAR SCIENCES	36	170	157	4.9（2023）
4	LWT-FOOD SCIENCE AND TECHNOLOGY	30	310	275	6.0（2023）
5	PLOS ONE	28	397	353	2.9（2023）
6	FRONTIERS IN MICROBIOLOGY	27	110	103	4.0（2023）
7	FOOD CHEMISTRY	26	473	433	8.5（2023）
8	FOODS	25	11	11	4.7（2023）
9	MOLECULES	19	48	46	4.2（2023）
10	PLANTS-BASEL	15	83	80	4.0（2023）

1.5　合作发文国家与地区 TOP10

2014—2023 年湖北省农业科学院 SCI 合作发文国家与地区（合作发文 1 篇以上）

TOP10 见表 1-5。

表 1-5　2014—2023 年湖北省农业科学院 SCI 合作发文国家与地区 TOP10

排序	国家与地区	合作发文量（篇）	WOS 所有数据库总被引频次	WOS 核心库被引频次
1	美国	142	2 252	2 073
2	巴基斯坦	26	229	215
3	埃及	22	162	146
4	澳大利亚	20	307	281
5	加拿大	18	212	189
6	泰国	12	130	120
7	英格兰	12	104	88
8	新西兰	11	466	427
9	德国	11	222	207
10	韩国	8	58	55

1.6　合作发文机构 TOP10

2014—2023 年湖北省农业科学院 SCI 合作发文机构 TOP10 见表 1-6。

表 1-6　2014—2023 年湖北省农业科学院 SCI 合作发文机构 TOP10

排序	合作发文机构	发文量（篇）	WOS 所有数据库总被引频次	WOS 核心库被引频次
1	华中农业大学	411	636	581
2	中国农业科学院	141	380	340
3	长江大学	112	80	78
4	中国科学院	80	291	268
5	武汉大学	79	202	179
6	中国农业大学	78	266	238
7	武汉轻工大学	69	169	153
8	中华人民共和国农业农村部	51	21	17
9	湖北工业大学	50	28	27
10	湖北洪山实验室	36	9	9

1.7　高频词 TOP20

2014—2023 年湖北省农业科学院 SCI 发文高频词（作者关键词）TOP20 见表 1-7。

表 1-7　2014—2023 年湖北省农业科学院 SCI 发文高频词（作者关键词）TOP20

排序	关键词（作者关键词）	频次	排序	关键词（作者关键词）	频次
1	Rice	32	11	Phylogenetic analysis	14
2	Transcriptome	25	12	Citrus	12
3	RNA-seq	21	13	Apoptosis	11
4	Streptococcus suis	18	14	Biochar	11
5	Gene expression	17	15	Pathogenicity	10
6	Synthesis	16	16	Near-infrared spectroscopy	9
7	Wheat	15	17	Transcription factor	9
8	Virulence	15	18	GWAS	9
9	Upland cotton	14	19	*Actinobacillus pleuropneumoniae*	9
10	Oxidative stress	14	20	Genetic diversity	8

2　中文期刊论文分析

2014—2023 年，湖北省农业科学院作者共发表北大中文核心期刊论文 2 617篇，中国科学引文数据库（CSCD）期刊论文 942 篇。

2.1　发文量

湖北省农业科学院中文文献历年发文趋势（2014—2023 年）见图 2-1。

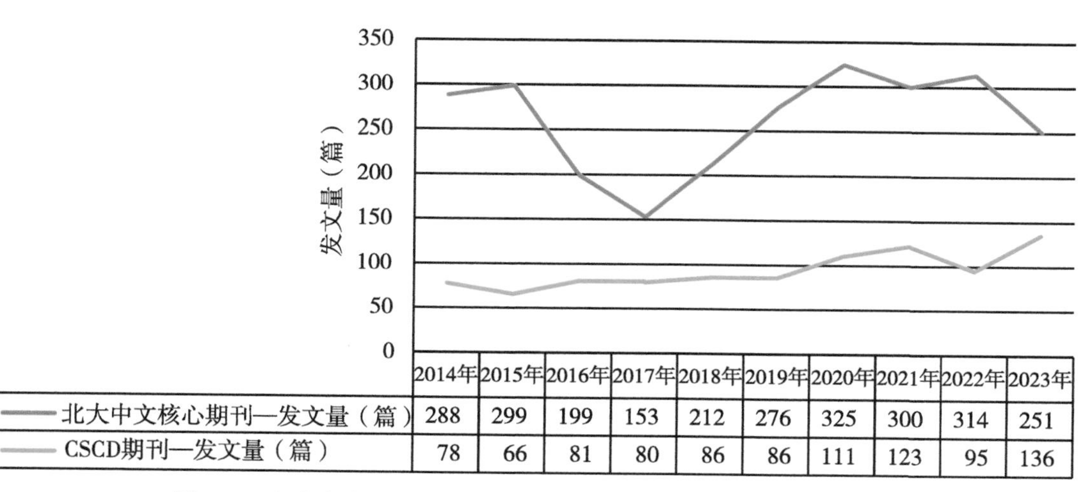

	2014年	2015年	2016年	2017年	2018年	2019年	2020年	2021年	2022年	2023年
北大中文核心期刊—发文量（篇）	288	299	199	153	212	276	325	300	314	251
CSCD期刊—发文量（篇）	78	66	81	80	86	86	111	123	95	136

图 2-1　湖北省农业科学院中文文献历年发文趋势（2014—2023 年）

2.2 高发文研究所 TOP10

2014—2023 年湖北省农业科学院北大中文核心期刊高发文研究所 TOP10 见表 2-1，2014—2023 年湖北省农业科学院中国科学引文数据库（CSCD）期刊高发文研究所 TOP10 见表 2-2。

表 2-1　2014—2023 年湖北省农业科学院北大中文核心期刊高发文研究所 TOP10　单位：篇

排序	研究所	发文量
1	湖北省农业科学院畜牧兽医研究所	519
2	湖北省农业科学院农产品加工与核农技术研究所	433
3	湖北省农业科学院植保土肥研究所	349
4	湖北省农科院粮食作物研究所	322
5	湖北省农业科学院经济作物研究所	248
6	湖北省农业科学院果树茶叶研究所	242
7	湖北省农业科学院	153
8	湖北省生物农药工程研究中心	127
9	湖北省农业科学院农业质量标准与检测技术研究所	122
10	湖北省农业科学院中药材研究所	108
11	湖北省农业科学院农业经济技术研究所	85

注：“湖北省农业科学院”发文包括作者单位只标注为“湖北省农业科学院”、院属实验室等。

表 2-2　2014—2023 年湖北省农业科学院 CSCD 期刊高发文研究所 TOP10　单位：篇

排序	研究所	发文量
1	湖北省农业科学院植保土肥研究所	201
2	湖北省农业科学院畜牧兽医研究所	146
3	湖北省农科院粮食作物研究所	140
4	湖北省农业科学院农产品加工与核农技术研究所	131
5	湖北省农业科学院果树茶叶研究所	117
6	湖北省农业科学院经济作物研究所	84
7	湖北省农业科学院中药材研究所	53
8	湖北省农业科学院农业质量标准与检测技术研究所	39
9	湖北省生物农药工程研究中心	30
10	湖北省农业科学院	28
11	湖北省农业科学院农业经济技术研究所	11

注：“湖北省农业科学院”发文包括作者单位只标注为“湖北省农业科学院”、院属实验室等。

2.3 高发文期刊 TOP10

2014—2023 年湖北省农业科学院高发文北大中文核心期刊 TOP10 见表 2-3，2014—2023 年湖北省农业科学院高发文 CSCD 期刊 TOP10 见表 2-4。

表 2-3 2014—2023 年湖北省农业科学院高发文期刊（北大中文核心）TOP10 单位：篇

排序	期刊名称	发文量	排序	期刊名称	发文量
1	湖北农业科学	779	6	食品科学	51
2	现代食品科技	84	7	中国蔬菜	51
3	食品工业科技	80	8	分子植物育种	46
4	中国南方果树	67	9	中国畜牧杂志	45
5	中国家禽	51	10	食品科技	45

表 2-4 2014—2023 年湖北省农业科学院高发文期刊（CSCD）TOP10 单位：篇

排序	期刊名称	发文量	排序	期刊名称	发文量
1	食品科学	48	6	食品工业科技	29
2	华中农业大学学报	39	7	南方农业学报	26
3	分子植物育种	37	8	中国畜牧杂志	20
4	植物保护	34	9	麦类作物学报	18
5	中国土壤与肥料	30	10	中国生物防治学报	17

2.4 合作发文机构 TOP10

2014—2023 年湖北省农业科学院北大中文核心期刊合作发文机构 TOP10 见表 2-5，2014—2023 年湖北省农业科学院 CSCD 期刊合作发文机构 TOP10 见表 2-6。

表 2-5 2014—2023 年湖北省农业科学院北大中文核心期刊合作发文机构 TOP10 单位：篇

排序	合作发文机构	发文量	排序	合作发文机构	发文量
1	华中农业大学	211	6	武汉大学	35
2	长江大学	157	7	湖北民族大学	24
3	湖北工业大学	92	8	湖南农业大学	23
4	中国农业科学院	82	9	中国农业大学	20
5	武汉轻工大学	44	10	湖北省烟草公司	20

表2-6　2014—2023年湖北省农业科学院CSCD期刊合作发文机构TOP10　单位：篇

排序	合作发文机构	发文量	排序	合作发文机构	发文量
1	华中农业大学	100	6	中国农业大学	15
2	长江大学	97	7	中国科学院	14
3	中国农业科学院	53	8	武汉轻工大学	13
4	湖北工业大学	28	9	湖北民族大学	11
5	武汉大学	23	10	安徽农业大学	11

湖南省农业科学院

1 英文期刊论文分析

分析数据来源于科学引文索引数据库（Web of Science，WOS）收录的文献类型为期刊论文（Article）、会议论文（Proceedings Paper）和述评（Review）的 Science Citation Index Expanded（SCIE）论文数据，数据时间范围为2014—2023 年，共检索到湖南省农业科学院作者发表的论文1 222篇。

1.1 发文量

2014—2023 年湖南省农业科学院历年 SCI 发文与被引情况见表 1-1，湖南省农业科学院英文文献历年发文趋势（2014—2023 年）见图 1-1。

表 1-1 2014—2023 年湖南省农业科学院历年 SCI 发文与被引情况

出版年	发文量（篇）	WOS 所有数据库总被引频次	WOS 核心库被引频次
2014	30	1 047	884
2015	44	900	803
2016	60	1 293	1 130
2017	64	1 384	1 195
2018	85	1 570	1 415
2019	124	2 031	1 816
2020	150	1 554	1 416
2021	216	898	854
2022	223	184	178
2023	226	105	104

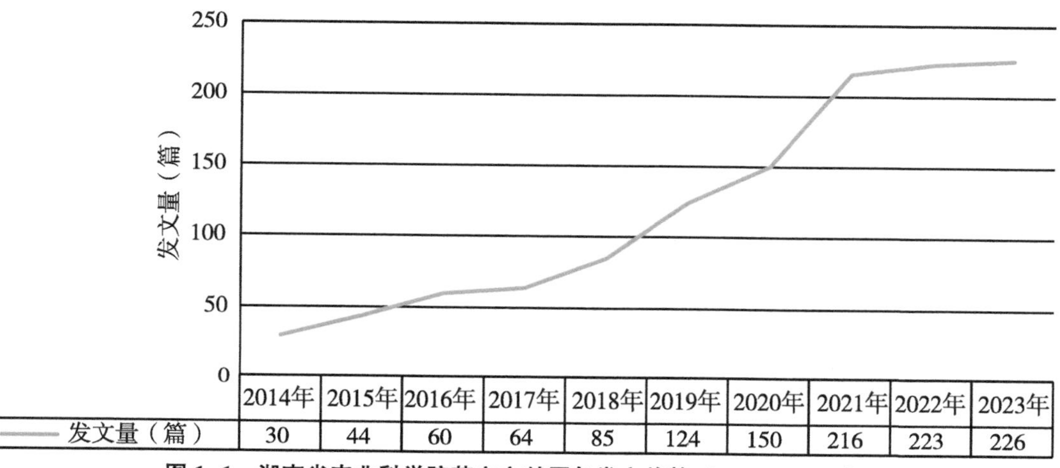

图 1-1 湖南省农业科学院英文文献历年发文趋势（2014—2023 年）

1.2 发文期刊 JCR 分区

2014—2023 年湖南省农业科学院 SCI 发文期刊 WOSJCR 分区情况见表 1-2，湖南省农业科学院 SCI 发文期刊 WOSJCR 分区趋势（2014—2023 年）见图 1-2。

表 1-2 2014—2023 年湖南省农业科学院 SCI 发文期刊 WOSJCR 分区情况 单位：篇

出版年	Q1 区发文量	Q2 区发文量	Q3 区发文量	Q4 区发文量	其他发文量
2014	9	9	6	5	1
2015	15	10	8	8	3
2016	16	24	13	7	0
2017	35	9	12	8	0
2018	31	24	18	11	1
2019	47	39	20	12	6
2020	65	44	15	7	19
2021	130	39	18	7	22
2022	163	47	9	3	1
2023	175	42	5	2	2

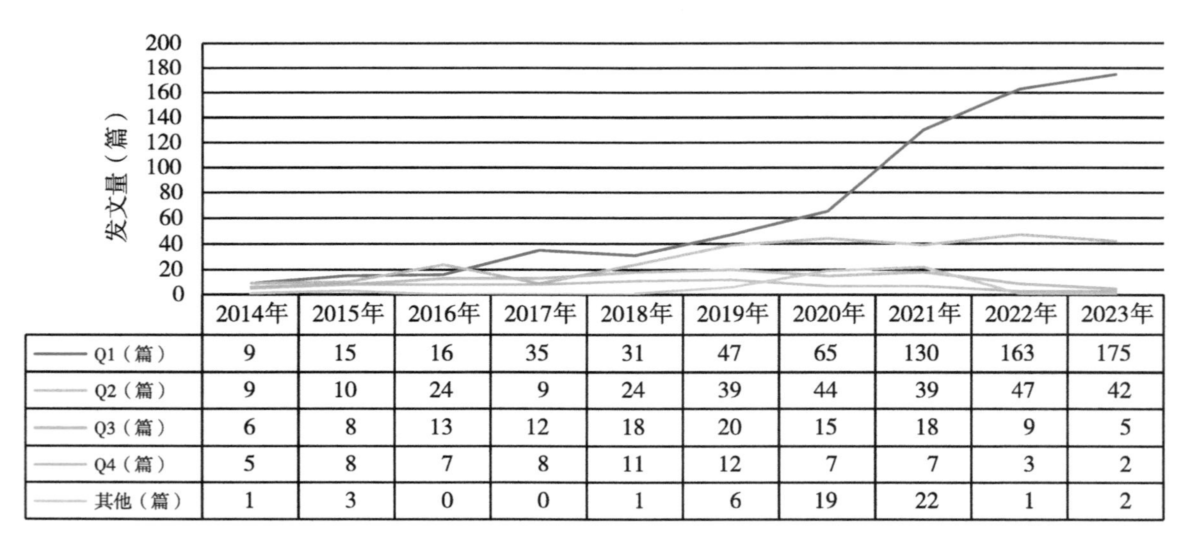

图 1-2 湖南省农业科学院 SCI 发文期刊 WOSJCR 分区趋势（2014—2023 年）

1.3 高发文研究所 TOP10

2014—2023 年湖南省农业科学院 SCI 高发文研究所 TOP10 见表 1-3。

表 1-3　2014—2023 年湖南省农业科学院 SCI 高发文研究所 TOP10　单位：篇

排序	研究所	发文量
1	湖南杂交水稻研究中心	234
2	湖南省植物保护研究所	221
3	湖南省农产品加工研究所	165
4	湖南省水稻研究所	70
5	湖南省土壤肥料研究所	59
6	湖南省蔬菜研究所	54
7	湖南省茶叶研究所	31
8	湖南省农业生物技术研究所	26
9	湖南省核农学与航天育种研究所	20
10	湖南省园艺研究所	12

1.4　高发文期刊 TOP10

2014—2023 年湖南省农业科学院 SCI 高发文期刊 TOP10 见表 1-4。

表 1-4　2014—2023 年湖南省农业科学院 SCI 高发文期刊 TOP10

排序	期刊名称	发文量（篇）	WOS 所有数据库总被引频次	WOS 核心库被引频次	期刊影响因子（最近年度）
1	FRONTIERS IN PLANT SCIENCE	41	206	182	4.1（2023）
2	INTERNATIONAL JOURNAL OF MOLECULAR SCIENCES	36	283	250	4.9（2023）
3	FRONTIERS IN MICROBIOLOGY	29	108	103	4.0（2023）
4	PLOS ONE	25	345	313	2.9（2023）
5	PEST MANAGEMENT SCIENCE	25	103	94	3.8（2023）
6	SCIENTIFIC REPORTS	24	518	440	3.8（2023）
7	FOOD CHEMISTRY	23	703	667	8.5（2023）
8	ECOTOXICOLOGY AND ENVIRONMENTAL SAFETY	23	190	173	6.2（2023）
9	AGRONOMY-BASEL	21	21	21	3.3（2023）

（续表）

排序	期刊名称	发文量（篇）	WOS 所有数据库总被引频次	WOS 核心库被引频次	期刊影响因子（最近年度）
10	SCIENCE OF THE TOTAL ENVIRONMENT	18	209	183	8.2（2023）

1.5 合作发文国家与地区 TOP10

2014—2023 年湖南省农业科学院 SCI 合作发文国家与地区（合作发文 1 篇以上）TOP10 见表 1-5。

表 1-5 2014—2023 年湖南省农业科学院 SCI 合作发文国家与地区 TOP10

排序	国家与地区	合作发文量（篇）	WOS 所有数据库总被引频次	WOS 核心库被引频次
1	美国	117	1 911	1 702
2	澳大利亚	18	366	343
3	英格兰	15	186	174
4	德国	13	186	174
5	加拿大	12	200	170
6	日本	11	399	339
7	埃及	10	57	52
8	巴基斯坦	9	217	199
9	菲律宾	8	52	47
10	苏格兰	6	69	58

1.6 合作发文机构 TOP10

2014—2023 年湖南省农业科学院 SCI 合作发文机构 TOP10 见表 1-6。

表 1-6 2014—2023 年湖南省农业科学院 SCI 合作发文机构 TOP10

排序	合作发文机构	发文量（篇）	WOS 所有数据库总被引频次	WOS 核心库被引频次
1	湖南农业大学	448	570	505
2	湖南大学	211	237	218

（续表）

排序	合作发文机构	发文量（篇）	WOS 所有数据库总被引频次	WOS 核心库被引频次
3	中国农业科学院	137	370	313
4	中国科学院	101	406	329
5	南京农业大学	52	162	130
6	肯塔基大学（美国）	46	93	83
7	中国农业大学	39	116	100
8	华中农业大学	37	97	86
9	中南大学	35	97	86
10	中南林业科技大学	31	78	68

1.7 高频词 TOP20

2014—2023 年湖南省农业科学院 SCI 发文高频词（作者关键词）TOP20 见表 1-7。

表 1-7 2014—2023 年湖南省农业科学院 SCI 发文高频词（作者关键词）TOP20

排序	关键词（作者关键词）	频次	排序	关键词（作者关键词）	频次
1	Rice	88	11	Oxidative stress	9
2	Transcriptome	32	12	RNA-Seq	8
3	Cadmium	20	13	Proteomics	8
4	Pepper	18	14	Metabolome	8
5	Magnaporthe oryzae	17	15	Tomato chlorosis virus	8
6	*Bemisia tabaci*	15	16	Resistance	8
7	Hybrid rice	14	17	Paddy soil	8
8	Apoptosis	13	18	Long-term fertilization	7
9	Gene expression	13	19	Citrus	7
10	Bacterial community	10	20	Herbicide resistance	7

2 中文期刊论文分析

2014—2023 年，湖南省农业科学院作者共发表北大中文核心期刊论文 1 681篇，中国科学引文数据库（CSCD）期刊论文 1 245篇。

2.1 发文量

湖南省农业科学院中文文献历年发文趋势（2014—2023 年）见图 2-1。

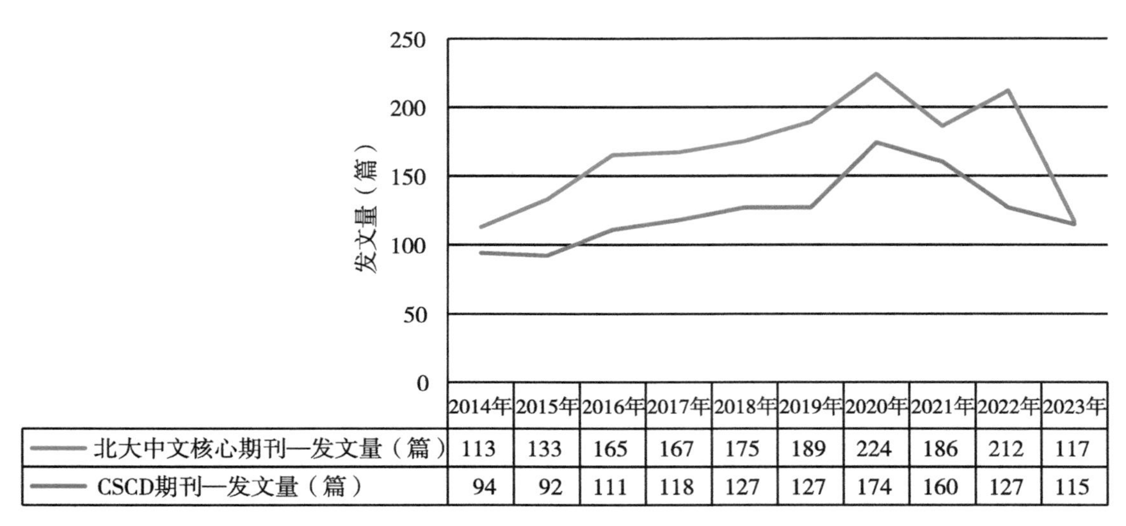

图 2-1　湖南省农业科学院中文文献历年发文趋势（2014—2023 年）

2.2 高发文研究所 TOP10

2014—2023 年湖南省农业科学院北大中文核心期刊高发文研究所 TOP10 见表 2-1，2014—2023 年湖南省农业科学院中国科学引文数据库（CSCD）期刊高发文研究所 TOP10 见表 2-2。

表 2-1　2014—2023 年湖南省农业科学院北大中文核心期刊高发文研究所 TOP10　单位：篇

排序	研究所	发文量
1	湖南杂交水稻研究中心	429
2	湖南省土壤肥料研究所	260
3	湖南省农产品加工研究所	206
4	湖南省植物保护研究所	171
5	湖南省蔬菜研究所	123
6	湖南省水稻研究所	116
7	湖南省农业科学院	115
8	湖南省园艺研究所	80
9	湖南省茶叶研究所	79

（续表）

排序	研究所	发文量
10	湖南省作物研究所	57
10	湖南省农业环境生态研究所	57
11	湖南省核农学与航天育种研究所	49

注：“湖南省农业科学院”发文包括作者单位只标注为“湖南省农业科学院”、院属实验室等。

表 2-2　2014—2023 年湖南省农业科学院 CSCD 期刊高发文研究所 TOP10　　单位：篇

排序	研究所	发文量
1	湖南杂交水稻研究中心	289
2	湖南省土壤肥料研究所	243
3	湖南省农产品加工研究所	156
4	湖南省植物保护研究所	151
5	湖南省水稻研究所	99
6	湖南省蔬菜研究所	71
7	湖南省农业科学院	55
8	湖南省核农学与航天育种研究所	54
9	湖南省园艺研究所	49
10	湖南省茶叶研究所	45
11	湖南省农业环境生态研究所	44

注：“湖南省农业科学院”发文包括作者单位只标注为“湖南省农业科学院”、院属实验室等。

2.3　高发文期刊 TOP10

2014—2023 年湖南省农业科学院高发文北大中文核心期刊 TOP10 见表 2-3，2014—2023 年湖南省农业科学院高发文 CSCD 期刊 TOP10 见表 2-4。

表 2-3　2014—2023 年湖南省农业科学院高发文期刊（北大中文核心）TOP10　　单位：篇

排序	期刊名称	发文量	排序	期刊名称	发文量
1	杂交水稻	255	6	核农学报	43
2	分子植物育种	82	7	中国蔬菜	42
3	中国食品学报	49	8	植物保护	41
4	湖南农业大学学报（自然科学版）	48	9	农业环境科学学报	37
5	食品与机械	44	10	食品工业科技	33

表 2-4　2014—2023 年湖南省农业科学院高发文期刊（CSCD）TOP10　　单位：篇

排序	期刊名称	发文量	排序	期刊名称	发文量
1	杂交水稻	180	6	农业环境科学学报	35
2	分子植物育种	55	7	核农学报	32
3	中国食品学报	50	8	食品科学	31
4	湖南农业大学学报（自然科学版）	41	9	食品与机械	28
5	植物保护	39	10	植物遗传资源学报	27

2.4　合作发文机构 TOP10

2014—2023 年湖南省农业科学院北大中文核心期刊合作发文机构 TOP10 见表 2-5，2014—2023 年湖南省农业科学院 CSCD 期刊合作发文机构 TOP10 见表 2-6。

表 2-5　2014—2023 年湖南省农业科学院北大中文核心期刊合作发文机构 TOP10　单位：篇

排序	合作发文机构	发文量	排序	合作发文机构	发文量
1	湖南农业大学	444	6	武汉大学	51
2	湖南大学	209	7	福建省农业科学院	26
3	中国农业科学院	84	8	中南林业科技大学	24
4	中南大学	82	9	南方粮油作物协同创新中心	23
5	中国科学院	56	10	华中农业大学	18

表 2-6　2014—2023 年湖南省农业科学院 CSCD 期刊合作发文机构 TOP10　　单位：篇

排序	合作发文机构	发文量	排序	合作发文机构	发文量
1	湖南农业大学	293	6	福建省农业科学院	24
2	湖南大学	167	7	中南林业科技大学	20
3	中国农业科学院	74	8	华中农业大学	19
4	中南大学	65	9	福州（国家）水稻改良分中心	17
5	中国科学院	40	10	南方粮油作物协同创新中心	14

吉林省农业科学院

1 英文期刊论文分析

分析数据来源于科学引文索引数据库（Web of Science，WOS）收录的文献类型为期刊论文（Article）、会议论文（Proceedings Paper）和述评（Review）的 Science Citation Index Expanded（SCIE）论文数据，数据时间范围为2014—2023 年，共检索到吉林省农业科学院作者发表的论文1 106篇。

1.1 发文量

2014—2023 年吉林省农业科学院历年 SCI 发文与被引情况见表 1-1，吉林省农业科学院英文文献历年发文趋势（2014—2023 年）见图 1-1。

表 1-1 2014—2023 年吉林省农业科学院历年 SCI 发文与被引情况

出版年	发文量（篇）	WOS 所有数据库总被引频次	WOS 核心库被引频次
2014	44	2 238	1 870
2015	61	1 659	1 421
2016	45	1 147	1 041
2017	67	939	834
2018	78	1 519	1 354
2019	115	1 329	1 217
2020	130	1 170	1 077
2021	167	503	481
2022	197	112	109
2023	202	83	81

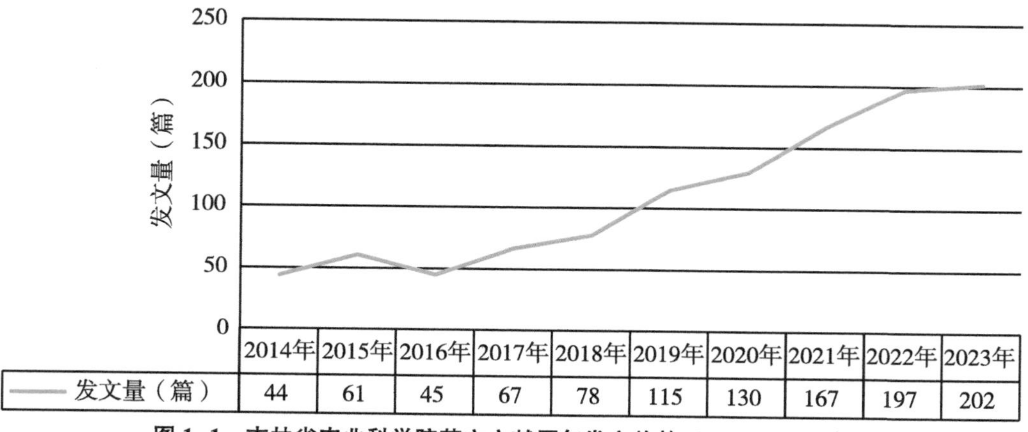

图 1-1 吉林省农业科学院英文文献历年发文趋势（2014—2023 年）

1.2 发文期刊 JCR 分区

2014—2023 年吉林省农业科学院 SCI 发文期刊 WOSJCR 分区情况见表 1-2，吉林省农业科学院 SCI 发文期刊 WOSJCR 分区趋势（2014—2023 年）见图 1-2。

表 1-2 2014—2023 年吉林省农业科学院 SCI 发文期刊 WOSJCR 分区情况 单位：篇

出版年	Q1 区发文量	Q2 区发文量	Q3 区发文量	Q4 区发文量	其他发文量
2014	16	15	7	5	1
2015	21	15	11	11	3
2016	19	13	2	5	6
2017	34	12	9	11	1
2018	22	33	15	8	0
2019	47	34	14	16	4
2020	45	42	14	15	14
2021	78	35	17	12	25
2022	103	67	14	10	3
2023	133	59	7	2	1

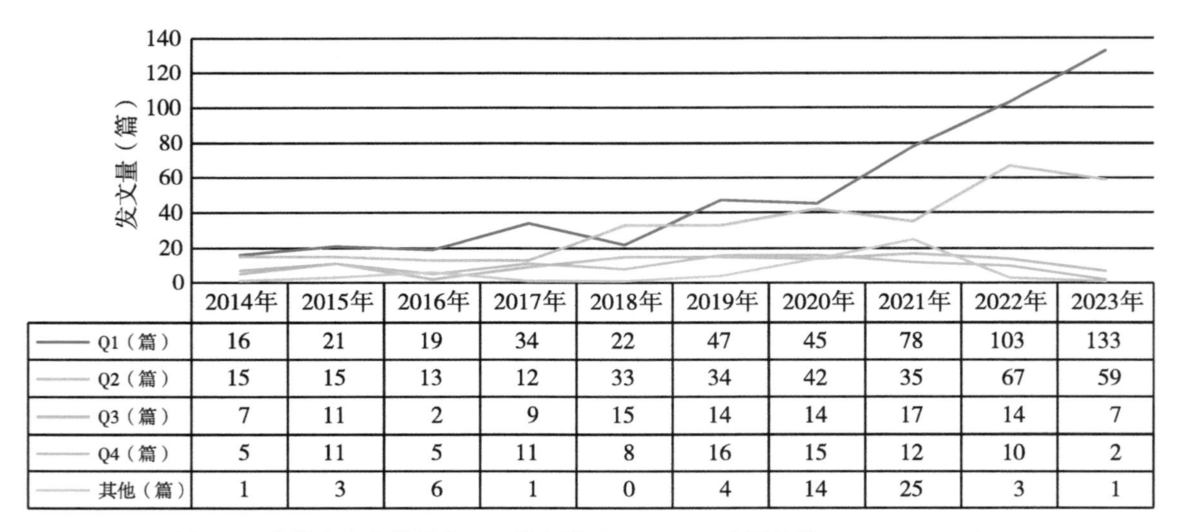

图 1-2 吉林省农业科学院 SCI 发文期刊 WOSJCR 分区趋势（2014—2023 年）

1.3 高发文研究所 TOP10

2014—2023 年吉林省农业科学院 SCI 高发文研究所 TOP10 见表 1-3。

表 1-3　2014—2023 年吉林省农业科学院 SCI 高发文研究所 TOP10　　单位：篇

排序	研究所	发文量
1	吉林省农业科学院农业资源与环境研究所	210
2	吉林省农业科学院农业生物技术研究所	162
3	吉林省农业科学院大豆研究所	76
4	吉林省农业科学院畜牧科学分院	75
5	吉林省农业科学院农产品加工研究所	63
6	吉林省农业科学院植物保护研究所	41
7	吉林省农业科学院作物资源研究所	36
8	吉林省农业科学院农业质量标准与检测技术研究所	31
9	吉林省农业科学院玉米研究所	27
10	吉林省农业科学院果树研究所	14

1.4　高发文期刊 TOP10

2014—2023 年吉林省农业科学院 SCI 高发文期刊 TOP10 见表 1-4。

表 1-4　2014—2023 年吉林省农业科学院 SCI 高发文期刊 TOP10

排序	期刊名称	发文量（篇）	WOS 所有数据库总被引频次	WOS 核心库被引频次	期刊影响因子（最近年度）
1	FRONTIERS IN PLANT SCIENCE	44	358	327	4.1（2023）
2	SCIENTIFIC REPORTS	40	331	309	3.8（2023）
3	PLOS ONE	33	690	625	2.9（2023）
4	JOURNAL OF INTEGRATIVE AGRICULTURE	26	228	187	4.6（2023）
5	AGRONOMY-BASEL	25	37	36	3.3（2023）
6	INTERNATIONAL JOURNAL OF MOLECULAR SCIENCES	24	168	141	4.9（2023）
7	TRANSGENIC RESEARCH	17	107	91	2.7（2023）
8	FRONTIERS IN MICROBIOLOGY	15	51	46	4.0（2023）
9	PLANTS-BASEL	15	32	29	4.0（2023）
10	FRONTIERS IN GENETICS	14	20	19	2.8（2023）

1.5　合作发文国家与地区 TOP10

2014—2023 年吉林省农业科学院 SCI 合作发文国家与地区（合作发文 1 篇以上）

TOP10 见表 1-5。

表 1-5　2014—2023 年吉林省农业科学院 SCI 合作发文国家与地区 TOP10

排序	国家与地区	合作发文量（篇）	WOS 所有数据库总被引频次	WOS 核心库被引频次
1	美国	113	3 551	3 076
2	加拿大	25	412	352
3	澳大利亚	19	536	463
4	巴基斯坦	19	87	84
5	德国	15	142	133
6	日本	11	144	124
7	英格兰	10	432	376
8	韩国	10	68	63
9	丹麦	7	68	65
10	瑞士	6	179	145

1.6　合作发文机构 TOP10

2014—2023 年吉林省农业科学院 SCI 合作发文机构 TOP10 见表 1-6。

表 1-6　2014—2023 年吉林省农业科学院 SCI 合作发文机构 TOP10

排序	合作发文机构	发文量（篇）	WOS 所有数据库总被引频次	WOS 核心库被引频次
1	吉林农业大学	206	462	396
2	中国农业科学院	160	715	588
3	吉林大学	138	212	188
4	中国科学院	124	568	485
5	中国农业大学	70	514	438
6	东北师范大学	54	74	66
7	沈阳农业大学	54	60	58
8	黑龙江农业科学院	51	78	65
9	东北农业大学	48	317	262
10	中国科学院大学	36	47	43

1.7　高频词 TOP20

2014—2023 年吉林省农业科学院 SCI 发文高频词（作者关键词）TOP20 见表 1-7。

表 1-7　2014—2023 年吉林省农业科学院 SCI 发文高频词（作者关键词）TOP20

排序	关键词（作者关键词）	频次	排序	关键词（作者关键词）	频次
1	Soybean	76	11	*Lactobacillus plantarum*	10
2	Maize	46	12	RNA-seq	10
3	Long-term fertilization	18	13	*Ostrinia furnacalis*	10
4	Rice	17	14	Grain yield	9
5	Apoptosis	15	15	Yield	9
6	Candidate genes	12	16	Metabolome	8
7	Glycine max	10	17	DNA methylation	8
8	Sheep	10	18	Nitrogen use efficiency	8
9	Gene expression	10	19	Fluorescence polarization	8
10	Genetic diversity	10	20	Transcriptome	8

2　中文期刊论文分析

2014—2023 年，吉林省农业科学院作者共发表北大中文核心期刊论文2 182篇，中国科学引文数据库（CSCD）期刊论文1 166篇。

2.1　发文量

吉林省农业科学院中文文献历年发文趋势（2014—2023 年）见图 2-1。

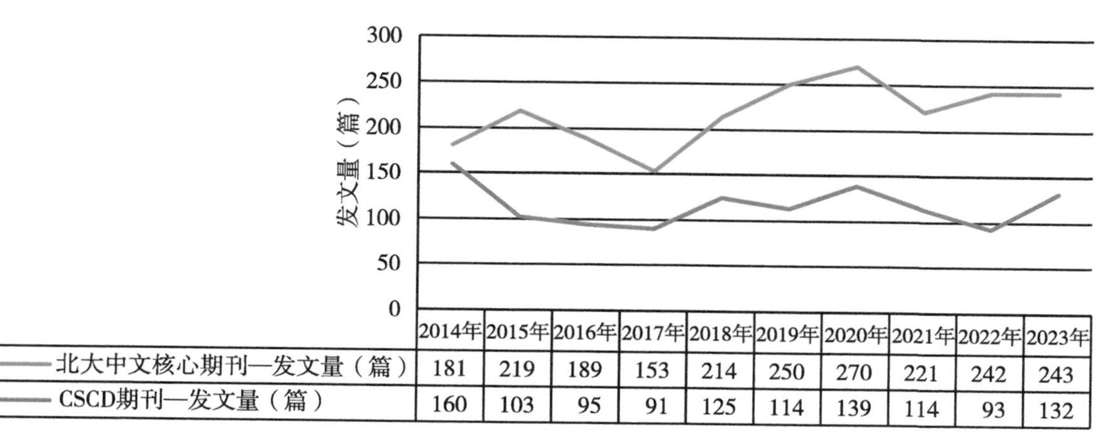

图 2-1　吉林省农业科学院中文文献历年发文趋势（2014—2023 年）

2.2 高发文研究所 TOP10

2014—2023 年吉林省农业科学院北大中文核心期刊高发文研究所 TOP10 见表 2-1，2014—2023 年吉林省农业科学院中国科学引文数据库（CSCD）期刊高发文研究所 TOP10 见表 2-2。

表 2-1 2014—2023 年吉林省农业科学院北大中文核心期刊高发文研究所 TOP10 单位：篇

排序	研究所	发文量
1	吉林省农业科学院	766
2	吉林省农业科学院农业资源与环境研究所	351
3	吉林省农业科学院畜牧科学分院	204
4	吉林省农业科学院植物保护研究所	168
5	吉林省农业科学院农业生物技术研究所	156
6	吉林省农业科学院大豆研究所	133
7	吉林省农业科学院玉米研究所	75
8	吉林省农业科学院农业质量标准与检测技术研究所	74
9	吉林省农业科学院农产品加工研究所	70
10	吉林省农业科学院果树研究所	61
11	吉林省农业科学院作物资源研究所	57

注："吉林省农业科学院" 发文包括作者单位只标注为 "吉林省农业科学院"、院属实验室等。

表 2-2 2014—2023 年吉林省农业科学院 CSCD 期刊高发文研究所 TOP10 单位：篇

排序	研究所	发文量
1	吉林省农业科学院	378
2	吉林省农业科学院农业资源与环境研究所	254
3	吉林省农业科学院农业生物技术研究所	111
4	吉林省农业科学院植物保护研究所	106
5	吉林省农业科学院大豆研究所	103
6	吉林省农业科学院畜牧科学分院	72
7	吉林省农业科学院玉米研究所	35
8	吉林省农业科学院农业质量标准与检测技术研究所	32
8	吉林省农业科学院作物资源研究所	32
9	吉林省农业科学院农产品加工研究所	23
10	吉林省农业科学院果树研究所	20
11	吉林省农业科学院农村能源与生态研究所	17

注："吉林省农业科学院" 发文包括作者单位只标注为 "吉林省农业科学院"、院属实验室等。

2.3 高发文期刊 TOP10

2014—2023 年吉林省农业科学院高发文北大中文核心期刊 TOP10 见表 2-3，2014—2023 年吉林省农业科学院高发文 CSCD 期刊 TOP10 见表 2-4。

表 2-3 2014—2023 年吉林省农业科学院高发文期刊（北大中文核心）TOP10 单位：篇

排序	期刊名称	发文量	排序	期刊名称	发文量
1	东北农业科学	283	6	大豆科学	87
2	玉米科学	269	7	吉林农业大学学报	64
3	吉林农业科学	95	8	中国畜牧杂志	61
4	黑龙江畜牧兽医	94	9	中国畜牧兽医	59
5	分子植物育种	90	10	中国农业科学	46

表 2-4 2014—2023 年吉林省农业科学院高发文期刊（CSCD）TOP10 单位：篇

排序	期刊名称	发文量	排序	期刊名称	发文量
1	玉米科学	257	6	中国农业科学	47
2	大豆科学	85	7	植物营养与肥料学报	43
3	吉林农业大学学报	60	8	中国兽医学报	25
4	吉林农业科学	56	9	动物营养学报	23
5	分子植物育种	47	10	中国生物防治学报	23

2.4 合作发文机构 TOP10

2014—2023 年吉林省农业科学院北大中文核心期刊合作发文机构 TOP10 见表 2-5，2014—2023 年吉林省农业科学院 CSCD 期刊合作发文机构 TOP10 见表 2-6。

表 2-5 2014—2023 年吉林省农业科学院北大中文核心期刊合作发文机构 TOP10 单位：篇

排序	合作发文机构	发文量	排序	合作发文机构	发文量
1	吉林农业大学	453	6	东北农业大学	57
2	延边大学	139	7	大豆国家工程研究中心	56
3	中国农业科学院	125	8	中国农业科技东北创新中心农业资源与环境研究所	48
4	山东省农业科学院	73	9	沈阳农业大学	45
5	吉林大学	64	10	中国科学院	43

表 2-6 2014—2023 年吉林省农业科学院 CSCD 期刊合作发文机构 TOP10 单位：篇

排序	合作发文机构	发文量	排序	合作发文机构	发文量
1	吉林农业大学	270	6	吉林大学	31
2	中国农业科学院	90	7	沈阳农业大学	31
3	延边大学	68	8	中国农业大学	26
4	东北农业大学	51	9	哈尔滨师范大学	23
5	中国科学院	32	10	山东省农业科学院	21

江苏省农业科学院

1 英文期刊论文分析

分析数据来源于科学引文索引数据库（Web of Science，WOS）收录的文献类型为期刊论文（Article）、会议论文（Proceedings Paper）和述评（Review）的 Science Citation Index Expanded（SCIE）论文数据，数据时间范围为2014—2023 年，共检索到江苏省农业科学院作者发表的论文5 262篇。

1.1 发文量

2014—2023 年江苏省农业科学院历年 SCI 发文与被引情况见表 1-1，江苏省农业科学院英文文献历年发文趋势（2014—2023 年）见图 1-1。

表 1-1 2014—2023 年江苏省农业科学院历年 SCI 发文与被引情况

出版年	发文量（篇）	WOS 所有数据库总被引频次	WOS 核心库被引频次
2014	229	6 423	5 547
2015	342	7 234	6 281
2016	403	8 711	7 779
2017	424	9 242	8 349
2018	456	7 814	7 132
2019	513	7 354	6 754
2020	567	5 711	5 363
2021	670	2 992	2 901
2022	858	628	621
2023	800	413	410

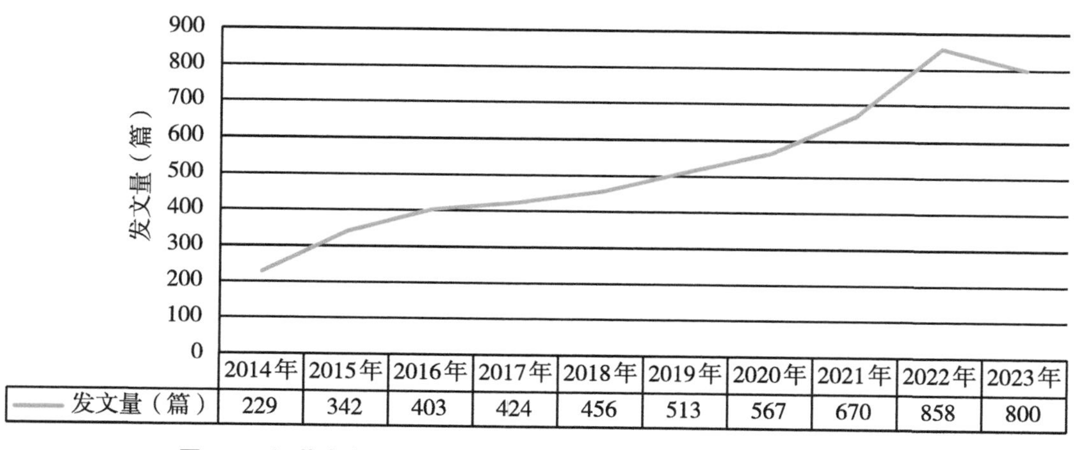

图 1-1 江苏省农业科学院英文文献历年发文趋势（2014—2023 年）

1.2 发文期刊 JCR 分区

2014—2023 年江苏省农业科学院 SCI 发文期刊 WOSJCR 分区情况见表 1-2，江苏省农业科学院 SCI 发文期刊 WOSJCR 分区趋势（2014—2023 年）见图 1-2。

表 1-2 2014—2023 年江苏省农业科学院 SCI 发文期刊 WOSJCR 分区情况 单位：篇

出版年	Q1 区发文量	Q2 区发文量	Q3 区发文量	Q4 区发文量	其他发文量
2014	93	61	33	21	21
2015	125	86	71	42	18
2016	174	112	59	28	30
2017	215	100	67	38	4
2018	218	152	48	37	1
2019	228	148	62	36	39
2020	294	120	58	27	68
2021	395	133	35	23	84
2022	560	216	44	16	22
2023	585	169	30	10	6

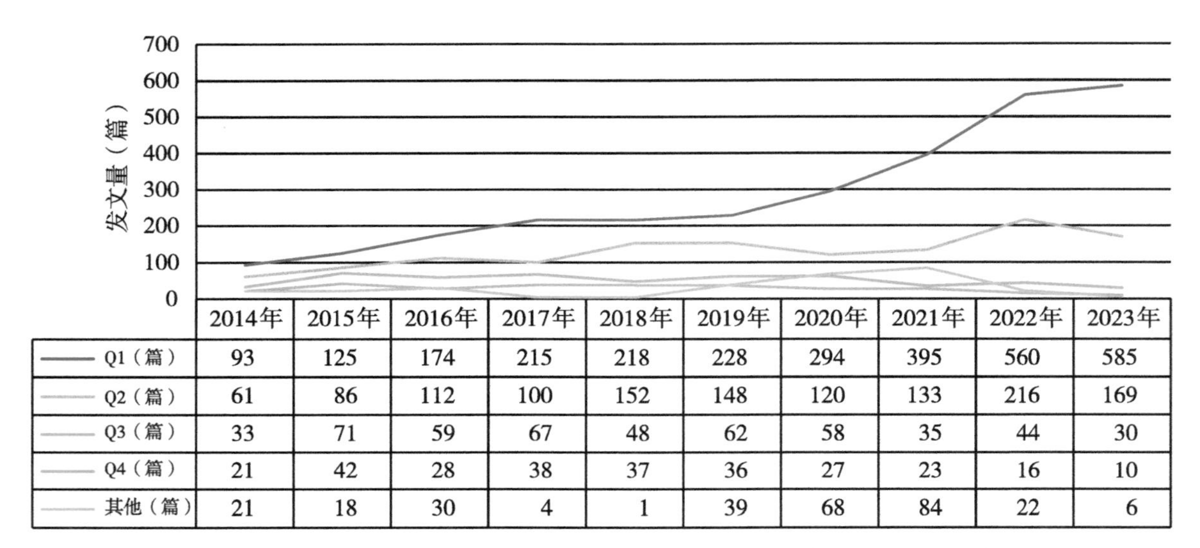

图 1-2 江苏省农业科学院 SCI 发文期刊 WOSJCR 分区趋势（2014—2023 年）

1.3 高发文研究所 TOP10

2014—2023 年江苏省农业科学院 SCI 高发文研究所 TOP10 见表 1-3。

表 1-3 2014—2023 年江苏省农业科学院 SCI 高发文研究所 TOP10 单位：篇

排序	研究所	发文量
1	江苏省农业科学院农业资源与环境研究所	1 099
2	江苏省农业科学院植物保护研究所	541
3	江苏省农业科学院农产品加工研究所	511
4	江苏省农业科学院园艺研究所	461
5	江苏省农业科学院兽医研究所	451
6	江苏省农业科学院农产品质量安全与营养研究所	420
7	江苏省农业科学院经济作物研究所	232
8	江苏省农业科学院种质资源与生物技术研究所	223
9	江苏省农业科学院粮食作物研究所	217
10	江苏省农业科学院畜牧研究所	184
10	江苏省农业科学院蔬菜研究所	184

1.4 高发文期刊 TOP10

2014—2023 年江苏省农业科学院 SCI 高发文期刊 TOP10 见表 1-4。

表 1-4 2014—2023 年江苏省农业科学院 SCI 高发文期刊 TOP10

排序	期刊名称	发文量（篇）	WOS 所有数据库总被引频次	WOS 核心库被引频次	期刊影响因子（最近年度）
1	FRONTIERS IN PLANT SCIENCE	146	1 920	1 732	4.1（2023）
2	SCIENCE OF THE TOTAL ENVIRONMENT	95	1 808	1 659	8.2（2023）
3	FRONTIERS IN MICROBIOLOGY	89	611	562	4.0（2023）
4	SCIENTIFIC REPORTS	88	1 951	1 815	3.8（2023）
5	FOOD CHEMISTRY	88	1 486	1 384	8.5（2023）
6	PLOS ONE	85	1 544	1 376	2.9（2023）
7	AGRONOMY-BASEL	83	111	107	3.3（2023）
8	JOURNAL OF AGRICULTURAL AND FOOD CHEMISTRY	74	1 080	992	5.7（2023）

（续表）

排序	期刊名称	发文量（篇）	WOS 所有数据库总被引频次	WOS 核心库被引频次	期刊影响因子（最近年度）
9	INTERNATIONAL JOURNAL OF MOLECULAR SCIENCES	69	378	350	4.9（2023）
10	FOODS	52	81	78	4.7（2023）

1.5 合作发文国家与地区 TOP10

2014—2023 年江苏省农业科学院 SCI 合作发文国家与地区（合作发文 1 篇以上）TOP10 见表 1-5。

表 1-5 2014—2023 年江苏省农业科学院 SCI 合作发文国家与地区 TOP10

排序	国家与地区	合作发文量（篇）	WOS 所有数据库总被引频次	WOS 核心库被引频次
1	美国	558	10 058	9 202
2	澳大利亚	192	2 924	2 697
3	英格兰	97	1 694	1 545
4	巴基斯坦	84	840	780
5	德国	77	1 033	971
6	加拿大	70	1 695	1 562
7	埃及	70	866	829
8	韩国	51	810	736
9	荷兰	51	422	396
10	日本	49	513	468

1.6 合作发文机构 TOP10

2014—2023 年江苏省农业科学院 SCI 合作发文机构 TOP10 见表 1-6。

表 1-6 2014—2023 年江苏省农业科学院 SCI 合作发文机构 TOP10

排序	合作发文机构	发文量（篇）	WOS 所有数据库总被引频次	WOS 核心库被引频次
1	南京农业大学	1 381	3 059	2 721

（续表）

排序	合作发文机构	发文量（篇）	WOS 所有数据库总被引频次	WOS 核心库被引频次
2	江苏大学	494	516	504
3	中国科学院	405	1 679	1 504
4	中国农业科学院	289	1 031	932
5	扬州大学	287	352	322
6	中国农业大学	177	575	528
7	广东省农业科学院	166	448	417
8	南京林业大学	155	270	247
9	中华人民共和国农业农村部	148	102	98
10	南京师范大学	115	297	258

1.7 高频词 TOP20

2014—2023 年江苏省农业科学院 SCI 发文高频词（作者关键词）TOP20 见表 1-7。

表 1-7　2014—2023 年江苏省农业科学院 SCI 发文高频词（作者关键词）TOP20

排序	关键词（作者关键词）	频次	排序	关键词（作者关键词）	频次
1	Rice	112	11	Pathogenicity	34
2	Gene expression	79	12	Soybean	31
3	Transcriptome	64	13	Peach	29
4	Biochar	59	14	Photosynthesis	29
5	RNA-seq	50	15	Phylogenetic analysis	29
6	Maize	41	16	Reactive oxygen species	29
7	Virulence	39	17	Yield	28
8	Salt stress	39	18	Abiotic stress	27
9	Wheat	38	19	Tomato	26
10	Cadmium	35	20	Resistance	26

2 中文期刊论文分析

2014—2023 年，江苏省农业科学院作者共发表北大中文核心期刊论文6 836篇，中国科学引文数据库（CSCD）期刊论文3 951篇。

2.1 发文量

江苏省农业科学院中文文献历年发文趋势（2014—2023 年）见图 2-1。

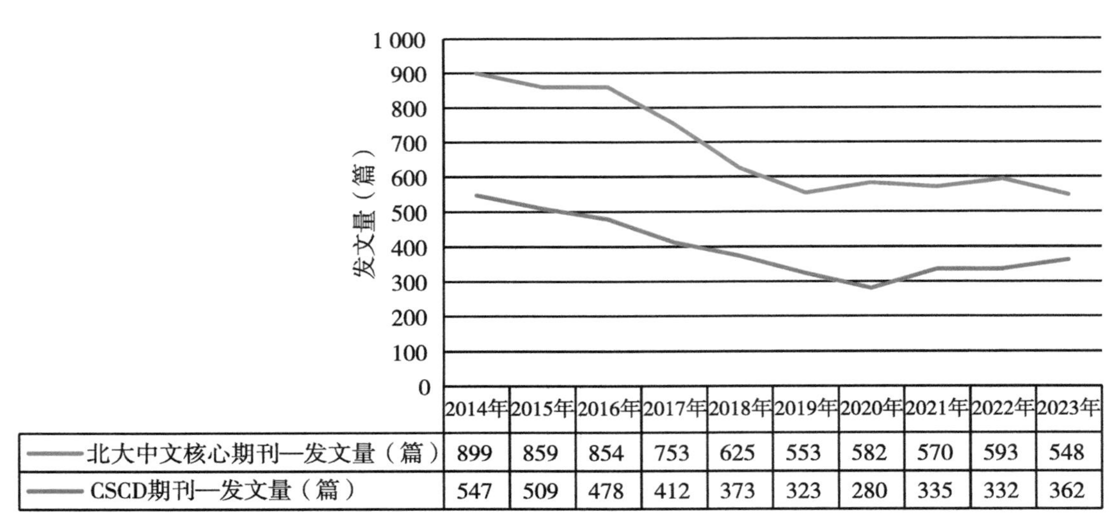

	2014年	2015年	2016年	2017年	2018年	2019年	2020年	2021年	2022年	2023年
北大中文核心期刊—发文量（篇）	899	859	854	753	625	553	582	570	593	548
CSCD期刊—发文量（篇）	547	509	478	412	373	323	280	335	332	362

图 2-1 江苏省农业科学院中文文献历年发文趋势（2014—2023 年）

2.2 高发文研究所 TOP10

2014—2023 年江苏省农业科学院北大中文核心期刊高发文研究所 TOP10 见表 2-1，2014—2023 年江苏省农业科学院中国科学引文数据库（CSCD）期刊高发文研究所 TOP10 见表 2-2。

表 2-1 2014—2023 年江苏省农业科学院北大中文核心期刊高发文研究所 TOP10 单位：篇

排序	研究所	发文量
1	江苏省农业科学院农业资源与环境研究所	612
2	江苏省农业科学院农产品加工研究所	568
3	江苏省农业科学院蔬菜研究所	493
4	江苏省农业科学院	420
5	江苏省农业科学院植物保护研究所	398
6	江苏省农业科学院兽医研究所	375
7	江苏省农业科学院动物免疫工程研究所	360
8	江苏省农业科学院畜牧研究所	359
8	江苏省农业科学院种质资源与生物技术研究所	359
9	江苏省农业科学院果树研究所	352

（续表）

排序	研究所	发文量
10	江苏省农业科学院经济作物研究所	330
11	江苏省农业科学院粮食作物研究所	310

注：“江苏省农业科学院”发文包括作者单位只标注为“江苏省农业科学院”、院属实验室等。

表 2-2　2014—2023 年江苏省农业科学院 CSCD 期刊高发文研究所 TOP10　单位：篇

排序	研究所	发文量
1	江苏省农业科学院农业资源与环境研究所	521
2	江苏省农业科学院植物保护研究所	316
3	江苏省农业科学院农产品加工研究所	299
4	江苏省农业科学院兽医研究所	237
5	江苏省农业科学院	217
5	江苏省农业科学院经济作物研究所	217
6	江苏省农业科学院粮食作物研究所	211
7	江苏省农业科学院种质资源与生物技术研究所	202
8	江苏省农业科学院畜牧研究所	198
9	江苏省农业科学院蔬菜研究所	182
10	江苏省农业科学院农产品质量安全与营养研究所	180
11	江苏省徐淮地区徐州农业科学研究所	161

注：“江苏省农业科学院”发文包括作者单位只标注为“江苏省农业科学院”、院属实验室等。

2.3　高发文期刊 TOP10

2014—2023 年江苏省农业科学院高发文北大中文核心期刊 TOP10 见表 2-3，2014—2023 年江苏省农业科学院高发文 CSCD 期刊 TOP10 见表 2-4。

表 2-3　2014—2023 年江苏省农业科学院高发文期刊（北大中文核心）TOP10　单位：篇

排序	期刊名称	发文量	排序	期刊名称	发文量
1	江苏农业科学	1 568	6	中国农业科学	119
2	江苏农业学报	858	7	华北农学报	104
3	食品科学	169	8	作物学报	97
4	西南农业学报	146	9	畜牧与兽医	90
5	食品工业科技	137	10	麦类作物学报	89

表 2-4　2014—2023 年江苏省农业科学院高发文期刊（CSCD）TOP10　单位：篇

排序	期刊名称	发文量	排序	期刊名称	发文量
1	江苏农业学报	832	6	作物学报	90
2	食品科学	150	7	核农学报	84
3	西南农业学报	138	8	麦类作物学报	81
4	中国农业科学	107	9	华北农学报	80
5	农业环境科学学报	90	10	南京农业大学学报	78

2.4　合作发文机构 TOP10

2014—2023 年江苏省农业科学院北大中文核心期刊合作发文机构 TOP10 见表 2-5，2014—2023 年江苏省农业科学院 CSCD 期刊合作发文机构 TOP10 见表 2-6。

表 2-5　2014—2023 年江苏省农业科学院北大中文核心期刊合作发文机构 TOP10　单位：篇

排序	合作发文机构	发文量	排序	合作发文机构	发文量
1	南京农业大学	946	6	南京林业大学	112
2	扬州大学	302	7	国家水稻改良中心	105
3	中国农业科学院	173	8	中国科学院	96
4	徐州工程学院	147	9	南京师范大学	75
5	江苏大学	133	10	江苏省现代作物生产协同创新中心	64

表 2-6　2014—2023 年江苏省农业科学院 CSCD 期刊合作发文机构 TOP10　单位：篇

排序	合作发文机构	发文量	排序	合作发文机构	发文量
1	南京农业大学	670	6	南京林业大学	74
2	扬州大学	194	7	南京师范大学	50
3	江苏大学	120	8	国家水稻改良中心	43
4	中国农业科学院	110	9	南京信息工程大学	42
5	中国科学院	82	10	沈阳农业大学	29

江西省农业科学院

1　英文期刊论文分析

分析数据来源于科学引文索引数据库（Web of Science，WOS）收录的文献类型为期刊论文（Article）、会议论文（Proceedings Paper）和述评（Review）的 Science Citation Index Expanded（SCIE）论文数据，数据时间范围为2014—2023 年，共检索到江西省农业科学院作者发表的论文 738 篇。

1.1　发文量

2014—2023 年江西省农业科学院历年 SCI 发文与被引情况见表 1-1，江西省农业科学院英文文献历年发文趋势（2014—2023 年）见图 1-1。

表 1-1　2014—2023 年江西省农业科学院历年 SCI 发文与被引情况

出版年	发文量（篇）	WOS 所有数据库总被引频次	WOS 核心库被引频次
2014	37	918	771
2015	39	1 073	959
2016	44	643	566
2017	51	1 024	896
2018	53	893	791
2019	59	802	717
2020	72	729	662
2021	93	318	306
2022	133	122	118
2023	157	56	56

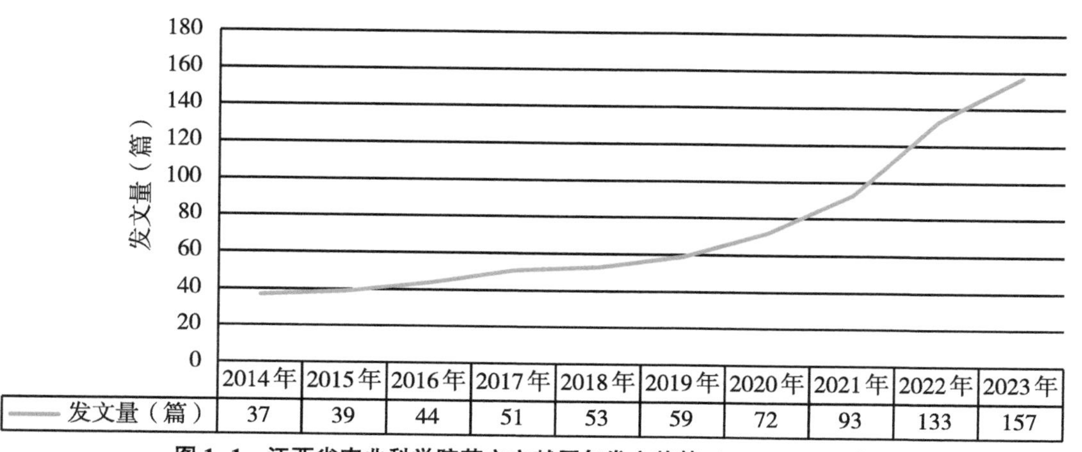

图 1-1　江西省农业科学院英文文献历年发文趋势（2014—2023 年）

1.2 发文期刊 JCR 分区

2014—2023 年江西省农业科学院 SCI 发文期刊 WOSJCR 分区情况见表 1-2，江西省农业科学院 SCI 发文期刊 WOSJCR 分区趋势（2014—2023 年）见图 1-2。

表 1-2　2014—2023 年江西省农业科学院 SCI 发文期刊 WOSJCR 分区情况　　单位：篇

出版年	Q1 区发文量	Q2 区发文量	Q3 区发文量	Q4 区发文量	其他发文量
2014	11	13	6	1	6
2015	13	7	7	8	4
2016	14	13	8	5	4
2017	24	17	4	4	2
2018	26	15	6	6	0
2019	26	21	5	2	5
2020	37	16	3	5	11
2021	44	28	9	7	5
2022	89	29	9	4	2
2023	112	32	11	2	0

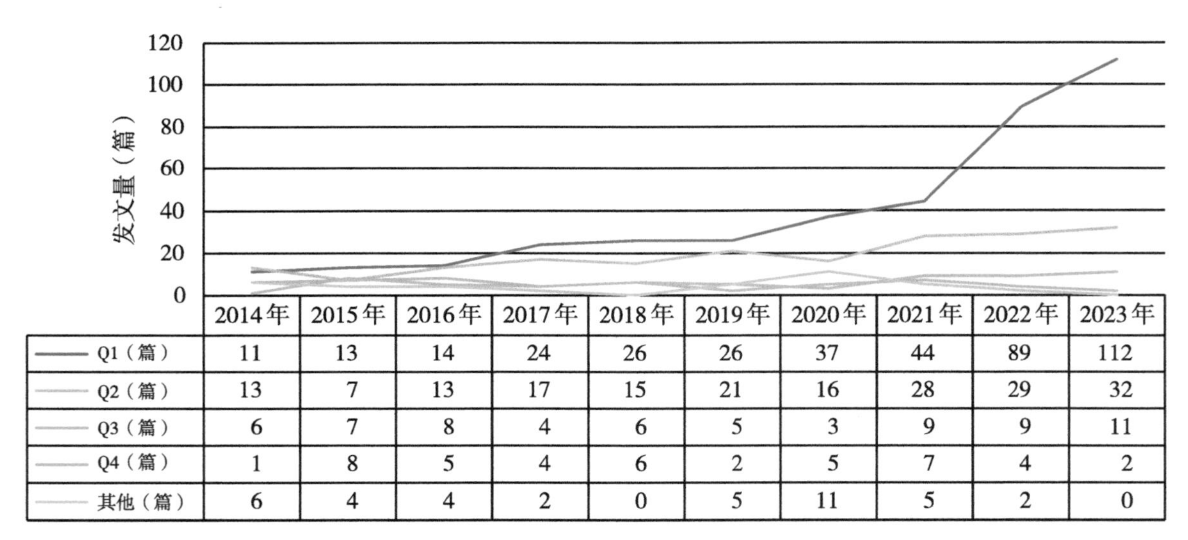

图 1-2　江西省农业科学院 SCI 发文期刊 WOSJCR 分区趋势（2014—2023 年）

1.3 高发文研究所 TOP10

2014—2023 年江西省农业科学院 SCI 高发文研究所 TOP10 见表 1-3。

表 1-3 2014—2023 年江西省农业科学院 SCI 高发文研究所 TOP10 单位：篇

排序	研究所	发文量
1	江西省农业科学院土壤肥料与资源环境研究所	203
2	江西省农业科学院畜牧兽医研究所	72
3	江西省农业科学院水稻研究所	67
4	江西省农业科学院农产品质量安全与标准研究所	55
5	江西省农业科学院植物保护研究所	52
6	江西省农业科学院农业微生物研究所	32
7	江西省农业科学院作物研究所	20
8	江西省农业科学院园艺研究所	17
8	江西省农业科学院农业工程研究所	17
9	江西省农业科学院蔬菜花卉研究所	13
10	江西省农业科学院江西省超级水稻研究发展中心	9

1.4 高发文期刊 TOP10

2014—2023 年江西省农业科学院 SCI 高发文期刊 TOP10 见表 1-4。

表 1-4 2014—2023 年江西省农业科学院 SCI 高发文期刊 TOP10

排序	期刊名称	发文量（篇）	WOS 所有数据库总被引频次	WOS 核心库被引频次	期刊影响因子（最近年度）
1	FRONTIERS IN PLANT SCIENCE	22	181	162	4.1（2023）
2	PLOS ONE	19	287	250	2.9（2023）
3	JOURNAL OF INTEGRATIVE AGRICULTURE	19	93	74	4.6（2023）
4	FOOD CHEMISTRY	14	218	205	8.5（2023）
5	AGRONOMY-BASEL	14	37	30	3.3（2023）
6	INTERNATIONAL JOURNAL OF MOLECULAR SCIENCES	13	57	55	4.9（2023）
7	FRONTIERS IN MICROBIOLOGY	13	24	22	4.0（2023）
8	JOURNAL OF SOILS AND SEDIMENTS	12	159	143	2.8（2023）
9	SOIL & TILLAGE RESEARCH	12	120	112	6.1（2023）
10	AGRICULTURE ECOSYSTEMS & ENVIRONMENT	11	99	88	6.0（2023）

1.5 合作发文国家与地区 TOP10

2014—2023 年江西省农业科学院 SCI 合作发文国家与地区（合作发文 1 篇以上）TOP10 见表 1-5。

表 1-5 2014—2023 年江西省农业科学院 SCI 合作发文国家与地区 TOP10

排序	国家与地区	合作发文量（篇）	WOS 所有数据库总被引频次	WOS 核心库被引频次
1	美国	52	891	767
2	英格兰	17	223	187
3	德国	17	408	375
4	荷兰	12	186	169
5	巴基斯坦	9	321	268
6	澳大利亚	9	140	137
7	苏格兰	9	83	75
8	挪威	8	45	45
9	比利时	7	26	25
10	法国	7	29	29

1.6 合作发文机构 TOP10

2014—2023 年江西省农业科学院 SCI 合作发文机构 TOP10 见表 1-6。

表 1-6 2014—2023 年江西省农业科学院 SCI 合作发文机构 TOP10

排序	合作发文机构	发文量（篇）	WOS 所有数据库总被引频次	WOS 核心库被引频次
1	中国农业科学院	157	243	220
2	中国科学院	93	209	198
3	江西农业大学	75	107	95
4	华中农业大学	65	178	163
5	南京农业大学	55	96	84
6	南昌大学	47	194	172

（续表）

排序	合作发文机构	发文量（篇）	WOS 所有数据库总被引频次	WOS 核心库被引频次
7	中国科学院大学	42	34	33
8	江西师范大学	28	95	73
9	浙江大学	25	78	76
10	中国水稻研究所	16	19	17

1.7 高频词 TOP20

2014—2023 年江西省农业科学院 SCI 发文高频词（作者关键词）TOP20 见表 1-7。

表 1-7 2014—2023 年江西省农业科学院 SCI 发文高频词（作者关键词）TOP20

排序	关键词（作者关键词）	频次	排序	关键词（作者关键词）	频次
1	Rice	26	11	Climate change	7
2	Long-term fertilization	18	12	China	7
3	Paddy soil	11	13	Microbial community	7
4	Dongxiang wild rice	11	14	Soil organic carbon	7
5	Chilosuppressalis	10	15	*Aspergillus oryzae*	7
6	Grain yield	10	16	Growth performance	6
7	Soybean	8	17	Common wild rice	6
8	Sesame	8	18	Heat tolerance	6
9	Transcriptome	8	19	Pathogenicity	6
10	Growth	7	20	Glycation	6

2 中文期刊论文分析

2014—2023 年，江西省农业科学院作者共发表北大中文核心期刊论文 1 149篇，中国科学引文数据库（CSCD）期刊论文 769 篇。

2.1 发文量

江西省农业科学院中文文献历年发文趋势（2014—2023 年）见图 2-1。

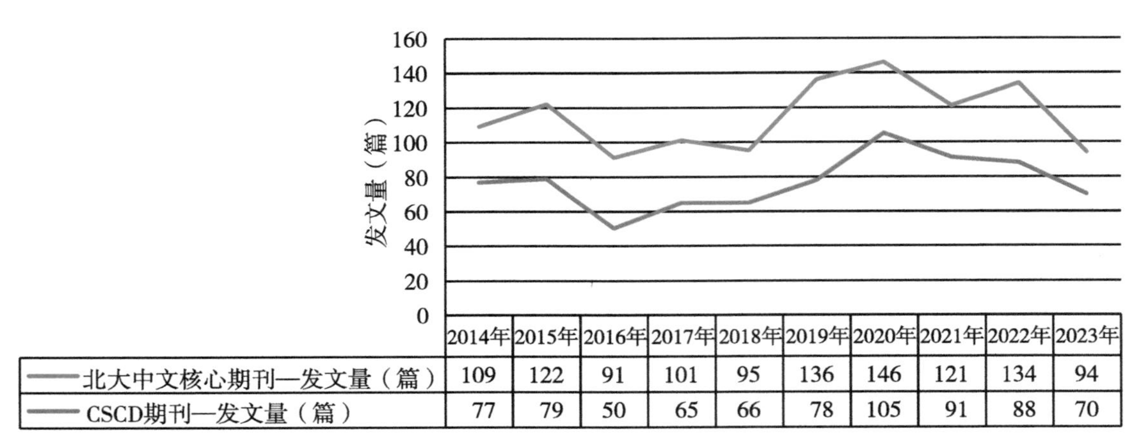

图 2-1　江西省农业科学院中文文献历年发文趋势（2014—2023 年）

2.2　高发文研究所 TOP10

2014—2023 年江西省农业科学院北大中文核心期刊高发文研究所 TOP10 见表 2-1，2014—2023 年江西省农业科学院中国科学引文数据库（CSCD）期刊高发文研究所 TOP10 见表 2-2。

表 2-1　2014—2023 年江西省农业科学院北大中文核心期刊高发文研究所 TOP10　单位：篇

排序	研究所	发文量
1	江西省农业科学院土壤肥料与资源环境研究所	285
2	江西省农业科学院畜牧兽医研究所	139
3	江西省农业科学院	115
4	江西省农业科学院水稻研究所	110
5	江西省农业科学院作物研究所	91
6	江西省农业科学院植物保护研究所	83
7	江西省农业科学院蔬菜花卉研究所	80
8	江西省农业科学院农业工程研究所	78
9	江西省农业科学院农产品质量安全与标准研究所	68
10	江西省农业科学院农业经济与信息研究所	51
11	江西省农业科学院农业微生物研究所	42

注：“江西省农业科学院”发文包括作者单位只标注为“江西省农业科学院”、院属实验室等。

表 2-2　2014—2023 年江西省农业科学院 CSCD 期刊高发文研究所 TOP10　单位：篇

排序	研究所	发文量
1	江西省农业科学院土壤肥料与资源环境研究所	175

（续表）

排序	研究所	发文量
2	江西省农业科学院畜牧兽医研究所	100
3	江西省农业科学院植物保护研究所	89
4	江西省农业科学院水稻研究所	81
5	江西省农业科学院作物研究所	73
6	江西省农业科学院蔬菜花卉研究所	57
7	江西省农业科学院	53
8	江西省农业科学院农产品质量安全与标准研究所	47
9	江西省农业科学院农业微生物研究所	40
10	江西省农业科学院农业工程研究所	37
11	江西省农业科学院农业经济与信息研究所	27

注：“江西省农业科学院”发文包括作者单位只标注为“江西省农业科学院”、院属实验室等。

2.3 高发文期刊 TOP10

2014—2023 年江西省农业科学院高发文北大中文核心期刊 TOP10 见表 2-3，2014—2023 年江西省农业科学院高发文 CSCD 期刊 TOP10 见表 2-4。

表 2-3 2014—2023 年江西省农业科学院高发文期刊（北大中文核心）TOP10 单位：篇

排序	期刊名称	发文量	排序	期刊名称	发文量
1	江西农业大学学报	87	6	分子植物育种	28
2	杂交水稻	43	7	南方农业学报	28
3	植物营养与肥料学报	32	8	中国土壤与肥料	26
4	动物营养学报	29	9	中国水稻科学	25
5	中国油料作物学报	28	10	植物遗传资源学报	24

表 2-4 2014—2023 年江西省农业科学院高发文期刊（CSCD）TOP10 单位：篇

排序	期刊名称	发文量	排序	期刊名称	发文量
1	江西农业大学学报	82	6	植物营养与肥料学报	25
2	杂交水稻	37	7	植物遗传资源学报	24
3	动物营养学报	30	8	中国土壤与肥料	22
4	南方农业学报	29	9	植物保护学报	20
5	中国油料作物学报	27	10	中国水稻科学	18

2.4 合作发文机构 TOP10

2014—2023 年江西省农业科学院北大中文核心期刊合作发文机构 TOP10 见表 2-5，2014—2023 年江西省农业科学院 CSCD 期刊合作发文机构 TOP10 见表 2-6。

表 2-5 2014—2023 年江西省农业科学院北大中文核心期刊合作发文机构 TOP10 单位：篇

排序	合作发文机构	发文量	排序	合作发文机构	发文量
1	江西农业大学	106	6	南京农业大学	24
2	中国农业科学院	96	7	江西省超级水稻研究发展中心	23
3	江西省红壤研究所	84	8	南昌大学	23
4	中国科学院	54	9	华中农业大学	23
5	扬州大学	27	10	湖南农业大学	16

表 2-6 2014—2023 年江西省农业科学院 CSCD 期刊合作发文机构 TOP10 单位：篇

排序	合作发文机构	发文量	排序	合作发文机构	发文量
1	江西农业大学	74	6	湖南农业大学	15
2	中国农业科学院	68	7	江西省超级水稻研究发展中心	14
3	中国科学院	24	8	江西省红壤研究所	14
4	南昌大学	21	9	浙江大学	12
5	华中农业大学	17	10	南京农业大学	11

辽宁省农业科学院

1　英文期刊论文分析

分析数据来源于科学引文索引数据库（Web of Science，WOS）收录的文献类型为期刊论文（Article）、会议论文（Proceedings Paper）和述评（Review）的 Science Citation Index Expanded（SCIE）论文数据，数据时间范围为2014—2023 年，共检索到辽宁省农业科学院作者发表的论文 626 篇。

1.1　发文量

2014—2023 年辽宁省农业科学院历年 SCI 发文与被引情况见表 1-1，辽宁省农业科学院英文文献历年发文趋势（2014—2023 年）见图 1-1。

表 1-1　2014—2023 年辽宁省农业科学院历年 SCI 发文与被引情况

出版年	发文量（篇）	WOS 所有数据库总被引频次	WOS 核心库被引频次
2014	32	740	626
2015	30	612	538
2016	33	457	386
2017	40	634	574
2018	27	437	388
2019	57	650	597
2020	71	724	665
2021	97	389	365
2022	107	81	79
2023	132	30	30

图 1-1　辽宁省农业科学院英文文献历年发文趋势（2014—2023 年）

1.2 发文期刊 JCR 分区

2014—2023 年辽宁省农业科学院 SCI 发文期刊 WOSJCR 分区情况见表 1-2，辽宁省农业科学院 SCI 发文期刊 WOSJCR 分区趋势（2014—2023 年）见图 1-2。

表 1-2 2014—2023 年辽宁省农业科学院 SCI 发文期刊 WOSJCR 分区情况 单位：篇

出版年	Q1 区发文量	Q2 区发文量	Q3 区发文量	Q4 区发文量	其他发文量
2014	11	9	3	4	5
2015	9	5	6	3	7
2016	8	8	4	10	3
2017	16	9	9	6	0
2018	13	5	4	5	0
2019	20	22	6	3	6
2020	30	18	12	4	7
2021	47	21	8	10	11
2022	57	33	8	6	3
2023	84	30	8	10	0

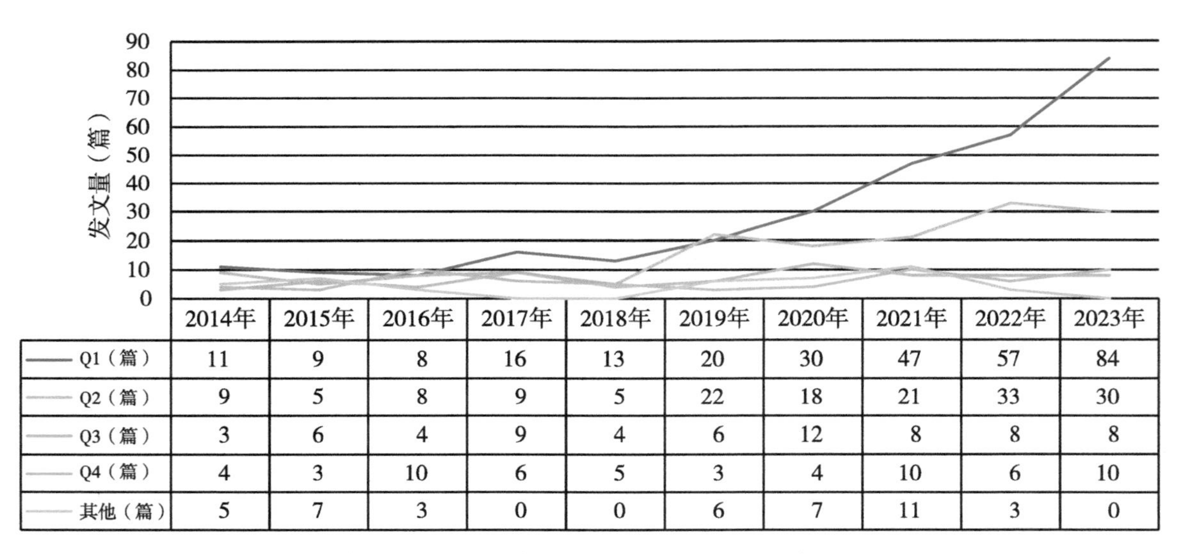

图 1-2 辽宁省农业科学院 SCI 发文期刊 WOSJCR 分区趋势（2014—2023 年）

1.3 高发文研究所 TOP10

2014—2023 年辽宁省农业科学院 SCI 高发文研究所 TOP10 见表 1-3。

表 1-3　2014—2023 年辽宁省农业科学院 SCI 高发文研究所 TOP10　　单位：篇

排序	研究所	发文量
1	辽宁省农业科学院植物保护研究所	71
2	辽宁省林业科学研究院	49
3	辽宁省农业科学院耕作栽培研究所	35
4	辽宁省农业科学院植物营养与环境资源研究所	33
5	辽宁省农业科学院花卉研究所	30
6	辽宁省水稻研究所	25
7	辽宁省农业科学院食品与加工研究所	24
8	辽宁省农业科学院蔬菜研究所	23
9	辽宁省沙地治理与利用研究所	22
9	辽宁省经济作物研究所	22
10	辽宁省农业科学院作物研究所	15

1.4　高发文期刊 TOP10

2014—2023 年辽宁省农业科学院 SCI 高发文期刊 TOP10 见表 1-4。

表 1-4　2014—2023 年辽宁省农业科学院 SCI 高发文期刊 TOP10

排序	期刊名称	发文量（篇）	WOS 所有数据库总被引频次	WOS 核心库被引频次	期刊影响因子（最近年度）
1	FRONTIERS IN PLANT SCIENCE	26	93	80	4.1（2023）
2	PLOS ONE	20	374	324	2.9（2023）
3	SCIENTIFIC REPORTS	16	98	92	3.8（2023）
4	PLANT DISEASE	12	33	31	4.4（2023）
5	FRONTIERS IN MICROBIOLOGY	11	169	164	4.0（2023）
6	AGRONOMY-BASEL	11	33	33	3.3（2023）
7	JOURNAL OF INTEGRATIVE AGRICULTURE	10	135	119	4.6（2023）
8	POLISH JOURNAL OF ENVIRONMENTAL STUDIES	10	11	10	1.4（2023）

（续表）

排序	期刊名称	发文量（篇）	WOS 所有数据库总被引频次	WOS 核心库被引频次	期刊影响因子（最近年度）
9	SCIENTIA HORTICULTURAE	9	111	97	3.9（2023）
10	BMC PLANT BIOLOGY	9	63	55	4.3（2023）

1.5 合作发文国家与地区 TOP10

2014—2023 年辽宁省农业科学院 SCI 合作发文国家与地区（合作发文 1 篇以上）TOP10 见表 1-5。

表 1-5　2014—2023 年辽宁省农业科学院 SCI 合作发文国家与地区 TOP10

排序	国家与地区	合作发文量（篇）	WOS 所有数据库总被引频次	WOS 核心库被引频次
1	美国	49	656	571
2	澳大利亚	20	277	248
3	巴基斯坦	17	42	39
4	荷兰	15	184	161
5	瑞典	11	81	71
6	加拿大	7	170	146
7	菲律宾	6	225	194
8	意大利	6	93	87
9	日本	5	58	48
10	波兰	5	45	40

1.6 合作发文机构 TOP10

2014—2023 年辽宁省农业科学院 SCI 合作发文机构 TOP10 见表 1-6。

表 1-6　2014—2023 年辽宁省农业科学院 SCI 合作发文机构 TOP10

排序	合作发文机构	发文量（篇）	WOS 所有数据库总被引频次	WOS 核心库被引频次
1	沈阳农业大学	230	401	358

（续表）

排序	合作发文机构	发文量（篇）	WOS 所有数据库总被引频次	WOS 核心库被引频次
2	中国科学院	78	364	335
3	中国农业科学院	68	228	196
4	中国农业大学	54	237	207
5	中国科学院大学	31	157	149
6	辽宁省林业科学研究院	30	321	300
7	黑龙江省农业科学院	17	9	9
8	辽宁工业大学	16	83	76
9	辽宁大学	15	279	265
10	吉林省农业科学院	14	32	30

1.7 高频词 TOP20

2014—2023 年辽宁省农业科学院 SCI 发文高频词（作者关键词）TOP20 见表 1-7。

表 1-7 2014—2023 年辽宁省农业科学院 SCI 发文高频词（作者关键词）TOP20

排序	关键词（作者关键词）	频次	排序	关键词（作者关键词）	频次
1	Rice	18	11	Yield	7
2	Maize	12	12	Population structure	6
3	Transcriptome	11	13	Tomato	6
4	Grain yield	10	14	Gene expression	6
5	Sorghum	9	15	*Antheraea pernyi*	6
6	Peanut	9	16	*Apostichopus japonicus*	6
7	Genetic diversity	9	17	Molecular docking	5
8	Photosynthesis	9	18	Metabolism	5
9	Drought stress	7	19	Apple	5
10	Resistance	7	20	Proteomics	5

2 中文期刊论文分析

2014—2023 年，辽宁省农业科学院作者共发表北大中文核心期刊论文 2 423篇，中国科学引文数据库（CSCD）期刊论文1 030篇。

2.1 发文量

辽宁省农业科学院中文文献历年发文趋势（2014—2023 年）见图 2-1。

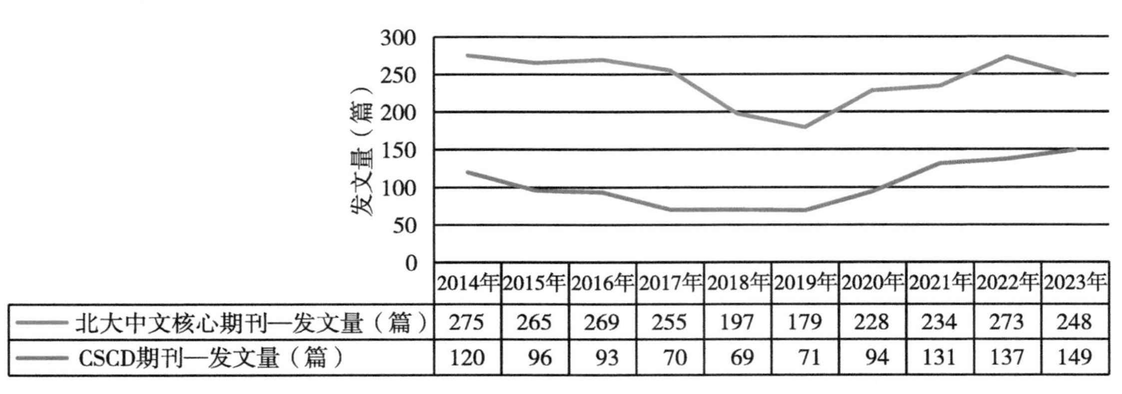

	2014年	2015年	2016年	2017年	2018年	2019年	2020年	2021年	2022年	2023年
北大中文核心期刊—发文量（篇）	275	265	269	255	197	179	228	234	273	248
CSCD期刊—发文量（篇）	120	96	93	70	69	71	94	131	137	149

图 2-1　辽宁省农业科学院中文文献历年发文趋势（2014—2023 年）

2.2 高发文研究所 TOP10

2014—2023 年辽宁省农业科学院北大中文核心期刊高发文研究所 TOP10 见表 2-1，2014—2023 年辽宁省农业科学院中国科学引文数据库（CSCD）期刊高发文研究所 TOP10 见表 2-2。

表 2-1　2014—2023 年辽宁省农业科学院北大中文核心期刊高发文研究所 TOP10　单位：篇

排序	研究所	发文量
1	辽宁省海洋水产科学研究院	327
2	辽宁省农业科学院	218
3	辽宁省果树科学研究所	212
4	辽宁省农业科学院植物保护研究所	153
5	辽宁省盐碱地利用研究所	121
6	辽宁省农业科学院植物营养与环境资源研究所	116
7	辽宁省林业科学研究院	114
8	辽宁省沙地治理与利用研究所	113
9	辽宁省水稻研究所	94
10	辽宁省农业科学院耕作栽培研究所	78
11	辽宁省农业科学院玉米研究所	76

注："辽宁省农业科学院"发文包括作者单位只标注为"辽宁省农业科学院"、院属实验室等。

表 2-2　2014—2023 年辽宁省农业科学院 CSCD 期刊高发文研究所 TOP10　单位：篇

排序	研究所	发文量
1	辽宁省农业科学院植物保护研究所	107
2	辽宁省果树科学研究所	96
3	辽宁省海洋水产科学研究院	88
4	辽宁省农业科学院植物营养与环境资源研究所	78
5	辽宁省蚕业科学研究所	72
6	辽宁省微生物科学研究院	67
7	辽宁省农业科学院	62
8	辽宁省沙地治理与利用研究所	58
9	辽宁省农业科学院耕作栽培研究所	53
10	辽宁省水稻研究所	50
11	辽宁省农业科学院高粱研究所	42

注："辽宁省农业科学院"发文包括作者单位只标注为"辽宁省农业科学院"、院属实验室等。

2.3　高发文期刊 TOP10

2014—2023 年辽宁省农业科学院高发文北大中文核心期刊 TOP10 见表 2-3，2014—2023 年辽宁省农业科学院高发文 CSCD 期刊 TOP10 见表 2-4。

表 2-3　2014—2023 年辽宁省农业科学院高发文期刊（北大中文核心）TOP10　单位：篇

排序	期刊名称	发文量	排序	期刊名称	发文量
1	农业经济	160	6	蚕业科学	85
2	北方园艺	160	7	中国果树	59
3	江苏农业科学	147	8	玉米科学	49
4	水产科学	118	9	果树学报	48
5	沈阳农业大学学报	96	10	分子植物育种	48

表 2-4　2014—2023 年辽宁省农业科学院高发文期刊（CSCD）TOP10　单位：篇

排序	期刊名称	发文量	排序	期刊名称	发文量
1	蚕业科学	83	6	中国农业科学	39
2	沈阳农业大学学报	79	7	水产科学	38
3	玉米科学	51	8	中国土壤与肥料	27
4	果树学报	46	9	杂交水稻	25
5	微生物学杂志	45	10	植物遗传资源学报	22

2.4 合作发文机构 TOP10

2014—2023 年辽宁省农业科学院北大中文核心期刊合作发文机构 TOP10 见表 2-5，2014—2023 年辽宁省农业科学院 CSCD 期刊合作发文机构 TOP10 见表 2-6。

表 2-5 2014—2023 年辽宁省农业科学院北大中文核心期刊合作发文机构 TOP10 单位：篇

排序	合作发文机构	发文量	排序	合作发文机构	发文量
1	沈阳农业大学	309	6	中国农业大学	33
2	中国农业科学院	71	7	中国海洋大学	23
3	辽宁工程技术大学	60	8	东北林业大学	22
4	大连海洋大学	48	9	大连市水产研究所	16
5	中国科学院	41	10	国家海洋环境监测中心	14

表 2-6 2014—2023 年辽宁省农业科学院 CSCD 期刊合作发文机构 TOP10 单位：篇

排序	合作发文机构	发文量	排序	合作发文机构	发文量
1	沈阳农业大学	171	6	大连海洋大学	20
2	辽宁工程技术大学	47	7	黑龙江省农业科学院	12
3	中国农业科学院	40	8	东北林业大学	9
4	中国科学院	31	9	吉林省农业科学院	9
5	中国农业大学	26	10	中国林业科学研究院林业研究所	8

内蒙古自治区农牧业科学院

1 英文期刊论文分析

分析数据来源于科学引文索引数据库（Web of Science，WOS）收录的文献类型为期刊论文（Article）、会议论文（Proceedings Paper）和述评（Review）的 Science Citation Index Expanded（SCIE）论文数据，数据时间范围为2014—2023 年，共检索到内蒙古自治区农牧业科学院作者发表的论文 445 篇。

1.1 发文量

2014—2023 年内蒙古自治区农牧业科学院历年 SCI 发文与被引情况见表 1-1，内蒙古自治区农牧业科学院英文文献历年发文趋势（2014—2023 年）见图 1-1。

表 1-1 2014—2023 年内蒙古自治区农牧业科学院历年 SCI 发文与被引情况

出版年	载文量（篇）	WOS 所有数据库总被引频次	SCI 核心库被引频次
2014	16	230	199
2015	15	298	263
2016	25	426	356
2017	17	272	251
2018	24	537	476
2019	28	241	214
2020	40	290	272
2021	50	129	123
2022	103	40	40
2023	127	34	33

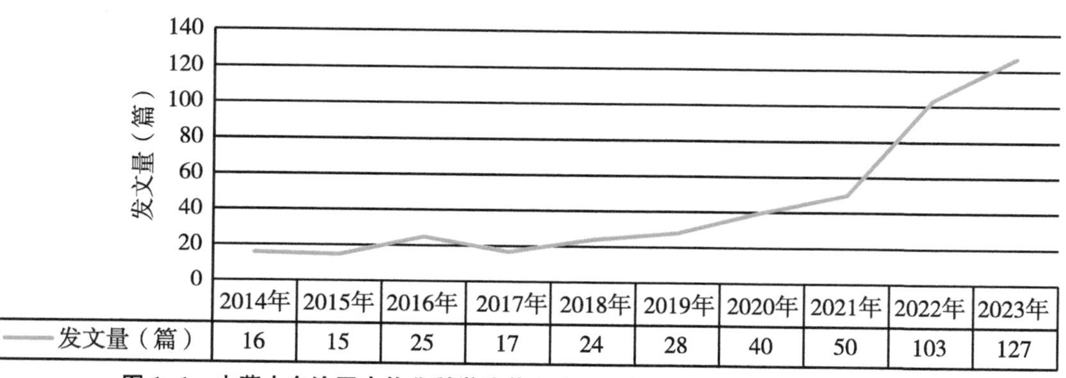

图 1-1 内蒙古自治区农牧业科学院英文文献历年发文趋势（2014—2023 年）

1.2 发文期刊 JCR 分区

2014—2023 年内蒙古自治区农牧业科学院 SCI 发文期刊 WOSJCR 分区情况见表 1-2，内蒙古自治区农牧业科学院 SCI 发文期刊 WOSJCR 分区趋势（2014—2023 年）见图 1-2。

表 1-2 2014—2023 年内蒙古自治区农牧业科学院 SCI 发文期刊 WOSJCR 分区情况 单位：篇

出版年	Q1 区发文量	Q2 区发文量	Q3 区发文量	Q4 区发文量	其他发文量
2014	1	8	4	1	2
2015	6	2	4	3	0
2016	7	8	7	1	2
2017	5	7	4	1	0
2018	7	10	6	0	1
2019	10	8	5	4	1
2020	12	11	7	4	6
2021	22	8	6	4	10
2022	56	37	7	2	1
2023	59	54	11	3	0

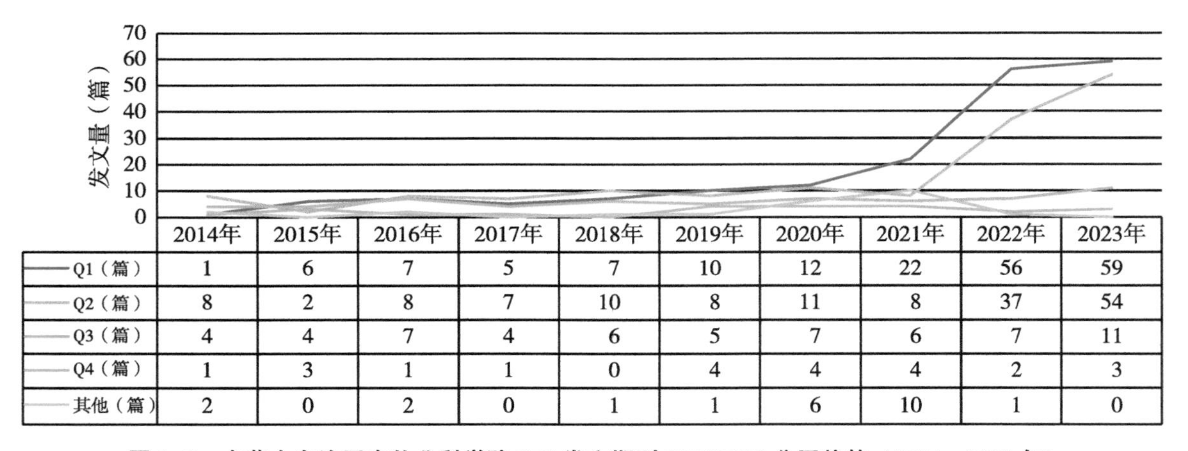

	2014年	2015年	2016年	2017年	2018年	2019年	2020年	2021年	2022年	2023年
Q1（篇）	1	6	7	5	7	10	12	22	56	59
Q2（篇）	8	2	8	7	10	8	11	8	37	54
Q3（篇）	4	4	7	4	6	5	7	6	7	11
Q4（篇）	1	3	1	1	0	4	4	4	2	3
其他（篇）	2	0	2	0	1	1	6	10	1	0

图 1-2 内蒙古自治区农牧业科学院 SCI 发文期刊 WOSJCR 分区趋势（2014—2023 年）

1.3 高发文研究所 TOP10

2014—2023 年内蒙古自治区农牧业科学院 SCI 高发文研究所 TOP10 见表 1-3。

表 1-3 2014—2023 年内蒙古自治区农牧业科学院 SCI 高发文研究所 TOP10 单位：篇

排序	研究所	发文量
1	内蒙古自治区农牧业科学院动物营养与饲料研究所	41

（续表）

排序	研究所	发文量
2	中国科学院内蒙古草业研究中心	18
3	内蒙古自治区农牧业科学院生物技术研究中心	13
3	内蒙古自治区农牧业科学院资源环境与检测技术研究所	13
3	内蒙古自治区农牧业科学院兽医研究所	13
4	内蒙古自治区农牧业科学院植物保护研究所	11
5	内蒙古自治区农牧业科学院草原研究所	3
6	内蒙古自治区农牧业科学院农牧业经济与信息研究所	3
7	内蒙古自治区农牧业科学院赤峰分院	1

注：全部发文研究所数量不足 10 个。

1.4 高发文期刊 TOP10

2014—2023 年内蒙古自治区农牧业科学院 SCI 高发文期刊 TOP10 见表 1-4。

表 1-4 2014—2023 年内蒙古自治区农牧业科学院 SCI 高发文期刊 TOP10

排序	期刊名称	发文量（篇）	WOS 所有数据库总被引频次	WOS 核心库被引频次	期刊影响因子（最近年度）
1	FRONTIERS IN MICROBIOLOGY	25	27	25	4.0（2023）
2	ANIMALS	15	2	2	2.7（2023）
3	FRONTIERS IN PLANT SCIENCE	10	152	144	4.1（2023）
4	SCIENTIFIC REPORTS	10	121	103	3.8（2023）
5	JOURNAL OF INTEGRATIVE AGRICULTURE	9	69	57	4.6（2023）
6	JOURNAL OF DAIRY SCIENCE	8	120	107	3.7（2023）
7	AGRONOMY-BASEL	8	33	30	3.3（2023）
8	GENES	7	20	19	2.8（2023）
9	AGRICULTURE-BASEL	7	9	9	3.3（2023）
10	PLOS ONE	6	52	45	2.9（2023）

1.5 合作发文国家与地区 TOP10

2014—2023 年内蒙古自治区农牧业科学院 SCI 合作发文国家与地区（合作发文 1 篇以上）TOP10 见表 1-5。

表1-5　2014—2023年内蒙古自治区农牧业科学院SCI合作发文国家与地区TOP10

排序	国家与地区	合作发文量（篇）	WOS所有数据库总被引频次	WOS核心库被引频次
1	美国	38	438	392
2	澳大利亚	20	159	151
3	加拿大	11	421	379
4	日本	10	157	149
5	意大利	6	10	8
6	荷兰	5	63	51
7	德国	3	32	30
8	韩国	3	9	9
9	伊朗	3	1	1
10	埃及	3	1	1

1.6　合作发文机构TOP10

2014—2023年内蒙古自治区农牧业科学院SCI合作发文机构TOP10见表1-6。

表1-6　2014—2023年内蒙古自治区农牧业科学院SCI合作发文机构TOP10

排序	合作发文机构	发文量（篇）	WOS所有数据库总被引频次	WOS核心库被引频次
1	内蒙古农业大学	159	87	83
2	内蒙古大学	73	37	34
3	中国农业科学院	54	36	33
4	中国农业大学	37	53	48
5	农业农村部	29	28	24
6	内蒙古医科大学	28	18	17
7	中国科学院大学	24	20	18
8	浙江大学	14	11	11
9	沈阳农业大学	13	18	17
10	西澳大学（澳大利亚）	12	18	16

1.7　高频词TOP20

2014—2023年内蒙古自治区农牧业科学院SCI发文高频词（作者关键词）TOP20见

表 1-7。

表 1-7　2014—2023 年内蒙古自治区农牧业科学院 SCI 发文高频词（作者关键词）TOP20

排序	关键词（作者关键词）	频次	排序	关键词（作者关键词）	频次
1	Fermentation quality	13	11	Potato	8
2	Cashmere goat	12	12	Drought stress	8
3	Bacterial community	11	13	Transcriptome	7
4	RNA-seq	10	14	Climate change	7
5	Silage	9	15	Wheat	6
6	Microbial community	9	16	Sunflower	5
7	Sheep	8	17	High-throughput sequencing	5
8	Lactic acid bacteria	8	18	Alfalfa	5
9	Gene expression	8	19	Oat	5
10	Oxidative stress	8	20	Introns	5

2　中文期刊论文分析

2014—2023 年，内蒙古自治区农牧业科学院作者共发表北大中文核心期刊论文 1 233 篇，中国科学引文数据库（CSCD）期刊论文 591 篇。

2.1　发文量

内蒙古自治区农牧业科学院中文文献历年发文趋势（2014—2023 年）见图 2-1。

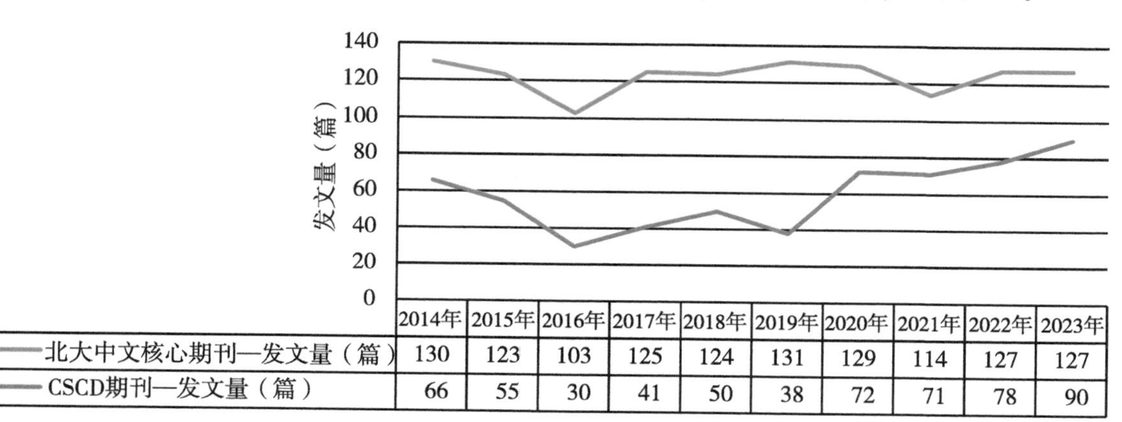

图 2-1　内蒙古自治区农牧业科学院中文文献历年发文趋势（2014—2023 年）

2.2 高发文研究所 TOP10

2014—2023 年内蒙古自治区农牧业科学院北大中文核心期刊高发文研究所 TOP10 见表 2-1，2014—2023 年内蒙古自治区农牧业科学院中国科学引文数据库（CSCD）期刊高发文研究所 TOP10 见表 2-2。

表 2-1 2014—2023 年内蒙古自治区农牧业科学院北大中文核心期刊高发文研究所 TOP10

单位：篇

排序	研究所	发文量
1	内蒙古自治区农牧业科学院	657
2	内蒙古自治区农牧业科学院赤峰分院	209
3	内蒙古自治区农牧业科学院资源环境与检测技术研究所	72
4	内蒙古自治区农牧业科学院动物营养与饲料研究所	51
5	巴彦淖尔市农牧业科学研究院	49
6	内蒙古自治区农牧业科学院植物保护研究所	48
7	中国科学院内蒙古草业研究中心	36
8	内蒙古自治区农牧业科学院蔬菜研究所	27
9	内蒙古自治区农牧业科学院特色作物研究所	26
10	内蒙古自治区农牧业科学院兽医研究所	22
10	内蒙古自治区农牧业科学院畜牧研究所	22

注：“内蒙古自治区农牧业科学院”发文包括作者单位只标注为“内蒙古自治区农牧业科学院”、院属实验室等。

表 2-2 2014—2023 年内蒙古自治区农牧业科学院 CSCD 期刊高发文研究所 TOP10 单位：篇

排序	研究所	发文量
1	内蒙古自治区农牧业科学院	303
2	内蒙古自治区农牧业科学院赤峰分院	52
3	内蒙古自治区农牧业科学院资源环境与检测技术研究所	47
4	内蒙古自治区农牧业科学院动物营养与饲料研究所	39
5	内蒙古自治区农牧业科学院植物保护研究所	38
6	巴彦淖尔市农牧业科学研究院	24
6	中国科学院内蒙古草业研究中心	24
7	内蒙古自治区农牧业科学院畜牧研究所	16
8	内蒙古自治区农牧业科学院特色作物研究所	15
9	内蒙古自治区农牧业科学院兽医研究所	11
10	内蒙古自治区农牧业科学院蔬菜研究所	8

注：“内蒙古自治区农牧业科学院”发文包括作者单位只标注为“内蒙古自治区农牧业科学院”、院属实验室等。

2.3 高发文期刊 TOP10

2014—2023 年内蒙古自治区农牧业科学院高发文北大中文核心期刊 TOP10 见表 2-3，2014—2023 年内蒙古自治区农牧业科学院高发文 CSCD 期刊 TOP10 见表 2-4。

表 2-3 2014—2023 年内蒙古自治区农牧业科学院高发文期刊（北大中文核心）TOP10

单位：篇

排序	期刊名称	发文量	排序	期刊名称	发文量
1	动物营养学报	88	6	北方园艺	39
2	黑龙江畜牧兽医	69	7	中国畜牧杂志	37
3	华北农学报	49	8	作物杂志	36
4	种子	45	9	中国畜牧兽医	35
5	饲料工业	39	10	草地学报	33

表 2-4 2014—2023 年内蒙古自治区农牧业科学院高发文期刊（CSCD）TOP10 单位：篇

排序	期刊名称	发文量	排序	期刊名称	发文量
1	动物营养学报	70	6	中国土壤与肥料	17
2	华北农学报	46	7	中国油料作物学报	14
3	中国草地学报	30	8	分子植物育种	13
4	草地学报	25	9	草业科学	13
5	中国农业大学学报	21	10	植物保护	12

2.4 合作发文机构 TOP10

2014—2023 年内蒙古自治区农牧业科学院北大中文核心期刊合作发文机构 TOP10 见表 2-5，2014—2023 年内蒙古自治区农牧业科学院 CSCD 期刊合作发文机构 TOP10 见表 2-6。

表 2-5 2014—2023 年内蒙古自治区农牧业科学院北大中文核心期刊合作发文机构 TOP10

单位：篇

排序	合作发文机构	发文量	排序	合作发文机构	发文量
1	内蒙古农业大学	477	6	内蒙古民族大学	43
2	内蒙古大学	86	7	呼伦贝尔学院	14
3	中国农业科学院	80	8	内蒙古医科大学	14
4	中国农业大学	53	9	宁夏农林科学院	12
5	中国科学院	48	10	西北农林科技大学	11

表 2-6　2014—2023 年内蒙古自治区农牧业科学院 CSCD 期刊合作发文机构 TOP10 单位：篇

排序	合作发文机构	发文量	排序	合作发文机构	发文量
1	内蒙古农业大学	222	6	内蒙古民族大学	21
2	中国农业科学院	61	7	呼伦贝尔学院	11
3	内蒙古大学	51	8	内蒙古师范大学	8
4	中国科学院	34	9	乌兰察布市农林科学研究所	6
5	中国农业大学	28	10	内蒙古医科大学	6

宁夏农林科学院

1 英文期刊论文分析

分析数据来源于科学引文索引数据库（Web of Science，WOS）收录的文献类型为期刊论文（Article）、会议论文（Proceedings Paper）和述评（Review）的 Science Citation Index Expanded（SCIE）论文数据，数据时间范围为2014—2023 年，共检索到宁夏农林科学院作者发表的论文 465 篇。

1.1 发文量

2014—2023 年宁夏农林科学院历年 SCI 发文与被引情况见表 1-1，宁夏农林科学院英文文献历年发文趋势（2014—2023 年）见图 1-1。

表 1-1　2014—2023 年宁夏农林科学院历年 SCI 发文与被引情况

出版年	载文量（篇）	WOS 所有数据库总被引频次	SCI 核心库被引频次
2014	10	196	166
2015	8	336	295
2016	14	222	192
2017	19	535	467
2018	18	365	343
2019	35	768	712
2020	56	693	657
2021	63	250	249
2022	116	62	62
2023	126	48	48

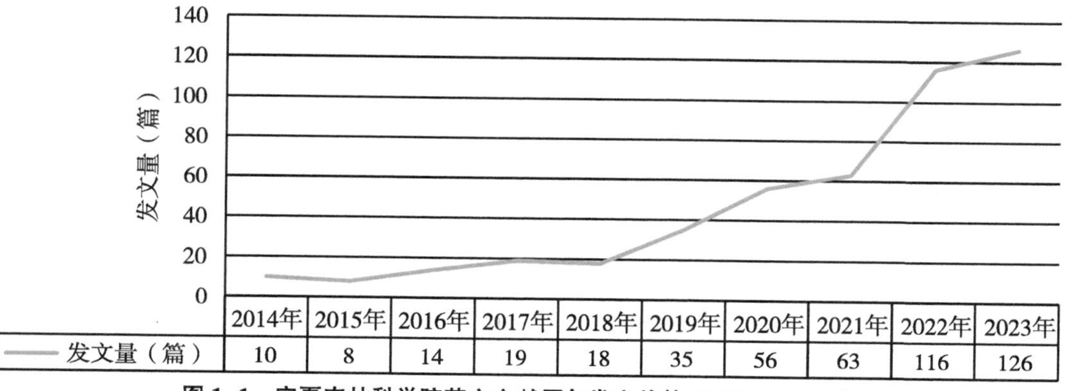

图 1-1　宁夏农林科学院英文文献历年发文趋势（2014—2023 年）

1.2　发文期刊 JCR 分区

2014—2023 年宁夏农林科学院 SCI 发文期刊 WOSJCR 分区情况见表 1-2，宁夏农林科学院 SCI 发文期刊 WOSJCR 分区趋势（2014—2023 年）见图 1-2。

表 1-2　2014—2023 年宁夏农林科学院 SCI 发文期刊 WOSJCR 分区情况　　单位：篇

出版年	Q1 区发文量	Q2 区发文量	Q3 区发文量	Q4 区发文量	其他发文量
2014	5	0	2	1	2
2015	5	1	2	0	0
2016	6	3	4	1	0
2017	13	2	3	1	0
2018	8	7	2	1	0
2019	17	8	6	3	1
2020	29	12	8	2	5
2021	28	12	7	8	8
2022	59	34	13	4	6
2023	83	29	12	2	0

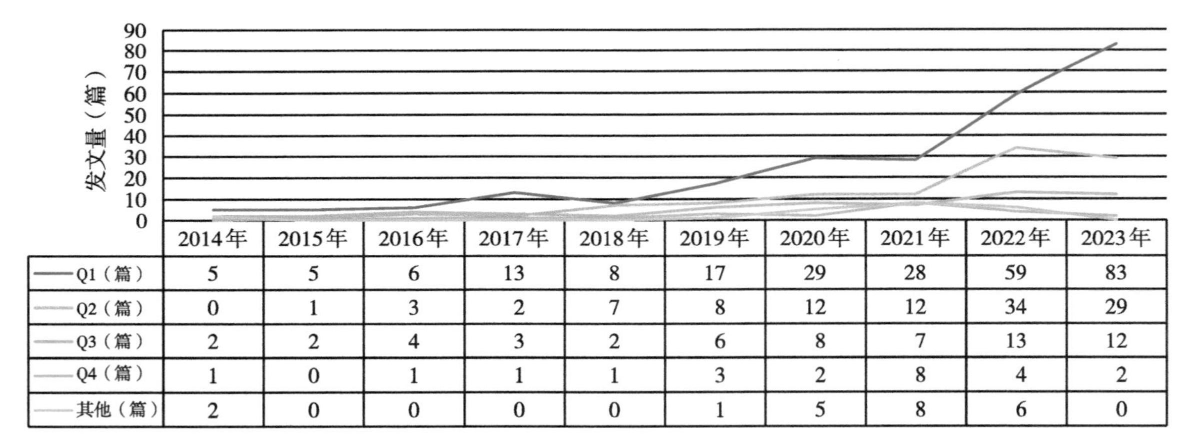

	2014年	2015年	2016年	2017年	2018年	2019年	2020年	2021年	2022年	2023年
Q1（篇）	5	5	6	13	8	17	29	28	59	83
Q2（篇）	0	1	3	2	7	8	12	12	34	29
Q3（篇）	2	2	4	3	2	6	8	7	13	12
Q4（篇）	1	0	1	1	1	3	2	8	4	2
其他（篇）	2	0	0	0	0	1	5	8	6	0

图 1-2　宁夏农林科学院 SCI 发文期刊 WOSJCR 分区趋势（2014—2023 年）

1.3　高发文研究所 TOP10

2014—2023 年宁夏农林科学院 SCI 高发文研究所 TOP10 见表 1-3。

表 1-3　2014—2023 年宁夏农林科学院 SCI 高发文研究所 TOP10　　单位：篇

排序	研究所	发文量
1	宁夏农林科学院枸杞工程技术研究所	77

（续表）

排序	研究所	发文量
2	宁夏农林科学院动物科学研究所	56
3	宁夏农林科学院农作物研究所	42
4	宁夏农林科学院荒漠化治理研究所	36
5	宁夏农林科学院农业资源与环境研究所	32
6	宁夏农林科学院植物保护研究所	31
7	宁夏农林科学院农业生物技术研究中心	12
8	宁夏农林科学院种质资源研究所	2
9	宁夏农林科学院固原分院	1
9	宁夏农林科学院农业经济与信息技术研究所	1

1.4　高发文期刊 TOP10

2014—2023 年宁夏农林科学院 SCI 高发文期刊 TOP10 见表 1-4。

表 1-4　2014—2023 年宁夏农林科学院 SCI 高发文期刊 TOP10

排序	期刊名称	发文量（篇）	WOS 所有数据库总被引频次	WOS 核心库被引频次	期刊影响因子（最近年度）
1	FRONTIERS IN PLANT SCIENCE	17	113	110	4.1（2023）
2	SCIENTIFIC REPORTS	14	219	198	3.8（2023）
3	JOURNAL OF AGRICULTURAL AND FOOD CHEMISTRY	9	185	180	5.7（2023）
4	MOLECULES	9	37	37	4.2（2023）
5	AGRONOMY-BASEL	9	0	0	3.3（2023）
6	INTERNATIONAL JOURNAL OF BIOLOGICAL MACROMOLECULES	8	107	103	7.7（2023）
7	PLOS ONE	7	158	137	2.9（2023）
8	BMC PLANT BIOLOGY	7	44	41	4.3（2023）
9	ANIMALS	7	8	8	2.7（2023）
10	AGRICULTURE-BASEL	7	2	2	3.3（2023）

1.5　合作发文国家与地区 TOP10

2014—2023 年宁夏农林科学院 SCI 合作发文国家与地区（合作发文 1 篇以上）TOP10

见表 1-5。

表 1-5　2014—2023 年宁夏农林科学院 SCI 合作发文国家与地区 TOP10

排序	国家与地区	合作发文量（篇）	WOS 所有数据库总被引频次	WOS 核心库被引频次
1	美国	18	124	119
2	英国	17	100	94
3	加拿大	14	225	191
4	巴基斯坦	13	138	126
5	澳大利亚	10	191	180
6	新西兰	10	34	30
7	埃及	8	22	22
8	肯尼亚	7	300	278
9	芬兰	7	269	244
10	荷兰	6	156	144

1.6　合作发文机构 TOP10

2014—2023 年宁夏农林科学院 SCI 合作发文机构 TOP10 见表 1-6。

表 1-6　2014—2023 年宁夏农林科学院 SCI 合作发文机构 TOP10

排序	合作发文机构	发文量（篇）	WOS 所有数据库总被引频次	WOS 核心库被引频次
1	中国农业科学院	79	127	113
2	西北农林科技大学	70	83	77
3	宁夏大学	55	20	19
4	中国科学院	46	158	142
5	中国农业大学	45	84	77
6	南京农业大学	41	538	504
7	宁夏医科大学	31	362	335
8	中国科学院大学	15	47	40
9	甘肃农业大学	14	47	38
10	内蒙古农业大学	11	43	36

1.7　高频词 TOP20

2014—2023 年宁夏农林科学院 SCI 发文高频词（作者关键词）TOP20 见表 1-7。

表 1-7　2014—2023 年宁夏农林科学院 SCI 发文高频词（作者关键词）TOP20

排序	关键词（作者关键词）	频次	排序	关键词（作者关键词）	频次
1	Gut microbiota	12	11	SNP	6
2	*Lycium ruthenicum Murray*	9	12	Salt tolerance	6
3	Anthocyanins	9	13	Tan sheep	6
4	*Lycium barbarum*	9	14	Genetic map	5
5	*Lycium barbarum L*	8	15	RNA-seq	5
6	QTL	8	16	Sheep	5
7	Alfalfa	8	17	Polysaccharides	5
8	Salt stress	7	18	Fermentation	5
9	Diversity	6	19	Microbial community	5
10	Wolfberry	6	20	Enzyme activity	5

2　中文期刊论文分析

2014—2023 年，宁夏农林科学院作者共发表北大中文核心期刊论文 1 644篇，中国科学引文数据库（CSCD）期刊论文 828 篇。

2.1　发文量

宁夏农林科学院中文文献历年发文趋势（2014—2023 年）见图 2-1。

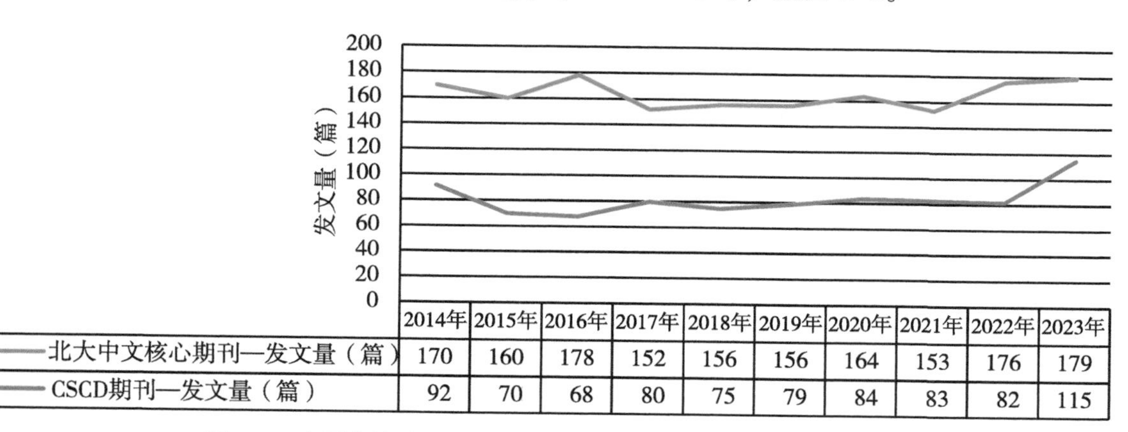

	2014年	2015年	2016年	2017年	2018年	2019年	2020年	2021年	2022年	2023年
北大中文核心期刊—发文量（篇）	170	160	178	152	156	156	164	153	176	179
CSCD期刊—发文量（篇）	92	70	68	80	75	79	84	83	82	115

图 2-1　宁夏农林科学院中文文献历年发文趋势（2014—2023 年）

2.2 高发文研究所TOP10

2014—2023年宁夏农林科学院北大中文核心期刊高发文研究所TOP10见表2-1，2014—2023年宁夏农林科学院中国科学引文数据库（CSCD）期刊高发文研究所TOP10见表2-2。

表2-1 2014—2023年宁夏农林科学院北大中文核心期刊高发文研究所TOP10 单位：篇

排序	研究所	发文量
1	宁夏农林科学院动物科学研究所	266
2	宁夏农林科学院农业资源与环境研究所	208
3	宁夏农林科学院植物保护研究所	172
4	宁夏农林科学院种质资源研究所	161
5	宁夏农林科学院	159
6	宁夏农林科学院农作物研究所	142
7	宁夏农林科学院固原分院	141
8	宁夏农林科学院荒漠化治理研究所	136
9	宁夏农林科学院农业生物技术研究中心	126
10	宁夏农林科学院枸杞工程技术研究所	109
11	宁夏农林科学院园艺研究所	60

注："宁夏农林科学院"发文包括作者单位只标注为"宁夏农林科学院"、院属实验室等。

表2-2 2014—2023年宁夏农林科学院CSCD期刊高发文研究所TOP10 单位：篇

排序	研究所	发文量
1	宁夏农林科学院农业资源与环境研究所	131
1	宁夏农林科学院植物保护研究所	131
2	宁夏农林科学院荒漠化治理研究所	103
3	宁夏农林科学院	94
4	宁夏农林科学院农作物研究所	93
5	宁夏农林科学院农业生物技术研究中心	83
6	宁夏农林科学院固原分院	69
7	宁夏农林科学院动物科学研究所	62
8	宁夏农林科学院种质资源研究所	45
9	宁夏农林科学院枸杞工程技术研究所	35
10	宁夏农林科学院园艺研究所	15

注："宁夏农林科学院"发文包括作者单位只标注为"宁夏农林科学院"、院属实验室等。

2.3 高发文期刊 TOP10

2014—2023 年宁夏农林科学院高发文北大中文核心期刊 TOP10 见表 2-3，2014—2023 年宁夏农林科学院高发文 CSCD 期刊 TOP10 见表 2-4。

表 2-3 2014—2023 年宁夏农林科学院高发文期刊（北大中文核心）TOP10 单位：篇

排序	期刊名称	发文量	排序	期刊名称	发文量
1	北方园艺	163	6	分子植物育种	49
2	黑龙江畜牧兽医	98	7	种子	39
3	江苏农业科学	92	8	节水灌溉	33
4	饲料研究	64	9	中国土壤与肥料	29
5	西北农业学报	62	10	干旱地区农业研究	27

表 2-4 2014—2023 年宁夏农林科学院高发文期刊（CSCD）TOP10 单位：篇

排序	期刊名称	发文量	排序	期刊名称	发文量
1	西北农业学报	60	6	农药	23
2	分子植物育种	35	7	水土保持研究	23
3	中国土壤与肥料	30	8	动物营养学报	22
4	干旱地区农业研究	26	9	植物保护学报	19
5	麦类作物学报	24	10	植物保护	19

2.4 合作发文机构 TOP10

2014—2023 年宁夏农林科学院北大中文核心期刊合作发文机构 TOP10 见表 2-5，2014—2023 年宁夏农林科学院 CSCD 期刊合作发文机构 TOP10 见表 2-6。

表 2-5 2014—2023 年宁夏农林科学院北大中文核心期刊合作发文机构 TOP10 单位：篇

排序	合作发文机构	发文量	排序	合作发文机构	发文量
1	宁夏大学	297	6	甘肃农业大学	29
2	中国农业科学院	85	7	中国科学院	27
3	西北农林科技大学	62	8	宁夏畜牧工作站	24
4	中国农业大学	42	9	宁夏医科大学	18
5	北方民族大学	30	10	南京农业大学	13

表 2-6　2014—2023 年宁夏农林科学院 CSCD 期刊合作发文机构 TOP10　　单位：篇

排序	合作发文机构	发文量	排序	合作发文机构	发文量
1	宁夏大学	172	6	甘肃农业大学	22
2	中国农业科学院	72	7	宁夏医科大学	15
3	西北农林科技大学	52	8	北方民族大学	14
4	中国农业大学	30	9	中国林业科学研究院森林生态环境与保护研究所	12
5	中国科学院	27	10	南京农业大学	12

山东省农业科学院

1　英文期刊论文分析

分析数据来源于科学引文索引数据库（Web of Science，WOS）收录的文献类型为期刊论文（Article）、会议论文（Proceedings Paper）和述评（Review）的 Science Citation Index Expanded（SCIE）论文数据，数据时间范围为2014—2023 年，共检索到山东省农业科学院作者发表的论文2 912篇。

1.1　发文量

2014—2023 年山东省农业科学院历年 SCI 发文与被引情况见表 1-1，山东省农业科学院英文文献历年发文趋势（2014—2023 年）见图 1-1。

表 1-1　2014—2023 年山东省农业科学院历年 SCI 发文与被引情况

出版年	载文量（篇）	WOS 所有数据库总被引频次	SCI 核心库被引频次
2014	147	3 791	3 352
2015	155	3 316	2 986
2016	202	4 429	3 974
2017	175	4 078	3 686
2018	227	4 069	3 691
2019	280	3 339	3 032
2020	302	2 828	2 615
2021	352	1 146	1 107
2022	481	266	264
2023	591	252	249

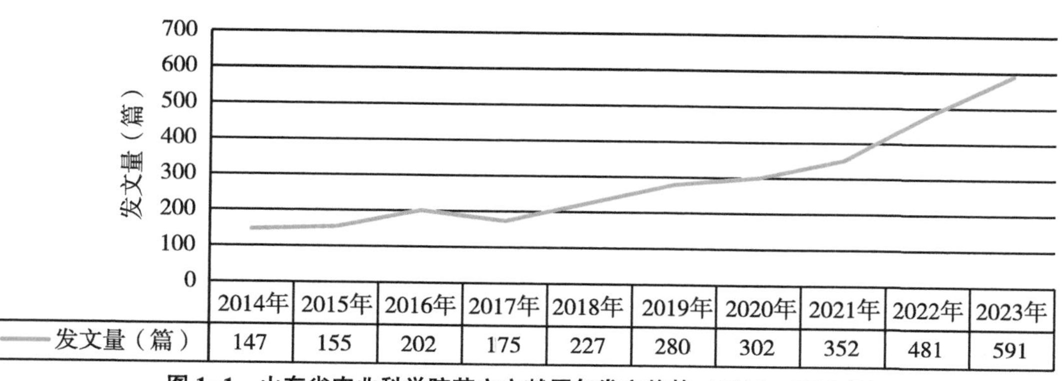

图 1-1　山东省农业科学院英文文献历年发文趋势（2014—2023 年）

1.2 发文期刊 JCR 分区

2014—2023 年山东省农业科学院 SCI 发文期刊 WOSJCR 分区情况见表 1-2，山东省农业科学院 SCI 发文期刊 WOSJCR 分区趋势（2014—2023 年）见图 1-2。

表 1-2 2014—2023 年山东省农业科学院 SCI 发文期刊 WOSJCR 分区情况 单位：篇

出版年	Q1 区发文量	Q2 区发文量	Q3 区发文量	Q4 区发文量	其他发文量
2014	51	45	30	15	6
2015	63	34	29	21	8
2016	71	53	39	20	19
2017	89	40	29	11	6
2018	87	65	46	27	2
2019	108	87	41	30	14
2020	134	81	26	20	41
2021	179	71	28	19	55
2022	319	126	24	7	5
2023	431	116	25	15	4

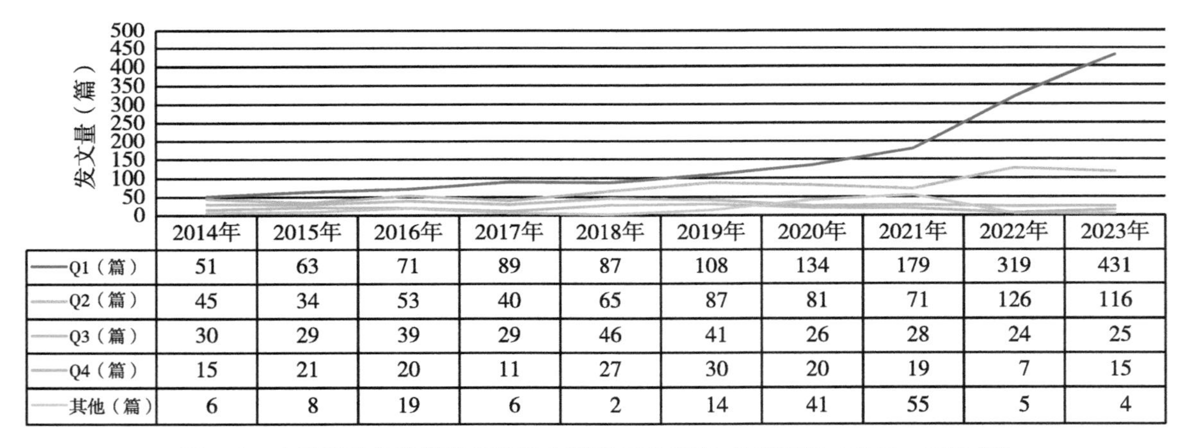

	2014年	2015年	2016年	2017年	2018年	2019年	2020年	2021年	2022年	2023年
Q1（篇）	51	63	71	89	87	108	134	179	319	431
Q2（篇）	45	34	53	40	65	87	81	71	126	116
Q3（篇）	30	29	39	29	46	41	26	28	24	25
Q4（篇）	15	21	20	11	27	30	20	19	7	15
其他（篇）	6	8	19	6	2	14	41	55	5	4

图 1-2 山东省农业科学院 SCI 发文期刊 WOSJCR 分区趋势（2014—2023 年）

1.3 高发文研究所 TOP10

2014—2023 年山东省农业科学院 SCI 高发文研究所 TOP10 见表 1-3。

表 1-3 2014—2023 年山东省农业科学院 SCI 高发文研究所 TOP10 单位：篇

排序	研究所	发文量
1	山东省农业科学院作物研究所	484

（续表）

排序	研究所	发文量
2	山东省农业科学院畜牧兽医研究所	383
3	山东省果树研究所	286
4	山东省农业科学院农作物种质资源研究所	206
5	山东省农业科学院农产品加工与营养研究所	187
6	山东省农业科学院植物保护研究所	168
7	山东省农业科学院经济作物研究所	131
8	山东省农业科学院农业质量标准与检测技术研究所	128
9	山东省农业科学院家禽研究所	124
10	山东省农业科学院蔬菜花卉研究所	122

1.4 高发文期刊 TOP10

2014—2023 年山东省农业科学院 SCI 高发文期刊 TOP10 见表 1-4。

表 1-4 2014—2023 年山东省农业科学院 SCI 高发文期刊 TOP10

排序	期刊名称	发文量（篇）	WOS 所有数据库总被引频次	WOS 核心库被引频次	期刊影响因子（最近年度）
1	FRONTIERS IN PLANT SCIENCE	143	1 289	1 179	4.1（2023）
2	PLOS ONE	81	1 257	1 151	2.9（2023）
3	INTERNATIONAL JOURNAL OF MOLECULAR SCIENCES	73	463	431	4.9（2023）
4	SCIENTIFIC REPORTS	66	1 148	1 078	3.8（2023）
5	BMC PLANT BIOLOGY	48	437	408	4.3（2023）
6	AGRONOMY-BASEL	47	63	59	3.3（2023）
7	BMC GENOMICS	45	794	723	3.5（2023）
8	FIELD CROPS RESEARCH	42	986	812	5.6（2023）
9	FRONTIERS IN MICROBIOLOGY	40	144	132	4.0（2023）
10	JOURNAL OF INTEGRATIVE AGRICULTURE	37	192	158	4.6（2023）

1.5 合作发文国家与地区 TOP10

2014—2023 年山东省农业科学院 SCI 合作发文国家与地区（合作发文 1 篇以上）

TOP10 见表 1-5。

表 1-5　2014—2023 年山东省农业科学院 SCI 合作发文国家与地区 TOP10

排序	国家与地区	合作发文量（篇）	WOS 所有数据库总被引频次	WOS 核心库被引频次
1	美国	256	5 918	5 414
2	澳大利亚	66	1 516	1 387
3	德国	33	888	846
4	新西兰	31	403	369
5	巴基斯坦	30	71	67
6	加拿大	29	473	438
7	印度	28	1 285	1 167
8	法国	27	1 107	1 057
9	埃及	25	207	202
10	丹麦	21	157	142

1.6　合作发文机构 TOP10

2014—2023 年山东省农业科学院 SCI 合作发文机构 TOP10 见表 1-6。

表 1-6　2014—2023 年山东省农业科学院 SCI 合作发文机构 TOP10

排序	合作发文机构	发文量（篇）	WOS 所有数据库总被引频次	WOS 核心库被引频次
1	山东农业大学	380	793	707
2	山东师范大学	335	410	395
3	中国农业科学院	279	817	742
4	中国科学院	201	555	508
5	中国农业大学	189	486	453
6	山东大学	183	401	369
7	青岛农业大学	145	411	379
8	西北农林科技大学	99	142	130
9	南京农业大学	88	223	199
10	齐鲁工业大学	85	64	61

1.7　高频词 TOP20

2014—2023 年山东省农业科学院 SCI 发文高频词（作者关键词）TOP20 见表 1-7。

表 1-7 2014—2023 年山东省农业科学院 SCI 发文高频词（作者关键词）TOP20

排序	关键词（作者关键词）	频次	排序	关键词（作者关键词）	频次
1	Transcriptome	62	11	Phylogenetic analysis	26
2	Cotton	51	12	Photosynthesis	23
3	Wheat	50	13	Anthocyanin	23
4	Peanut	43	14	*Triticum aestivum*	19
5	Yield	39	15	Drought stress	18
6	Rice	39	16	Abiotic stress	18
7	Maize	38	17	Evolution	17
8	Salt stress	38	18	Chinese cabbage	17
9	Gene expression	36	19	Expression analysis	16
10	RNA-seq	29	20	Grain yield	16

2 中文期刊论文分析

2014—2023 年，山东省农业科学院作者共发表北大中文核心期刊论文3 612篇，中国科学引文数据库（CSCD）期刊论文2 102篇。

2.1 发文量

山东省农业科学院中文文献历年发文趋势（2014—2023 年）见图 2-1。

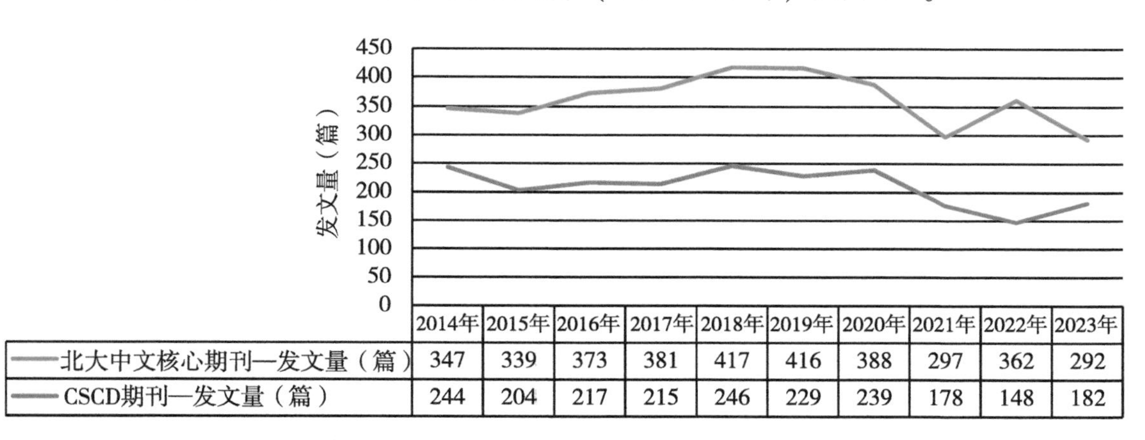

	2014年	2015年	2016年	2017年	2018年	2019年	2020年	2021年	2022年	2023年
北大中文核心期刊—发文量（篇）	347	339	373	381	417	416	388	297	362	292
CSCD期刊—发文量（篇）	244	204	217	215	246	229	239	178	148	182

图 2-1 山东省农业科学院中文文献历年发文趋势（2014—2023 年）

2.2 高发文研究所 TOP10

2014—2023 年山东省农业科学院北大中文核心期刊高发文研究所 TOP10 见表 2-1，

2014—2023年山东省农业科学院中国科学引文数据库（CSCD）期刊高发文研究所TOP10见表2-2。

表2-1　2014—2023年山东省农业科学院北大中文核心期刊高发文研究所TOP10　单位：篇

排序	研究所	发文量
1	山东省果树研究所	487
2	山东省农业科学院畜牧兽医研究所	380
3	山东省花生研究所	355
4	山东省农业科学院植物保护研究所	311
5	山东省农业科学院农产品加工与营养研究所	282
6	山东省农业科学院作物研究所	260
7	山东省农业机械科学研究院	242
8	山东省农业科学院农作物种质资源研究所	229
9	山东省农业科学院家禽研究所	175
10	山东省农业科学院农业资源与环境研究所	148

表2-2　2014—2023年山东省农业科学院CSCD期刊高发文研究所TOP10　单位：篇

排序	研究所	发文量
1	山东省果树研究所	283
2	山东省农业科学院植物保护研究所	250
3	山东省花生研究所	200
4	山东省农业科学院作物研究所	194
5	山东省农业科学院畜牧兽医研究所	186
6	山东省农业科学院农作物种质资源研究所	177
7	山东省农业科学院农业资源与环境研究所	119
8	山东省农业科学院农产品加工与营养研究所	115
9	山东省农业科学院	89
10	山东省农业科学院经济作物研究所	83
11	山东省农业科学院家禽研究所	82

注："山东省农业科学院"发文包括作者单位只标注为"山东省农业科学院"、院属实验室等。

2.3 高发文期刊 TOP10

2014—2023 年山东省农业科学院高发文北大中文核心期刊 TOP10 见表 2-3，2014—2023 年山东省农业科学院高发文 CSCD 期刊 TOP10 见表 2-4。

表 2-3 2014—2023 年山东省农业科学院高发文期刊（北大中文核心）TOP10 单位：篇

排序	期刊名称	发文量	排序	期刊名称	发文量
1	山东农业科学	168	6	农机化研究	82
2	花生学报	133	7	北方园艺	80
3	核农学报	118	8	江苏农业科学	74
4	中国油料作物学报	94	9	分子植物育种	71
5	中国农业科学	89	10	食品工业	67

表 2-4 2014—2023 年山东省农业科学院高发文期刊（CSCD）TOP10 单位：篇

排序	期刊名称	发文量	排序	期刊名称	发文量
1	核农学报	114	6	动物营养学报	63
2	中国油料作物学报	97	7	植物生理学报	60
3	中国农业科学	96	8	作物学报	60
4	植物保护学报	65	9	麦类作物学报	47
5	农药	64	10	分子植物育种	46

2.4 合作发文机构 TOP10

2014—2023 年山东省农业科学院北大中文核心期刊合作发文机构 TOP10 见表 2-5，2014—2023 年山东省农业科学院 CSCD 期刊合作发文机构 TOP10 见表 2-6。

表 2-5 2014—2023 年山东省农业科学院北大中文核心期刊合作发文机构 TOP10 单位：篇

排序	合作发文机构	发文量	排序	合作发文机构	发文量
1	山东农业大学	421	6	中国科学院	66
2	青岛农业大学	171	7	湖南农业大学	57
3	中国农业科学院	112	8	齐鲁工业大学	44
4	山东师范大学	111	9	国家蔬菜改良中心	44
5	中国农业大学	91	10	山东大学	38

表 2-6　2014—2023 年山东省农业科学院 CSCD 期刊合作发文机构 TOP10　单位：篇

排序	合作发文机构	发文量	排序	合作发文机构	发文量
1	山东农业大学	279	6	中国科学院	52
2	青岛农业大学	90	7	湖南农业大学	46
3	中国农业科学院	84	8	沈阳农业大学	31
4	山东师范大学	73	9	南京农业大学	24
5	中国农业大学	56	10	山东大学	22

上海市农业科学院

1　英文期刊论文分析

分析数据来源于科学引文索引数据库（Web of Science，WOS）收录的文献类型为期刊论文（Article）、会议论文（Proceedings Paper）和述评（Review）的 Science Citation Index Expanded（SCIE）论文数据，数据时间范围为2014—2023 年，共检索到上海市农业科学院作者发表的论文2 054篇。

1.1　发文量

2014—2023 年上海市农业科学院历年 SCI 发文与被引情况见表 1-1，上海市农业科学院英文文献历年发文趋势（2014—2023 年）见图 1-1。

表 1-1　2014—2023 年上海市农业科学院历年 SCI 发文与被引情况

出版年	发文量（篇）	WOS 所有数据库总被引频次	WOS 核心库被引频次
2014	78	2 069	1 841
2015	102	2 707	2 348
2016	132	2 780	2 475
2017	112	1 876	1 659
2018	172	3 055	2 737
2019	229	3 123	2 829
2020	260	2 297	2 125
2021	279	971	933
2022	340	224	219
2023	350	138	137

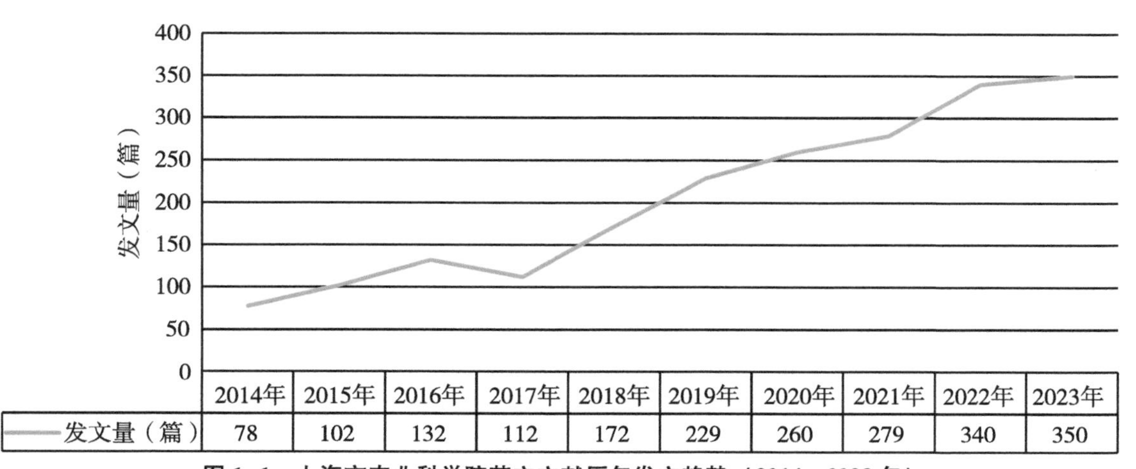

图 1-1　上海市农业科学院英文文献历年发文趋势（2014—2023 年）

1.2 发文期刊 JCR 分区

2014—2023 年上海市农业科学院 SCI 发文期刊 WOSJCR 分区情况见表 1-2，上海市农业科学院 SCI 发文期刊 WOSJCR 分区趋势（2014—2023 年）见图 1-2。

表 1-2 2014—2023 年上海市农业科学院 SCI 发文期刊 WOSJCR 分区情况 单位：篇

出版年	Q1 区发文量	Q2 区发文量	Q3 区发文量	Q4 区发文量	其他发文量
2014	25	26	20	6	1
2015	36	26	16	23	1
2016	49	40	25	12	6
2017	43	29	20	20	0
2018	68	54	33	15	2
2019	97	66	29	14	23
2020	136	57	20	24	23
2021	167	55	15	11	31
2022	212	94	19	10	5
2023	264	64	11	4	7

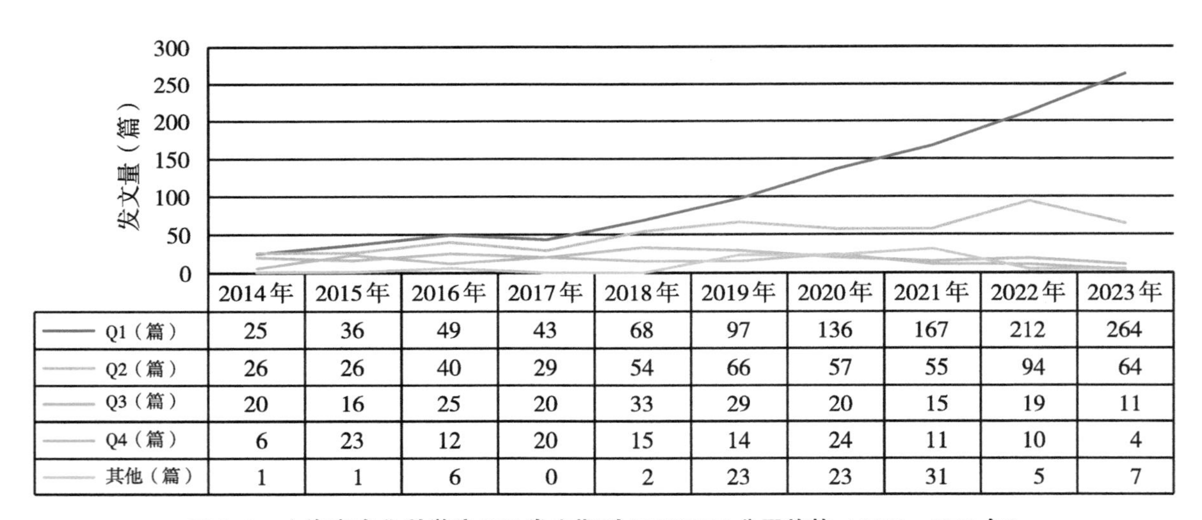

图 1-2 上海市农业科学院 SCI 发文期刊 WOSJCR 分区趋势（2014—2023 年）

1.3 高发文研究所 TOP10

2014—2023 年上海市农业科学院 SCI 高发文研究所 TOP10 见表 1-3。

表 1-3 2014—2023 年上海市农业科学院 SCI 高发文研究所 TOP10 单位：篇

排序	研究所	发文量
1	上海市农业科学院食用菌研究所	322

（续表）

排序	研究所	发文量
2	上海市农业科学院生态环境保护研究所	302
3	上海市农业科学院生物技术研究所	242
4	上海市农业科学院农产品质量标准与检测技术研究所	202
5	上海市农业科学院畜牧兽医研究所	199
6	上海市农业生物基因中心	171
7	上海市农业科学院林木果树研究所	118
8	上海市农业科学院设施园艺研究所	110
9	上海市农业科学院作物育种栽培研究所	72
10	上海市农业科学院农业科技信息研究所	30

1.4 高发文期刊 TOP10

2014—2023 年上海市农业科学院 SCI 高发文期刊 TOP10 见表 1-4。

表 1-4 2014—2023 年上海市农业科学院 SCI 高发文期刊 TOP10

排序	期刊名称	发文量（篇）	WOS 所有数据库总被引频次	WOS 核心库被引频次	期刊影响因子（最近年度）
1	SCIENTIFIC REPORTS	59	766	702	3.8（2023）
2	FOOD CHEMISTRY	50	732	652	8.5（2023）
3	FRONTIERS IN PLANT SCIENCE	47	277	262	4.1（2023）
4	FRONTIERS IN MICROBIOLOGY	43	129	122	4.0（2023）
5	INTERNATIONAL JOURNAL OF MOLECULAR SCIENCES	42	191	176	4.9（2023）
6	INTERNATIONAL JOURNAL OF MEDICINAL MUSHROOMS	38	251	205	1.4（2023）
7	INTERNATIONAL JOURNAL OF BIOLOGICAL MACROMOLECULES	37	346	309	7.7（2023）
8	PLOS ONE	36	557	502	2.9（2023）
9	SCIENCE OF THE TOTAL ENVIRONMENT	32	600	541	8.2（2023）
10	MOLECULES	28	245	221	4.2（2023）

1.5 合作发文国家与地区 TOP10

2014—2023年上海市农业科学院 SCI 合作发文国家与地区（合作发文 1 篇以上）TOP10 见表 1-5。

表 1-5 2014—2023 年上海市农业科学院 SCI 合作发文国家与地区 TOP10

排序	国家与地区	合作发文量（篇）	WOS 所有数据库总被引频次	WOS 核心库被引频次
1	比利时	178	2 676	2 471
2	美国	174	2 273	2 054
3	澳大利亚	33	650	589
4	英格兰	27	577	555
5	德国	27	305	264
6	日本	26	287	250
7	加拿大	23	331	294
8	墨西哥	17	134	120
9	荷兰	16	183	158
10	丹麦	16	157	143

1.6 合作发文机构 TOP10

2014—2023 年上海市农业科学院 SCI 合作发文机构 TOP10 见表 1-6。

表 1-6 2014—2023 年上海市农业科学院 SCI 合作发文机构 TOP10

排序	合作发文机构	发文量（篇）	WOS 所有数据库总被引频次	WOS 核心库被引频次
1	中国农业科学院	222	427	427
2	列日大学（比利时）	141	236	236
3	南京农业大学	137	277	277
4	上海交通大学	130	311	311
5	中国科学院	119	360	360
6	上海海洋大学	87	72	72
7	浙江大学	74	185	185
8	上海理工大学	68	88	88
9	复旦大学	65	129	129
10	中国农业大学	53	190	190

1.7 高频词 TOP20

2014—2023 年上海市农业科学院 SCI 发文高频词（作者关键词）TOP20 见表 1-7。

表 1-7　2014—2023 年上海市农业科学院 SCI 发文高频词（作者关键词）TOP20

排序	关键词（作者关键词）	频次	排序	关键词（作者关键词）	频次
1	Rice	37	11	Apoptosis	16
2	Transcriptome	32	12	Mycotoxins	15
3	Medicinal mushrooms	30	13	Nucleopolyhedrovirus	14
4	Gene expression	27	14	Reactive oxygen species	14
5	Polysaccharide	24	15	Transcriptomics	14
6	*Lentinula edodes*	23	16	Barley	14
7	RNA-seq	21	17	Antioxidant activity	14
8	*Ganoderma lucidum*	19	18	MS	13
9	Oxidative stress	18	19	Strawberry	13
10	*Volvariella volvacea*	18	20	Metabolomics	13

2　中文期刊论文分析

2014—2023 年，上海市农业科学院作者共发表北大中文核心期刊论文2 460篇，中国科学引文数据库（CSCD）期刊论文1 763篇。

2.1　发文量

上海市农业科学院中文文献历年发文趋势（2014—2023 年）见图 2-1。

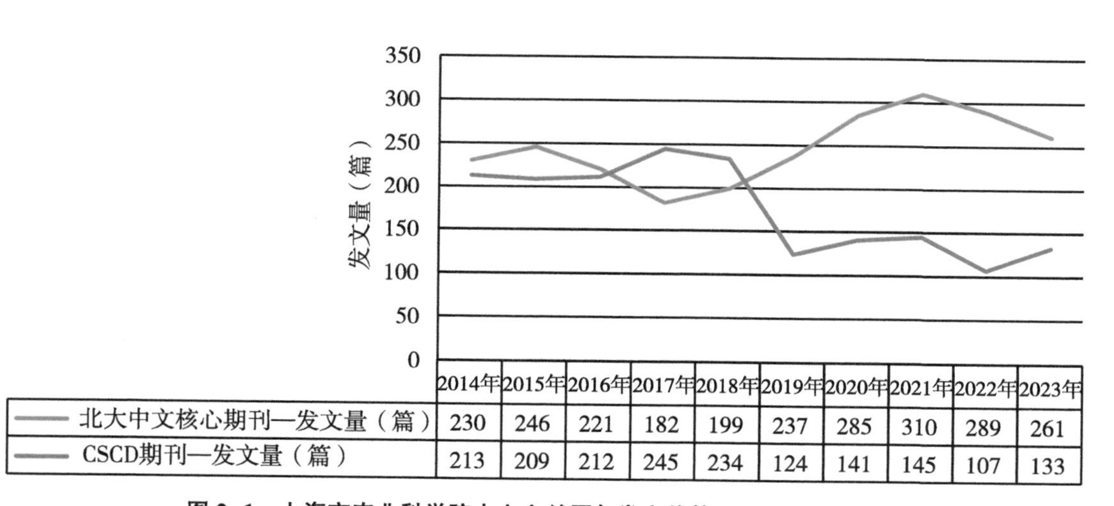

	2014年	2015年	2016年	2017年	2018年	2019年	2020年	2021年	2022年	2023年
北大中文核心期刊—发文量（篇）	230	246	221	182	199	237	285	310	289	261
CSCD期刊—发文量（篇）	213	209	212	245	234	124	141	145	107	133

图 2-1　上海市农业科学院中文文献历年发文趋势（2014—2023 年）

2.2 高发文研究所 TOP10

2014—2023 年上海市农业科学院北大中文核心期刊高发文研究所 TOP10 见表 2-1，2014—2023 年上海市农业科学院中国科学引文数据库（CSCD）期刊高发文研究所 TOP10 见表 2-2。

表 2-1 2014—2023 年上海市农业科学院北大中文核心期刊高发文研究所 TOP10 单位：篇

排序	研究所	发文量
1	上海市农业科学院食用菌研究所	634
2	上海市农业科学院生态环境保护研究所	478
3	上海市农业科学院林木果树研究所	400
4	上海市农业科学院设施园艺研究所	354
5	上海市农业科学院畜牧兽医研究所	262
6	上海市农业科学院生物技术研究所	232
7	上海市农业科学院农产品质量标准与检测技术研究所	213
8	上海市农业科学院	212
9	上海市农业科学院作物育种栽培研究所	205
10	上海市农业科学院农业科技信息研究所	156
11	上海市农业生物基因中心	106

注：“上海市农业科学院”发文包括作者单位只标注为“上海市农业科学院”、院属实验室等。

表 2-2 2014—2023 年上海市农业科学院 CSCD 期刊高发文研究所 TOP10 单位：篇

排序	研究所	发文量
1	上海市农业科学院食用菌研究所	500
2	上海市农业科学院生态环境保护研究所	270
3	上海市农业科学院设施园艺研究所	184
4	上海市农业科学院畜牧兽医研究所	168
4	上海市农业科学院林木果树研究所	168
5	上海市农业科学院农产品质量标准与检测技术研究所	164
6	上海市农业科学院作物育种栽培研究所	139
7	上海市农业科学院生物技术研究所	121
8	上海市农业科学院	111
9	上海市农业生物基因中心	74
10	上海市农业科学院农业科技信息研究所	67

注：“上海市农业科学院”发文包括作者单位只标注为“上海市农业科学院”、院属实验室等。

2.3 高发文期刊 TOP10

2014—2023 年上海市农业科学院高发文北大中文核心期刊 TOP10 见表 2-3，2014—2023 年上海市农业科学院高发文 CSCD 期刊 TOP10 见表 2-4。

表 2-3 2014—2023 年上海市农业科学院高发文期刊（北大中文核心）TOP10 单位：篇

排序	期刊名称	发文量	排序	期刊名称	发文量
1	上海农业学报	621	6	园艺学报	55
2	食用菌学报	227	7	核农学报	54
3	菌物学报	137	8	微生物学通报	50
4	分子植物育种	109	9	中国家禽	43
5	编辑学报	58	10	植物生理学报	40

表 2-4 2014—2023 年上海市农业科学院高发文期刊（CSCD）TOP10 单位：篇

排序	期刊名称	发文量	排序	期刊名称	发文量
1	上海农业学报	465	6	核农学报	46
2	食用菌学报	185	7	植物生理学报	41
3	菌物学报	126	8	植物保护	36
4	分子植物育种	60	9	食品科学	33
5	微生物学通报	48	10	园艺学报	28

2.4 合作发文机构 TOP10

2014—2023 年上海市农业科学院北大中文核心期刊合作发文机构 TOP10 见表 2-5，2014—2023 年上海市农业科学院 CSCD 期刊合作发文机构 TOP10 见表 2-6。

表 2-5 2014—2023 年上海市农业科学院北大中文核心期刊合作发文机构 TOP10 单位：篇

排序	合作发文机构	发文量	排序	合作发文机构	发文量
1	上海海洋大学	265	6	上海师范大学	38
2	南京农业大学	99	7	上海理工大学	33
3	上海交通大学	54	8	上海应用技术大学	29
4	上海市农业技术推广服务中心	42	9	扬州大学	28
5	华东理工大学	38	10	湖北省农业科学院	25

表 2-6　2014—2023 年上海市农业科学院 CSCD 期刊合作发文机构 TOP10　单位：篇

排序	合作发文机构	发文量	排序	合作发文机构	发文量
1	上海海洋大学	208	6	上海市农业技术推广服务中心	28
2	南京农业大学	76	7	华东理工大学	25
3	上海理工大学	35	8	上海应用技术大学	22
4	上海交通大学	31	9	上海百信生物科技有限公司	20
5	上海师范大学	30	10	安顺学院	20

四川省农业科学院

1　英文期刊论文分析

分析数据来源于科学引文索引数据库（Web of Science，WOS）收录的文献类型为期刊论文（Article）、会议论文（Proceedings Paper）和述评（Review）的 Science Citation Index Expanded（SCIE）论文数据，数据时间范围为2014—2023 年，共检索到四川省农业科学院作者发表的论文1 275篇。

1.1　发文量

2014—2023 年四川省农业科学院历年 SCI 发文与被引情况见表 1-1，四川省农业科学院英文文献历年发文趋势（2014—2023 年）见图 1-1。

表 1-1　2014—2023 年四川省农业科学院历年 SCI 发文与被引情况

出版年	发文量（篇）	WOS 所有数据库总被引频次	WOS 核心库被引频次
2014	40	1 539	1 342
2015	70	1 580	1 345
2016	91	1 504	1 294
2017	84	1 430	1 269
2018	92	2 071	1 883
2019	119	1 570	1 422
2020	145	1 263	1 152
2021	175	581	543
2022	216	102	101
2023	243	217	212

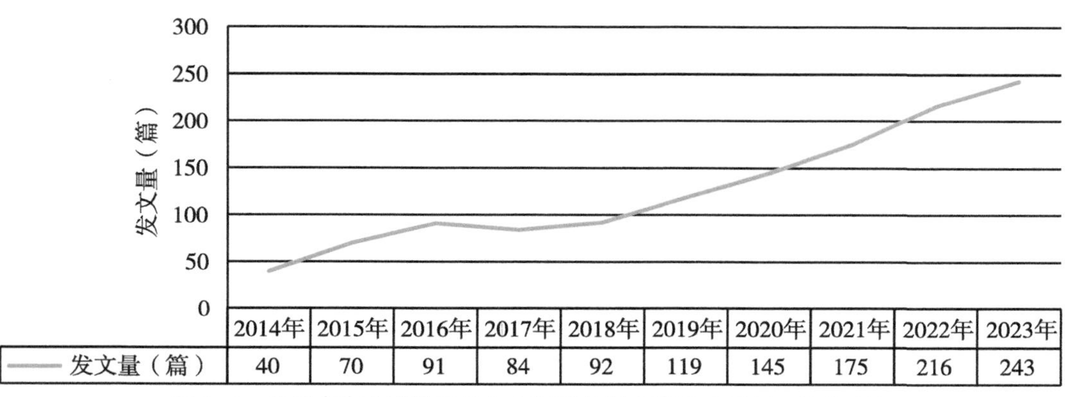

图 1-1　四川省农业科学院英文文献历年发文趋势（2014—2023 年）

1.2 发文期刊 JCR 分区

2014—2023 年四川省农业科学院 SCI 发文期刊 WOSJCR 分区情况见表 1-2，四川省农业科学院 SCI 发文期刊 WOSJCR 分区趋势（2014—2023 年）见图 1-2。

表 1-2 2014—2023 年四川省农业科学院 SCI 发文期刊 WOSJCR 分区情况 单位：篇

出版年	Q1 区发文量	Q2 区发文量	Q3 区发文量	Q4 区发文量	其他发文量
2014	8	11	9	10	2
2015	24	8	18	10	10
2016	27	21	13	21	9
2017	37	13	14	16	4
2018	43	23	16	10	0
2019	44	31	16	19	9
2020	71	37	13	12	12
2021	97	44	11	10	13
2022	151	44	10	5	6
2023	177	44	11	7	4

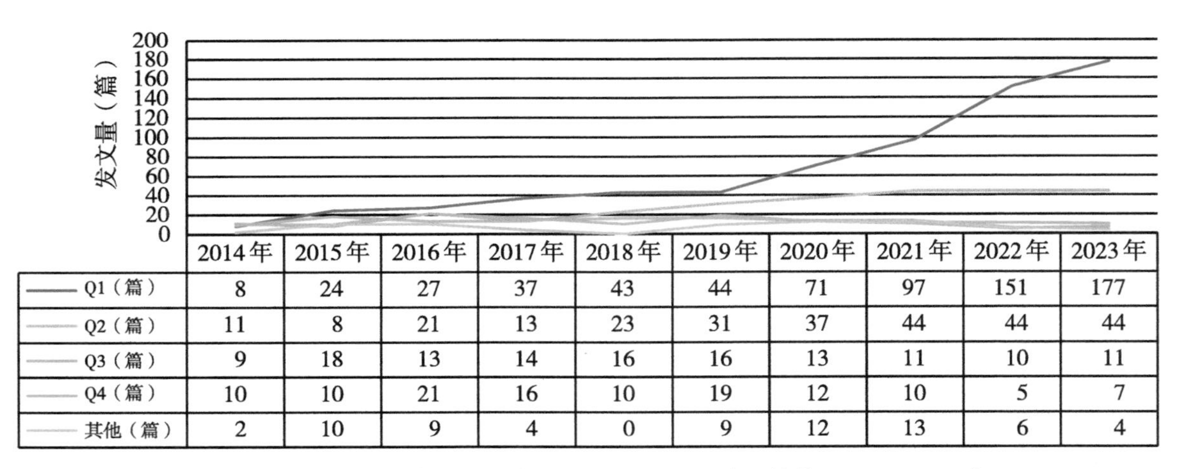

	2014年	2015年	2016年	2017年	2018年	2019年	2020年	2021年	2022年	2023年
Q1（篇）	8	24	27	37	43	44	71	97	151	177
Q2（篇）	11	8	21	13	23	31	37	44	44	44
Q3（篇）	9	18	13	14	16	16	13	11	10	11
Q4（篇）	10	10	21	16	10	19	12	10	5	7
其他（篇）	2	10	9	4	0	9	12	13	6	4

图 1-2 四川省农业科学院 SCI 发文期刊 WOSJCR 分区趋势（2014—2023 年）

1.3 高发文研究所 TOP10

2014—2023 年四川省农业科学院 SCI 高发文研究所 TOP10 见表 1-3。

表 1-3 2014—2023 年四川省农业科学院 SCI 高发文研究所 TOP10 单位：篇

排序	研究所	发文量
1	四川省农业科学院作物研究所	230

（续表）

排序	研究所	发文量
2	四川省农业科学院农业资源与环境研究所	157
3	四川省农业科学院土壤肥料研究所	153
4	四川省农业科学院生物技术核技术研究所	132
5	四川省农业科学院植物保护研究所	130
6	四川省农业科学院水产研究所	113
7	四川省农业科学院农产品加工研究所	85
8	四川省农业科学院园艺研究所	71
9	四川省农业科学院水稻高粱研究所	60
10	四川省农业科学院经济作物研究所	37
10	四川省农业科学院分析测试中心、质量标准与检测技术研究所	37

1.4 高发文期刊 TOP10

2014—2023 年四川省农业科学院 SCI 高发文期刊 TOP10 见表 1-4。

表 1-4 2014—2023 年四川省农业科学院 SCI 高发文期刊 TOP10

排序	期刊名称	发文量（篇）	WOS 所有数据库总被引频次	WOS 核心库被引频次	期刊影响因子（最近年度）
1	FRONTIERS IN PLANT SCIENCE	61	288	258	4.1（2023）
2	SCIENTIFIC REPORTS	33	541	502	3.8（2023）
3	INTERNATIONAL JOURNAL OF MOLECULAR SCIENCES	30	177	162	4.9（2023）
4	PLOS ONE	25	282	246	2.9（2023）
5	THEORETICAL AND APPLIED GENETICS	25	217	191	4.4（2023）
6	PLANTS-BASEL	24	3	3	4.0（2023）
7	MITOCHONDRIAL DNA PART B-RESOURCES	22	31	29	0.5（2023）
8	JOURNAL OF INTEGRATIVE AGRICULTURE	21	176	151	4.6（2023）
9	FRONTIERS IN MICROBIOLOGY	21	162	149	4.0（2023）
10	AQUACULTURE	19	100	93	3.9（2023）

1.5 合作发文国家与地区 TOP10

2014—2023 年四川省农业科学院 SCI 合作发文国家与地区（合作发文 1 篇以上）TOP10 见表 1-5。

表 1-5 2014—2023 年四川省农业科学院 SCI 合作发文国家与地区 TOP10

排序	国家与地区	合作发文量（篇）	WOS 所有数据库总被引频次	WOS 核心库被引频次
1	美国	74	2 362	2 114
2	澳大利亚	38	903	830
3	加拿大	14	448	397
4	德国	13	283	266
5	墨西哥	13	191	170
6	法国	11	785	704
7	芬兰	11	143	126
8	比利时	10	397	364
9	巴基斯坦	10	27	26
10	英格兰	8	800	691

1.6 合作发文机构 TOP10

2014—2023 年四川省农业科学院 SCI 合作发文机构 TOP10 见表 1-6。

表 1-6 2014—2023 年四川省农业科学院 SCI 合作发文机构 TOP10

排序	合作发文机构	发文量（篇）	WOS 所有数据库总被引频次	WOS 核心库被引频次
1	四川农业大学	377	654	586
2	中国科学院	103	339	302
3	四川大学	101	152	137
4	中国农业科学院	94	505	470
5	西南大学	60	369	337
6	中华人民共和国农业农村部	42	114	106
7	成都大学	40	71	67
8	华中农业大学	38	473	434
9	中国农业大学	38	141	124
10	电子科技大学	38	65	60

1.7 高频词 TOP20

2014—2023 年四川省农业科学院 SCI 发文高频词（作者关键词）TOP20 见表 1-7。

表 1-7　2014—2023 年四川省农业科学院 SCI 发文高频词（作者关键词）TOP20

排序	关键词（作者关键词）	频次	排序	关键词（作者关键词）	频次
1	Transcriptome	36	11	*Acipenser dabryanus*	13
2	Wheat	32	12	Metabolomics	13
3	Phylogenetic analysis	26	13	Yield	12
4	Rice	25	14	Hybrid rice	12
5	Mitochondrial genome	23	15	RNA-seq	12
6	Maize	19	16	Cadmium	11
7	Grain yield	18	17	*Triticum aestivum*	10
8	Taxonomy	16	18	Mitogenome	9
9	Phylogeny	14	19	*Brassica napus*	9
10	Genetic diversity	14	20	Differentially expressed genes	9

2　中文期刊论文分析

2014—2023 年，四川省农业科学院作者共发表北大中文核心期刊论文2 225篇，中国科学引文数据库（CSCD）期刊论文1 597篇。

2.1　发文量

四川省农业科学院中文文献历年发文趋势（2014—2023 年）见图 2-1。

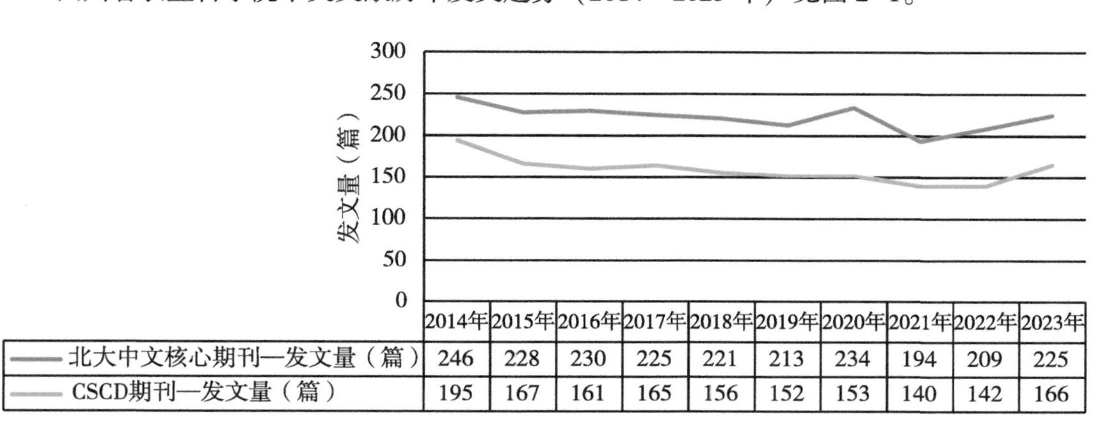

	2014年	2015年	2016年	2017年	2018年	2019年	2020年	2021年	2022年	2023年
北大中文核心期刊—发文量（篇）	246	228	230	225	221	213	234	194	209	225
CSCD期刊—发文量（篇）	195	167	161	165	156	152	153	140	142	166

图 2-1　四川省农业科学院中文文献历年发文趋势（2014—2023 年）

2.2　高发文研究所 TOP10

2014—2023 年四川省农业科学院北大中文核心期刊高发文研究所 TOP10 见表 2-1，

2014—2023 年四川省农业科学院中国科学引文数据库（CSCD）期刊高发文研究所 TOP10 见表 2-2。

表 2-1　2014—2023 年四川省农业科学院北大中文核心期刊高发文研究所 TOP10　单位：篇

排序	研究所	发文量
1	四川省农业科学院土壤肥料研究所	335
2	四川省农业科学院农业资源与环境研究所	268
3	四川省农业科学院作物研究所	259
4	四川省农业科学院植物保护研究所	233
5	四川省农业科学院园艺研究所	204
6	四川省农业科学院水稻高粱研究所	173
7	绵阳市农业科学研究院	150
8	四川省农业科学院农产品加工研究所	149
9	四川省农业科学院生物技术核技术研究所	147
10	四川省农业科学院	140
11	四川省农业科学院分析测试中心、质量标准与检测技术研究所	121

注：“四川省农业科学院”发文包括作者单位只标注为“四川省农业科学院”、院属实验室等。

表 2-2　2014—2023 年四川省农业科学院 CSCD 期刊高发文研究所 TOP10　单位：篇

排序	研究所	发文量
1	四川省农业科学院土壤肥料研究所	276
2	四川省农业科学院农业资源与环境研究所	240
3	四川省农业科学院作物研究所	228
4	四川省农业科学院植物保护研究所	188
5	四川省农业科学院园艺研究所	139
6	四川省农业科学院水稻高粱研究所	120
6	四川省农业科学院生物技术核技术研究所	120
7	绵阳市农业科学研究院	94
8	四川省农业科学院分析测试中心、质量标准与检测技术研究所	83
9	四川省农业科学院农产品加工研究所	71
9	四川省农业科学院经济作物研究所	71
10	四川省农业科学院	70

注：“四川省农业科学院”发文包括作者单位只标注为“四川省农业科学院”、院属实验室等。

2.3 高发文期刊 TOP10

2014—2023 年四川省农业科学院高发文北大中文核心期刊 TOP10 见表 2-3，2014—2023 年四川省农业科学院高发文 CSCD 期刊 TOP10 见表 2-4。

表 2-3 2014—2023 年四川省农业科学院高发文期刊（北大中文核心）TOP10 单位：篇

排序	期刊名称	发文量	排序	期刊名称	发文量
1	西南农业学报	373	6	江苏农业科学	44
2	杂交水稻	78	7	核农学报	36
3	食品工业科技	49	8	中国植保导刊	34
4	分子植物育种	48	9	湖北农业科学	34
5	四川农业大学学报	47	10	作物学报	33

表 2-4 2014—2023 年四川省农业科学院高发文期刊（CSCD）TOP10 单位：篇

排序	期刊名称	发文量	排序	期刊名称	发文量
1	西南农业学报	372	6	核农学报	36
2	杂交水稻	82	7	麦类作物学报	30
3	四川农业大学学报	48	8	食品与发酵工业	29
4	分子植物育种	37	9	食品科学	29
5	作物学报	36	10	蚕业科学	28

2.4 合作发文机构 TOP10

2014—2023 年四川省农业科学院北大中文核心期刊合作发文机构 TOP10 见表 2-5，2014—2023 年四川省农业科学院 CSCD 期刊合作发文机构 TOP10 见表 2-6。

表 2-5 2014—2023 年四川省农业科学院北大中文核心期刊合作发文机构 TOP10 单位：篇

排序	合作发文机构	发文量	排序	合作发文机构	发文量
1	四川农业大学	337	6	中国科学院	38
2	四川大学	121	7	四川师范大学	37
3	中国农业科学院	112	8	西南科技大学	31
4	西北农林科技大学	45	9	中国气象局成都高原气象研究所	29
5	西南大学	39	10	四川省烟草公司	28

表 2-6　2014—2023 年四川省农业科学院 CSCD 期刊合作发文机构 TOP10　　单位：篇

排序	合作发文机构	发文量	排序	合作发文机构	发文量
1	四川农业大学	273	6	西北农林科技大学	27
2	中国农业科学院	76	7	中国气象局成都高原气象研究所	24
3	四川大学	63	8	四川省烟草公司	19
4	西南大学	35	9	四川师范大学	18
5	中国科学院	31	10	国家水稻改良中心	17

天津市农业科学院

1　英文期刊论文分析

分析数据来源于科学引文索引数据库（Web of Science，WOS）收录的文献类型为期刊论文（Article）、会议论文（Proceedings Paper）和述评（Review）的 Science Citation Index Expanded（SCIE）论文数据，数据时间范围为2014—2023 年，共检索到天津市农业科学院作者发表的论文 435 篇。

1.1　发文量

2014—2023 年天津市农业科学院历年 SCI 发文与被引情况见表 1-1，天津市农业科学院英文文献历年发文趋势（2014—2023 年）见图 1-1。

表 1-1　2014—2023 年天津市农业科学院历年 SCI 发文与被引情况

出版年	发文量（篇）	WOS 所有数据库总被引频次	WOS 核心库被引频次
2014	8	321	302
2015	13	444	380
2016	21	374	329
2017	22	634	575
2018	17	396	358
2019	31	461	431
2020	41	264	241
2021	75	314	304
2022	103	44	43
2023	104	36	35

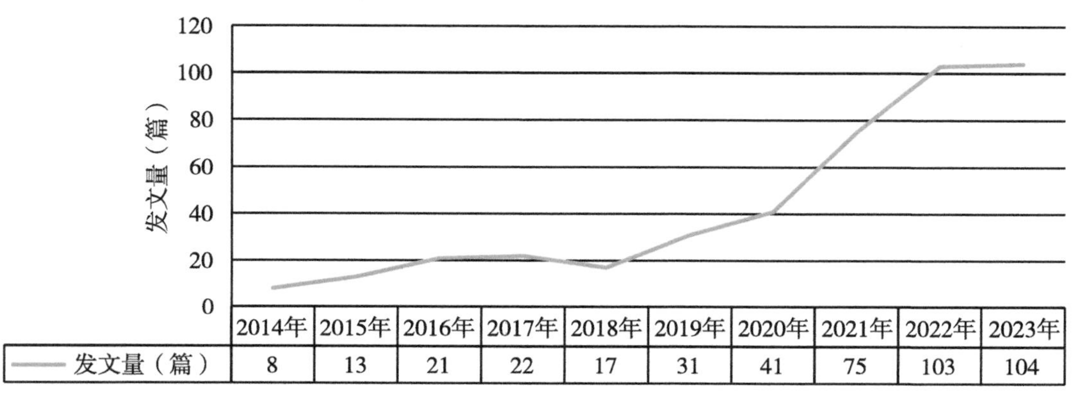

图 1-1　天津市农业科学院英文文献历年发文趋势（2014—2023 年）

1.2 发文期刊 JCR 分区

2014—2023 年天津市农业科学院 SCI 发文期刊 WOSJCR 分区情况见表 1-2，天津市农业科学院 SCI 发文期刊 WOSJCR 分区趋势（2014—2023 年）见图 1-2。

表 1-2 2014—2023 年天津市农业科学院 SCI 发文期刊 WOSJCR 分区情况 单位：篇

出版年	Q1 区发文量	Q2 区发文量	Q3 区发文量	Q4 区发文量	其他发文量
2014	3	2	2	1	0
2015	5	4	2	1	1
2016	10	4	3	3	1
2017	12	4	3	3	0
2018	8	6	2	1	0
2019	15	10	2	3	1
2020	16	15	6	2	2
2021	43	17	5	4	6
2022	56	31	13	0	3
2023	79	19	4	1	1

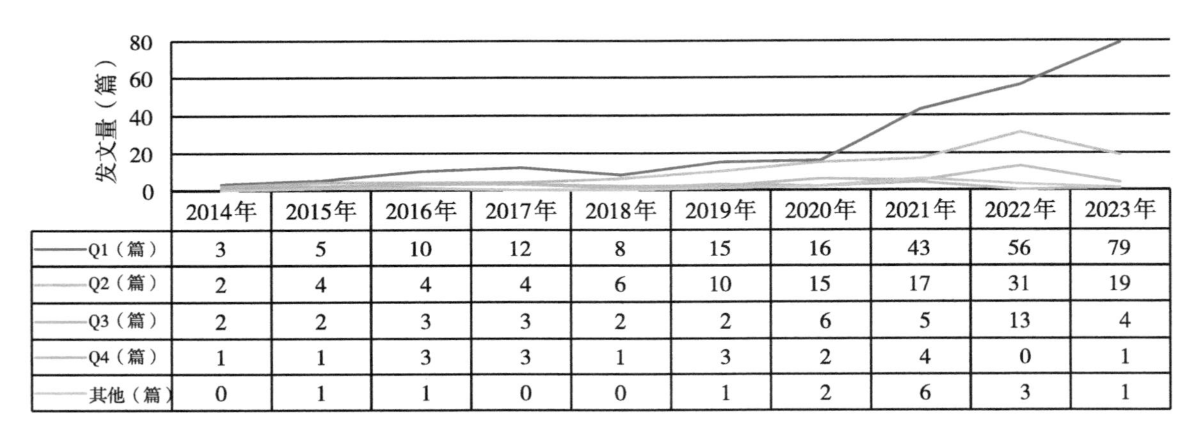

	2014年	2015年	2016年	2017年	2018年	2019年	2020年	2021年	2022年	2023年
Q1（篇）	3	5	10	12	8	15	16	43	56	79
Q2（篇）	2	4	4	4	6	10	15	17	31	19
Q3（篇）	2	2	3	3	2	2	6	5	13	4
Q4（篇）	1	1	3	3	1	3	2	4	0	1
其他（篇）	0	1	1	0	0	1	2	6	3	1

图 1-2 天津市农业科学院 SCI 发文期刊 WOSJCR 分区趋势（2014—2023 年）

1.3 高发文研究所 TOP10

2014—2023 年天津市农业科学院 SCI 高发文研究所 TOP10 见表 1-3。

表 1-3 2014—2023 年天津市农业科学院 SCI 高发文研究所 TOP10 单位：篇

排序	研究所	发文量
1	国家农产品保鲜工程技术研究中心（天津）	59
2	天津市植物保护研究所	52

（续表）

排序	研究所	发文量
3	天津市畜牧兽医研究所	44
4	天津市农作物（水稻）研究所	32
5	天津市农业质量标准与检测技术研究所	20
6	天津市农业科学院信息研究所	7
7	天津市林业果树研究所	6
8	天津市农业资源与环境研究所	2
9	天津科润农业科技股份有限公司蔬菜研究所	1
9	天津市园艺工程研究所	1
9	天津市农村经济与区划研究所	1

1.4 高发文期刊 TOP10

2014—2023 年天津市农业科学院 SCI 高发文期刊 TOP10 见表 1-4。

表 1-4 2014—2023 年天津市农业科学院 SCI 高发文期刊 TOP10

排序	期刊名称	发文量（篇）	WOS 所有数据库总被引频次	WOS 核心库被引频次	期刊影响因子（最近年度）
1	POSTHARVEST BIOLOGY AND TECHNOLOGY	14	180	160	6.4（2023）
2	SCIENTIA HORTICULTURAE	14	34	32	3.9（2023）
3	INTERNATIONAL JOURNAL OF MOLECULAR SCIENCES	13	24	23	4.9（2023）
4	FRONTIERS IN PLANT SCIENCE	12	84	80	4.1（2023）
5	FOOD CHEMISTRY	10	126	117	8.5（2023）
6	ANIMALS	10	20	20	2.7（2023）
7	SCIENTIFIC REPORTS	9	369	324	3.8（2023）
8	AGRICULTURAL WATER MANAGEMENT	7	143	125	5.9（2023）
9	BMC GENOMICS	7	38	38	3.5（2023）
10	AGRONOMY-BASEL	7	8	8	3.3（2023）

1.5 合作发文国家与地区 TOP10

2014—2023 年天津市农业科学院 SCI 合作发文国家与地区（合作发文 1 篇以上）

TOP10 见表 1-5。

表 1-5　2014—2023 年天津市农业科学院 SCI 合作发文国家与地区 TOP10

排序	国家与地区	合作发文量（篇）	WOS 所有数据库总被引频次	WOS 核心库被引频次
1	美国	45	741	684
2	丹麦	31	422	396
3	德国	5	87	81
4	荷兰	5	32	30
5	新西兰	3	57	48
6	加拿大	3	53	45
7	澳大利亚	3	12	10
8	罗马尼亚	2	10	9
9	南非	2	0	0

注：全部 SCI 合作发文国家与地区（合作发文 1 篇以上）数量不足 10 个。

1.6　合作发文机构 TOP10

2014—2023 年天津市农业科学院 SCI 合作发文机构 TOP10 见表 1-6。

表 1-6　2014—2023 年天津市农业科学院 SCI 合作发文机构 TOP10

排序	合作发文机构	发文量（篇）	WOS 所有数据库总被引频次	WOS 核心库被引频次
1	中国农业科学院	96	209	187
2	中国农业大学	49	130	124
3	南开大学	38	47	44
4	天津大学	30	28	22
5	哥本哈根大学（丹麦）	29	58	55
6	中国科学院	29	45	44
7	天津农学院	26	40	37
8	西北农林科技大学	24	87	72
9	天津科技大学	21	13	13
10	北京农林科学院	17	14	14

1.7　高频词 TOP20

2014—2023 年天津市农业科学院 SCI 发文高频词（作者关键词）TOP20 见表 1-7。

表 1-7　2014—2023 年天津市农业科学院 SCI 发文高频词（作者关键词）TOP20

排序	关键词（作者关键词）	频次	排序	关键词（作者关键词）	频次
1	Sheep	10	11	Gene expression	5
2	Transcriptome	9	12	Phosphorus	5
3	Foxtail millet	8	13	Fruit quality	5
4	Photosynthesis	7	14	Drought stress	5
5	Salt stress	7	15	Cucumber	4
6	Chilling injury	6	16	Transcriptome analysis	4
7	Tomato	6	17	DNA methylation	4
8	Mitochondrial genome	5	18	Rice	4
9	Ozone	5	19	Fungi	4
10	Melatonin	5	20	Antioxidant activity	4

2　中文期刊论文分析

2014—2023 年，天津市农业科学院作者共发表北大中文核心期刊论文 1 265篇，中国科学引文数据库（CSCD）期刊论文 393 篇。

2.1　发文量

天津市农业科学院中文文献历年发文趋势（2014—2023 年）见图 2-1。

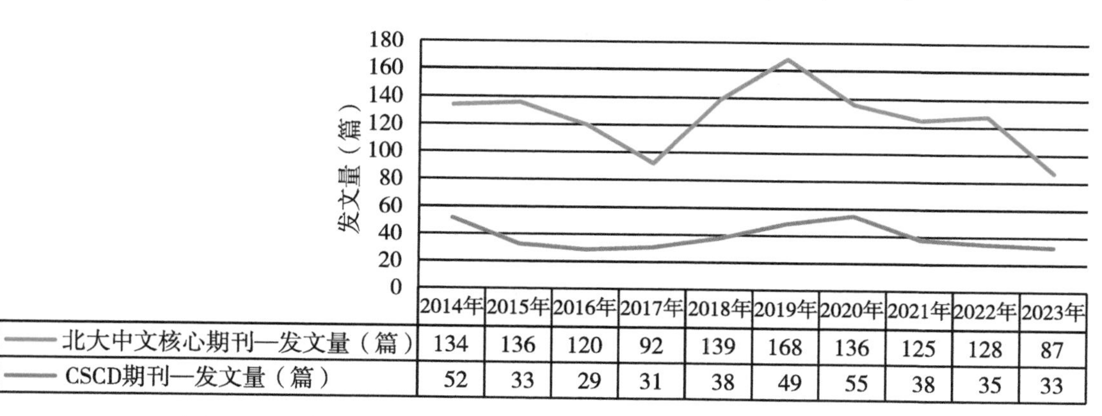

	2014年	2015年	2016年	2017年	2018年	2019年	2020年	2021年	2022年	2023年
北大中文核心期刊—发文量（篇）	134	136	120	92	139	168	136	125	128	87
CSCD期刊—发文量（篇）	52	33	29	31	38	49	55	38	35	33

图 2-1　天津市农业科学院中文文献历年发文趋势（2014—2023 年）

2.2　高发文研究所 TOP10

2014—2023 年天津市农业科学院北大中文核心期刊高发文研究所 TOP10 见表 2-1，

2014—2023 年天津市农业科学院中国科学引文数据库（CSCD）期刊高发文研究所 TOP10 见表 2-2。

表 2-1　2014—2023 年天津市农业科学院北大中文核心期刊高发文研究所 TOP10　单位：篇

排序	研究所	发文量
1	天津市畜牧兽医研究所	265
2	国家农产品保鲜工程技术研究中心（天津）	226
3	天津市农业科学院	188
4	天津科润农业科技股份有限公司蔬菜研究所	124
5	天津科润农业科技股份有限公司	88
6	天津市农业资源与环境研究所	86
7	天津市林业果树研究所	68
8	天津市农业质量标准与检测技术研究所	65
9	天津市植物保护研究所	60
10	天津市农作物（水稻）研究所	58
11	天津市农村经济与区划研究所	41

注：“天津市农业科学院”发文包括作者单位只标注为“天津市农业科学院”、院属实验室等。

表 2-2　2014—2023 年天津市农业科学院 CSCD 期刊高发文研究所 TOP10　单位：篇

排序	研究所	发文量
1	天津市畜牧兽医研究所	74
2	天津市农业资源与环境研究所	56
3	天津市农作物（水稻）研究所	47
4	天津市农业质量标准与检测技术研究所	45
5	天津市农业科学院	42
6	天津市植物保护研究所	38
7	天津科润农业科技股份有限公司蔬菜研究所	27
7	天津市林业果树研究所	27
8	天津市农业生物技术研究中心	14
9	天津市农村经济与区划研究所	10
9	国家农产品保鲜工程技术研究中心（天津）	10
10	天津科润农业科技股份有限公司黄瓜研究所	9

注：“天津市农业科学院”发文包括作者单位只标注为“天津市农业科学院”、院属实验室等。

2.3 高发文期刊 TOP10

2014—2023 年天津市农业科学院高发文北大中文核心期刊 TOP10 见表 2-3，2014—2023 年天津市农业科学院高发文 CSCD 期刊 TOP10 见表 2-4。

表 2-3 2014—2023 年天津市农业科学院高发文期刊（北大中文核心）TOP10 单位：篇

排序	期刊名称	发文量	排序	期刊名称	发文量
1	北方园艺	64	6	食品与发酵工业	50
2	食品研究与开发	55	7	包装工程	50
3	华北农学报	55	8	中国畜牧兽医	38
4	中国蔬菜	55	9	中国瓜菜	35
5	食品工业科技	54	10	黑龙江畜牧兽医	34

表 2-4 2014—2023 年天津市农业科学院高发文期刊（CSCD）TOP10 单位：篇

排序	期刊名称	发文量	排序	期刊名称	发文量
1	华北农学报	48	6	园艺学报	11
2	食品与发酵工业	14	7	食品工业科技	10
3	畜牧兽医学报	14	8	中国土壤与肥料	9
4	中国农业科学	12	9	农业生物技术学报	9
5	植物营养与肥料学报	12	10	中国兽医科学	9

2.4 合作发文机构 TOP10

2014—2023 年天津市农业科学院北大中文核心期刊合作发文机构 TOP10 见表 2-5，2014—2023 年天津市农业科学院 CSCD 期刊合作发文机构 TOP10 见表 2-6。

表 2-5 2014—2023 年天津市农业科学院北大中文核心期刊合作发文机构 TOP10 单位：篇

排序	合作发文机构	发文量	排序	合作发文机构	发文量
1	天津农学院	126	6	天津师范大学	48
2	中国农业科学院	109	7	天津科技大学	37
3	天津商业大学	66	8	南开大学	35
4	沈阳农业大学	61	9	大连工业大学	34
5	中国农业大学	49	10	辽宁大学	30

表 2-6　2014—2023 年天津市农业科学院 CSCD 期刊合作发文机构 TOP10　单位：篇

排序	合作发文机构	发文量	排序	合作发文机构	发文量
1	中国农业科学院	67	6	天津师范大学	12
2	天津农学院	36	7	天津大学	11
3	南开大学	16	8	中国科学院	10
4	中国农业大学	14	9	西北农林科技大学	9
5	天津商业大学	13	10	河北农业大学	8

西藏自治区农牧科学院

1 英文期刊论文分析

分析数据来源于科学引文索引数据库（Web of Science，WOS）收录的文献类型为期刊论文（Article）、会议论文（Proceedings Paper）和述评（Review）的 Science Citation Index Expanded（SCIE）论文数据，数据时间范围为2014—2023 年，共检索到西藏自治区农牧科学院作者发表的论文 511 篇。

1.1 发文量

2014—2023 年西藏自治区农牧科学院历年 SCI 发文与被引情况见表 1-1，西藏自治区农牧科学院英文文献历年发文趋势（2014—2023 年）见图 1-1。

表 1-1 2014—2023 年西藏自治区农牧科学院历年 SCI 发文与被引情况

出版年	发文量（篇）	WOS 所有数据库总被引频次	WOS 核心库被引频次
2014	9	143	117
2015	20	354	309
2016	10	143	132
2017	22	188	165
2018	39	577	516
2019	53	645	589
2020	63	511	474
2021	83	312	300
2022	105	32	32
2023	107	34	34

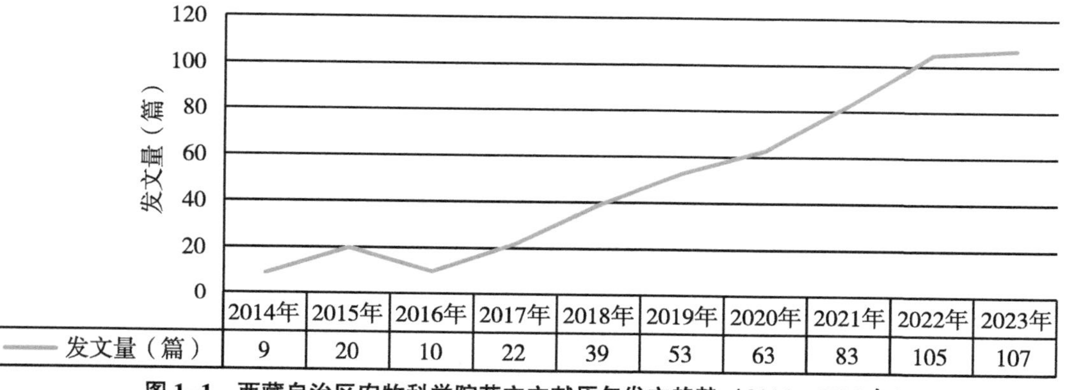

图 1-1 西藏自治区农牧科学院英文文献历年发文趋势（2014—2023 年）

1.2　发文期刊 JCR 分区

2014—2023 年西藏自治区农牧科学院 SCI 发文期刊 WOSJCR 分区情况见表 1-2，西藏自治区农牧科学院 SCI 发文期刊 WOSJCR 分区趋势（2014—2023 年）见图 1-2。

表 1-2　2014—2023 年西藏自治区农牧科学院 SCI 发文期刊 WOSJCR 分区情况　单位：篇

出版年	Q1 区发文量	Q2 区发文量	Q3 区发文量	Q4 区发文量	其他发文量
2014	3	2	0	4	0
2015	4	5	7	4	0
2016	2	3	1	1	3
2017	3	7	4	7	1
2018	5	12	8	14	0
2019	20	10	10	8	5
2020	23	20	5	8	7
2021	52	14	2	7	8
2022	50	32	14	5	4
2023	57	44	5	1	0

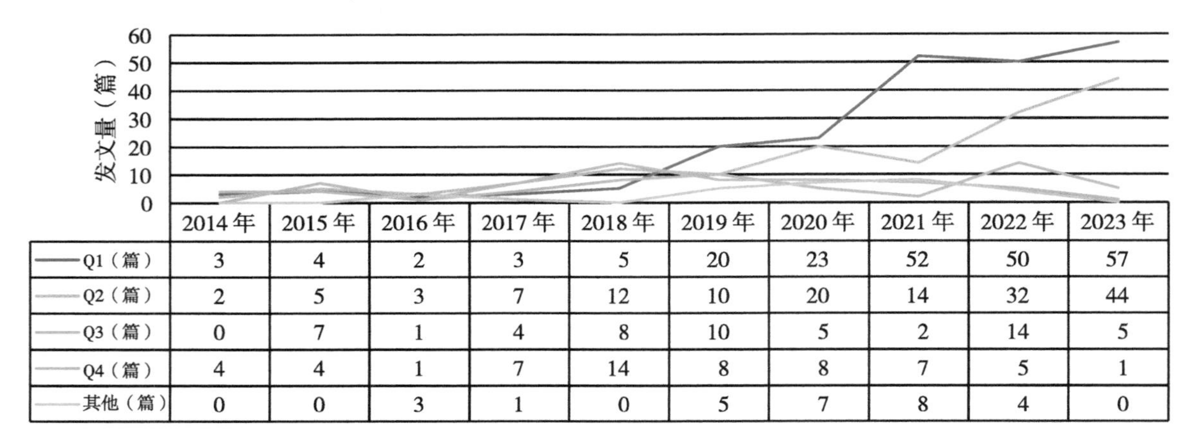

	2014 年	2015 年	2016 年	2017 年	2018 年	2019 年	2020 年	2021 年	2022 年	2023 年
Q1（篇）	3	4	2	3	5	20	23	52	50	57
Q2（篇）	2	5	3	7	12	10	20	14	32	44
Q3（篇）	0	7	1	4	8	10	5	2	14	5
Q4（篇）	4	4	1	7	14	8	8	7	5	1
其他（篇）	0	0	3	1	0	5	7	8	4	0

图 1-2　西藏自治区农牧科学院 SCI 发文期刊 WOSJCR 分区趋势（2014—2023 年）

1.3　高发文研究所 TOP10

2014—2023 年西藏自治区农牧科学院 SCI 高发文研究所 TOP10 见表 1-3。

表 1-3　2014—2023 年西藏自治区农牧科学院 SCI 高发文研究所 TOP10　单位：篇

排序	研究所	发文量
1	西藏自治区农牧科学院畜牧兽医研究所	225

（续表）

排序	研究所	发文量
2	西藏自治区农牧科学院农业质量标准与检测研究所	28
3	西藏自治区农牧科学院农业研究所	21
4	西藏自治区农牧科学院农产品开发与食品科学研究所	15
5	西藏自治区农牧科学院草业科学研究所	9
6	西藏自治区农牧科学院农业资源与环境研究所	4

注：全部发文研究所数量不足 10 个。

1.4 高发文期刊 TOP10

2014—2023 年西藏自治区农牧科学院 SCI 高发文期刊 TOP10 见表 1-4。

表 1-4 2014—2023 年西藏自治区农牧科学院 SCI 高发文期刊 TOP10

排序	期刊名称	发文量（篇）	WOS 所有数据库总被引频次	WOS 核心库被引频次	期刊影响因子（最近年度）
1	MITOCHONDRIAL DNA PART B-RESOURCES	26	35	33	0.5（2023）
2	FRONTIERS IN MICROBIOLOGY	19	54	50	4.0（2023）
3	FRONTIERS IN PLANT SCIENCE	12	19	19	4.1（2023）
4	SCIENTIFIC REPORTS	11	119	105	3.8（2023）
5	FRONTIERS IN VETERINARY SCIENCE	11	3	3	2.6（2023）
6	ANIMALS	10	33	30	2.7（2023）
7	FRONTIERS IN GENETICS	10	19	15	2.8（2023）
8	BMC GENOMICS	9	108	103	3.5（2023）
9	FOOD CHEMISTRY	8	69	69	8.5（2023）
10	FOODS	7	5	5	4.7（2023）

1.5 合作发文国家与地区 TOP10

2014—2023 年西藏自治区农牧科学院 SCI 合作发文国家与地区（合作发文 1 篇以上）TOP10 见表 1-5。

表 1-5　2014—2023 年西藏自治区农牧科学院 SCI 合作发文国家与地区 TOP10

排序	国家与地区	合作发文量（篇）	WOS 所有数据库总被引频次	WOS 核心库被引频次
1	美国	20	208	193
2	澳大利亚	17	156	141
3	巴基斯坦	15	19	19
4	泰国	6	45	40
5	新西兰	6	25	23
6	德国	5	182	168
7	土耳其	5	61	57
8	加拿大	5	49	44
9	英格兰	5	33	29
10	瑞士	5	5	5

1.6　合作发文机构 TOP10

2014—2023 年西藏自治区农牧科学院 SCI 合作发文机构 TOP10 见表 1-6。

表 1-6　2014—2023 年西藏自治区农牧科学院 SCI 合作发文机构 TOP10

排序	合作发文机构	发文量（篇）	WOS 所有数据库总被引频次	WOS 核心库被引频次
1	中国科学院	76	323	279
2	中国农业科学院	73	61	54
3	西南大学	42	41	37
4	四川农业大学	33	24	24
5	中国科学院大学	26	211	180
6	西北农林科技大学	26	26	25
7	西南民族大学	24	21	20
8	兰州大学	21	24	23
9	中国农业大学	20	12	11
10	甘肃农业大学	20	11	11

1.7　高频词 TOP20

2014—2023 年西藏自治区农牧科学院 SCI 发文高频词（作者关键词）TOP20 见表 1-7。

表 1-7　2014—2023 年西藏自治区农牧科学院 SCI 发文高频词（作者关键词）TOP20

排序	关键词（作者关键词）	频次	排序	关键词（作者关键词）	频次
1	Mitochondrial genome	22	11	China	8
2	Yak	18	12	Barley	8
3	Tibet	14	13	Hulless barley	7
4	Gut microbiota	13	14	Genetic diversity	7
5	Phylogenetic analysis	12	15	Highland barley	7
6	Metabolome	11	16	Climate change	7
7	Phylogenetic	10	17	Beta-glucan	5
8	Transcriptome	10	18	Microbial diversity	5
9	Yaks	9	19	Rumen fermentation	5
10	Tibetan plateau	9	20	Tibetan cashmere goat	5

2　中文期刊论文分析

2014—2023 年，西藏自治区农牧科学院作者共发表北大中文核心期刊论文 755 篇，中国科学引文数据库（CSCD）期刊论文 472 篇。

2.1　发文量

西藏自治区农牧科学院中文文献历年发文趋势（2014—2023 年）见图 2-1。

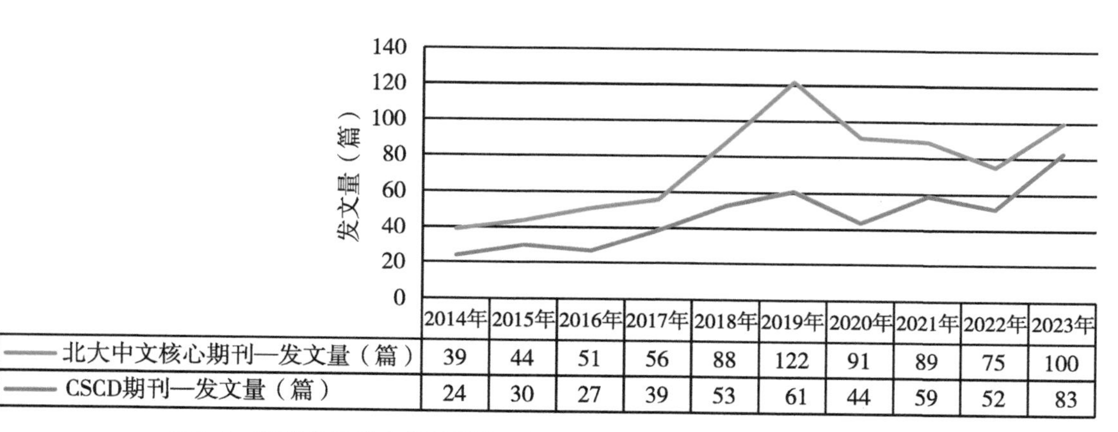

	2014年	2015年	2016年	2017年	2018年	2019年	2020年	2021年	2022年	2023年
北大中文核心期刊—发文量（篇）	39	44	51	56	88	122	91	89	75	100
CSCD期刊—发文量（篇）	24	30	27	39	53	61	44	59	52	83

图 2-1　西藏自治区农牧科学院中文文献历年发文趋势（2014—2023 年）

2.2 高发文研究所 TOP10

2014—2023 年西藏自治区农牧科学院北大中文核心期刊高发文研究所 TOP10 见表 2-1，2014—2023 年西藏自治区农牧科学院中国科学引文数据库（CSCD）期刊高发文研究所 TOP10 见表 2-2。

表 2-1 2014—2023 年西藏自治区农牧科学院北大中文核心期刊高发文研究所 TOP10 单位：篇

排序	研究所	发文量
1	西藏自治区农牧科学院畜牧兽医研究所	195
2	西藏自治区农牧科学院	184
3	西藏自治区农牧科学院农业研究所	87
4	西藏自治区农牧科学院水产科学研究所	84
5	西藏自治区农牧科学院草业科学研究所	72
6	西藏自治区农牧科学院蔬菜研究所	66
7	西藏自治区农牧科学院农业质量标准与检测研究所	45
8	西藏自治区农牧科学院农业资源与环境研究所	42
9	西藏自治区农牧科学院农产品开发与食品科学研究所	41

注：全部发文研究所数量不足 10 个。“西藏自治区农牧科学院”发文包括作者单位只标注为“西藏自治区农牧科学院”、院属实验室等。

表 2-2 2014—2023 年西藏自治区农牧科学院 CSCD 期刊高发文研究所 TOP10 单位：篇

排序	研究所	发文量
1	西藏自治区农牧科学院畜牧兽医研究所	112
2	西藏自治区农牧科学院	77
3	西藏自治区农牧科学院水产科学研究所	73
4	西藏自治区农牧科学院草业科学研究所	64
5	西藏自治区农牧科学院农业研究所	61
6	西藏自治区农牧科学院蔬菜研究所	48
7	西藏自治区农牧科学院农业资源与环境研究所	32
8	西藏自治区农牧科学院农业质量标准与检测研究所	25
9	西藏自治区农牧科学院农产品开发与食品科学研究所	9

注：全部发文研究所数量不足 10 个。“西藏自治区农牧科学院”发文包括作者单位只标注为“西藏自治区农牧科学院”、院属实验室等。

2.3 高发文期刊 TOP10

2014—2023 年西藏自治区农牧科学院高发文北大中文核心期刊 TOP10 见表 2-3，2014—2023 年西藏自治区农牧科学院高发文 CSCD 期刊 TOP10 见表 2-4。

表 2-3 2014—2023 年西藏自治区农牧科学院高发文期刊（北大中文核心）TOP10 单位：篇

排序	期刊名称	发文量	排序	期刊名称	发文量
1	西南农业学报	49	6	水生生物学报	18
2	黑龙江畜牧兽医	38	7	水产科学	16
3	动物营养学报	31	8	中国水产科学	15
4	中国畜牧杂志	30	9	中国畜牧兽医	15
5	麦类作物学报	19	10	西北农业学报	14

表 2-4 2014—2023 年西藏自治区农牧科学院高发文期刊（CSCD）TOP10 单位：篇

排序	期刊名称	发文量	排序	期刊名称	发文量
1	西南农业学报	46	6	水产科学	13
2	动物营养学报	30	7	西北农业学报	12
3	麦类作物学报	18	8	中国畜牧杂志	12
4	中国草地学报	15	9	草地学报	12
5	中国水产科学	14	10	生物技术通报	10

2.4 合作发文机构 TOP10

2014—2023 年西藏自治区农牧科学院北大中文核心期刊合作发文机构 TOP10 见表 2-5，2014—2023 年西藏自治区农牧科学院 CSCD 期刊合作发文机构 TOP10 见表 2-6。

表 2-5 2014—2023 年西藏自治区农牧科学院北大中文核心期刊合作发文机构 TOP10 单位：篇

排序	合作发文机构	发文量	排序	合作发文机构	发文量
1	中国农业科学院	65	6	甘肃农业大学	33
2	中国科学院	52	7	四川农业大学	31
3	西南民族大学	43	8	西南大学	22
4	西藏农牧学院	41	9	西北农林科技大学	21
5	西藏大学	36	10	湖南农业大学	20

表 2-6　2014—2023 年西藏自治区农牧科学院 CSCD 期刊合作发文机构 TOP10　单位：篇

排序	合作发文机构	发文量	排序	合作发文机构	发文量
1	中国农业科学院	52	6	四川农业大学	23
2	中国科学院	41	7	河南农业大学	17
3	西藏农牧学院	30	8	西南大学	14
4	甘肃农业大学	26	9	中国水产科学研究院黑龙江水产研究所	14
5	西南民族大学	25	10	西北农林科技大学	14

新疆农垦科学院

1 英文期刊论文分析

分析数据来源于科学引文索引数据库（Web of Science，WOS）收录的文献类型为期刊论文（Article）、会议论文（Proceedings Paper）和述评（Review）的 Science Citation Index Expanded（SCIE）论文数据，数据时间范围为2014—2023 年，共检索到新疆农垦科学院作者发表的论文 507 篇。

1.1 发文量

2014—2023 年新疆农垦科学院历年 SCI 发文与被引情况见表 1-1，新疆农垦科学院英文文献历年发文趋势（2014—2023 年）见图 1-1。

表 1-1 2014—2023 年新疆农垦科学院历年 SCI 发文与被引情况

出版年	发文量（篇）	WOS 所有数据库总被引频次	WOS 核心库被引频次
2014	13	313	277
2015	16	299	272
2016	14	191	171
2017	25	381	335
2018	21	306	281
2019	43	384	325
2020	67	514	475
2021	76	252	243
2022	117	87	87
2023	115	57	54

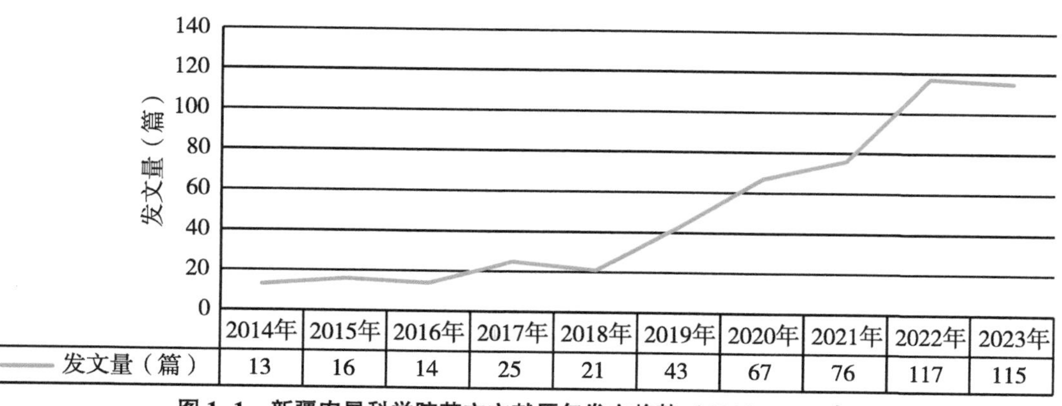

图 1-1 新疆农垦科学院英文文献历年发文趋势（2014—2023 年）

1.2 发文期刊 JCR 分区

2014—2023 年新疆农垦科学院 SCI 发文期刊 WOSJCR 分区情况见表 1-2，新疆农垦科学院 SCI 发文期刊 WOSJCR 分区趋势（2014—2023 年）见图 1-2。

表 1-2 2014—2023 年新疆农垦科学院 SCI 发文期刊 WOSJCR 分区情况 单位：篇

出版年	Q1 区发文量	Q2 区发文量	Q3 区发文量	Q4 区发文量	其他发文量
2014	1	7	0	4	1
2015	7	2	5	1	1
2016	2	6	2	3	1
2017	8	3	8	5	1
2018	6	9	2	4	0
2019	21	8	9	4	1
2020	21	15	7	14	10
2021	36	10	7	12	11
2022	69	29	3	7	9
2023	78	28	3	5	1

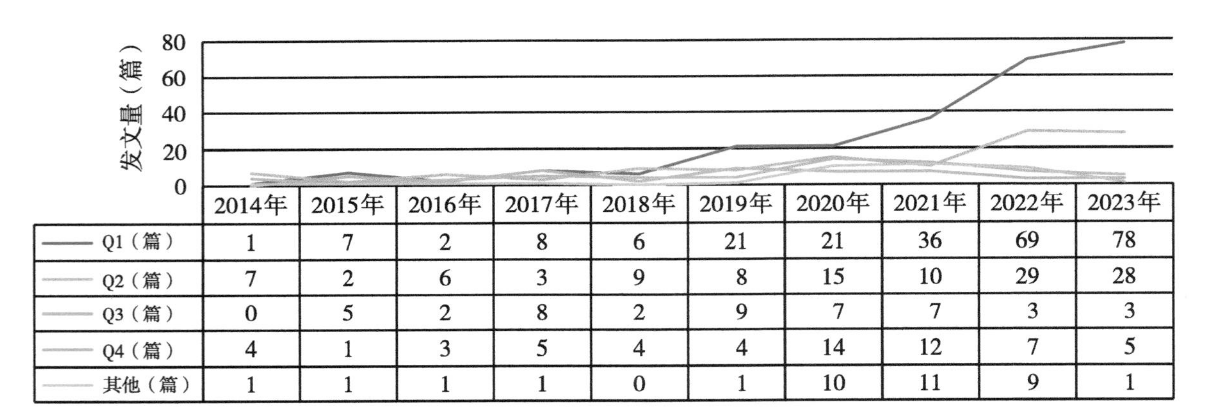

	2014年	2015年	2016年	2017年	2018年	2019年	2020年	2021年	2022年	2023年
Q1（篇）	1	7	2	8	6	21	21	36	69	78
Q2（篇）	7	2	6	3	9	8	15	10	29	28
Q3（篇）	0	5	2	8	2	9	7	7	3	3
Q4（篇）	4	1	3	5	4	4	14	12	7	5
其他（篇）	1	1	1	1	0	1	10	11	9	1

图 1-2 新疆农垦科学院 SCI 发文期刊 WOSJCR 分区趋势（2014—2023 年）

1.3 高发文研究所 TOP10

2014—2023 年新疆农垦科学院 SCI 高发文研究所 TOP10 见表 1-3。

表 1-3 2014—2023 年新疆农垦科学院 SCI 高发文研究所 TOP10 单位：篇

排序	研究所	发文量
1	新疆农垦科学院棉花研究所	71

（续表）

排序	研究所	发文量
1	新疆农垦科学院畜牧兽医研究所	71
2	新疆农垦科学院农产品加工研究所	29
3	新疆农垦科学院分析测试中心	26
4	新疆农垦科学院作物研究所	18
5	新疆农垦科学院机械装备研究所	8
5	新疆农垦科学院植物保护研究所	8
6	新疆农垦科学院农田水利与土壤肥料研究所	5
7	新疆农垦科学院分子农业技术育种中心	1
7	新疆农垦科学院生物技术研究所	1

1.4 高发文期刊 TOP10

2014—2023 年新疆农垦科学院 SCI 高发文期刊 TOP10 见表 1-4。

表 1-4 2014—2023 年新疆农垦科学院 SCI 高发文期刊 TOP10

排序	期刊名称	发文量（篇）	WOS 所有数据库总被引频次	WOS 核心库被引频次	期刊影响因子（最近年度）
1	FRONTIERS IN PLANT SCIENCE	12	49	46	4.1（2023）
2	SCIENTIFIC REPORTS	11	87	73	3.8（2023）
3	BIOLOGICAL TRACE ELEMENT RESEARCH	9	96	96	3.4（2023）
4	FRONTIERS IN GENETICS	9	84	78	2.8（2023）
5	THERIOGENOLOGY	9	26	25	2.4（2023）
6	FOODS	9	15	15	4.7（2023）
7	INDUSTRIAL CROPS AND PRODUCTS	8	16	13	5.6（2023）
8	PLOS ONE	7	133	111	2.9（2023）
9	ANIMALS	7	48	44	2.7（2023）
10	AGRONOMY-BASEL	7	41	36	3.3（2023）

1.5 合作发文国家与地区 TOP10

2014—2023 年新疆农垦科学院 SCI 合作发文国家与地区（合作发文 1 篇以上）TOP10 见表 1-5。

表 1-5　2014—2023 年新疆农垦科学院 SCI 合作发文国家与地区 TOP10

排序	国家与地区	合作发文量（篇）	WOS 所有数据库总被引频次	WOS 核心库被引频次
1	美国	29	192	166
2	澳大利亚	19	137	125
3	巴基斯坦	16	59	55
4	英格兰	10	128	119
5	荷兰	10	115	106
6	加拿大	9	119	109
7	芬兰	8	211	191
8	伊朗	7	113	104
9	肯尼亚	6	97	91
10	埃及	6	19	19

1.6　合作发文机构 TOP10

2014—2023 年新疆农垦科学院 SCI 合作发文机构 TOP10 见表 1-6。

表 1-6　2014—2023 年新疆农垦科学院 SCI 合作发文机构 TOP10

排序	合作发文机构	发文量（篇）	WOS 所有数据库总被引频次	WOS 核心库被引频次
1	石河子大学	149	78	75
2	中国农业科学院	79	93	89
3	中国农业大学	49	61	57
4	中国科学院	40	85	80
5	扬州大学	27	10	10
6	华中农业大学	23	20	20
7	新疆农业大学	23	7	7
8	中华人民共和国农业农村部	22	17	17
9	西北农林科技大学	19	19	18
10	西南科技大学	17	77	77

1.7　高频词 TOP20

2014—2023 年新疆农垦科学院 SCI 发文高频词（作者关键词）TOP20 见表 1-7。

表 1-7　2014—2023 年新疆农垦科学院 SCI 发文高频词（作者关键词）TOP20

排序	关键词（作者关键词）	频次	排序	关键词（作者关键词）	频次
1	Sheep	26	11	Antioxidant capacity	5
2	Cotton	25	12	Autophagy	5
3	Upland cotton	12	13	GnRH	5
4	GWAS	11	14	Wheat	5
5	Candidate genes	10	15	SNP	5
6	Yield	10	16	Proteomics	5
7	Metabolomics	8	17	Modified QuEChERS	4
8	Fiber quality	6	18	Oocyte	4
9	Taxonomy	6	19	Red jujube	4
10	Phylogeny	6	20	RNA-seq	4

2　中文期刊论文分析

2014—2023 年，新疆农垦科学院作者共发表北大中文核心期刊论文 1 145篇，中国科学引文数据库（CSCD）期刊论文 734 篇。

2.1　发文量

新疆农垦科学院中文文献历年发文趋势（2014—2023 年）见图 2-1。

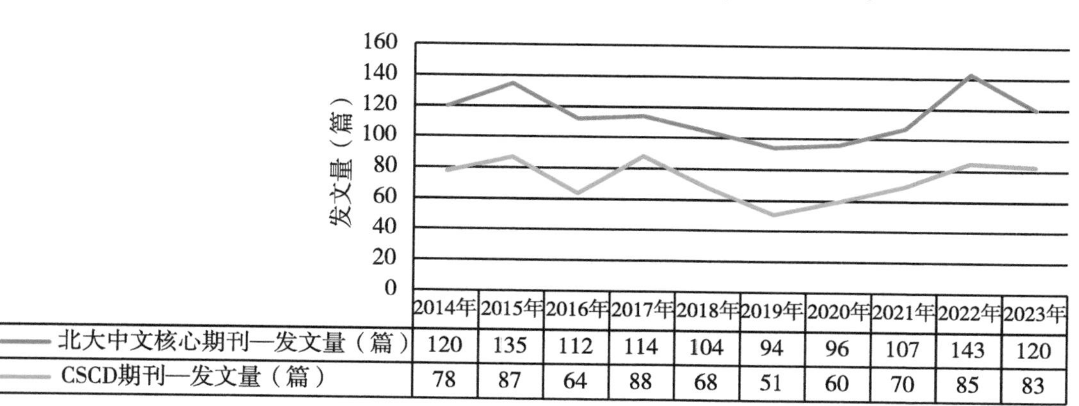

	2014年	2015年	2016年	2017年	2018年	2019年	2020年	2021年	2022年	2023年
北大中文核心期刊—发文量（篇）	120	135	112	114	104	94	96	107	143	120
CSCD期刊—发文量（篇）	78	87	64	88	68	51	60	70	85	83

图 2-1　新疆农垦科学院中文文献历年发文趋势（2014—2023 年）

2.2　高发文研究所 TOP10

2014—2023 年新疆农垦科学院北大中文核心期刊高发文研究所 TOP10 见表 2-1，

2014—2023 年新疆农垦科学院中国科学引文数据库（CSCD）期刊高发文研究所 TOP10 见表 2-2。

表 2-1　2014—2023 年新疆农垦科学院北大中文核心期刊高发文研究所 TOP10　单位：篇

排序	研究所	发文量
1	新疆农垦科学院	246
2	新疆农垦科学院畜牧兽医研究所	212
3	新疆农垦科学院机械装备研究所	160
4	新疆农垦科学院棉花研究所	105
5	新疆农垦科学院作物研究所	99
6	新疆农垦科学院农产品加工研究所	94
7	新疆农垦科学院农田水利与土壤肥料研究所	71
8	新疆农垦科学院生物技术研究所	68
9	新疆农垦科学院林园研究所	56
10	新疆农垦科学院分析测试中心	55
11	新疆农垦科学院植物保护研究所	20

注：“新疆农垦科学院”发文包括作者单位只标注为“新疆农垦科学院”、院属实验室等。

表 2-2　2014—2023 年新疆农垦科学院 CSCD 期刊高发文研究所 TOP10　单位：篇

排序	研究所	发文量
1	新疆农垦科学院	159
2	新疆农垦科学院畜牧兽医研究所	97
3	新疆农垦科学院棉花研究所	90
4	新疆农垦科学院作物研究所	85
5	新疆农垦科学院农产品加工研究所	66
6	新疆农垦科学院农田水利与土壤肥料研究所	64
7	新疆农垦科学院机械装备研究所	63
8	新疆农垦科学院生物技术研究所	62
9	新疆农垦科学院分析测试中心	31
10	新疆农垦科学院林园研究所	30
11	新疆农垦科学院植物保护研究所	17

注：“新疆农垦科学院”发文包括作者单位只标注为“新疆农垦科学院”、院属实验室等。

2.3 高发文期刊TOP10

2014—2023年新疆农垦科学院高发文北大中文核心期刊TOP10见表2-3，2014—2023年新疆农垦科学院高发文CSCD期刊TOP10见表2-4。

表2-3 2014—2023年新疆农垦科学院高发文期刊（北大中文核心）TOP10 单位：篇

排序	期刊名称	发文量	排序	期刊名称	发文量
1	新疆农业科学	94	6	食品工业科技	36
2	江苏农业科学	56	7	农业工程学报	28
3	农机化研究	55	8	黑龙江畜牧兽医	28
4	西南农业学报	45	9	中国农机化学报	28
5	西北农业学报	39	10	北方园艺	27

表2-4 2014—2023年新疆农垦科学院高发文期刊（CSCD）TOP10 单位：篇

排序	期刊名称	发文量	排序	期刊名称	发文量
1	新疆农业科学	101	6	食品工业科技	23
2	西南农业学报	48	7	甘肃农业大学学报	20
3	西北农业学报	38	8	畜牧兽医学报	20
4	农业工程学报	28	9	棉花学报	18
5	干旱地区农业研究	27	10	食品科学	17

2.4 合作发文机构TOP10

2014—2023年新疆农垦科学院北大中文核心期刊合作发文机构TOP10见表2-5，2014—2023年新疆农垦科学院CSCD期刊合作发文机构TOP10见表2-6。

表2-5 2014—2023年新疆农垦科学院北大中文核心期刊合作发文机构TOP10 单位：篇

排序	合作发文机构	发文量	排序	合作发文机构	发文量
1	石河子大学	392	6	新疆农业科学院	21
2	中国农业科学院	50	7	新疆石河子职业技术学院	19
3	中国农业大学	45	8	新疆农业职业技术学院	18
4	塔里木大学	42	9	中国科学院	17
5	新疆农业大学	38	10	长江师范学院	10

表 2-6　2014—2023年新疆农垦科学院 CSCD 期刊合作发文机构 TOP10　单位：篇

排序	合作发文机构	发文量	排序	合作发文机构	发文量
1	石河子大学	217	6	新疆农业科学院	20
2	中国农业科学院	39	7	中国科学院	16
3	中国农业大学	35	8	新疆农业职业技术大学	13
4	新疆农业大学	29	9	新疆石河子职业技术学院	11
5	塔里木大学	22	10	西北农林科技大学	11

新疆农业科学院

1 英文期刊论文分析

分析数据来源于科学引文索引数据库（Web of Science，WOS）收录的文献类型为期刊论文（Article）、会议论文（Proceedings Paper）和述评（Review）的 Science Citation Index Expanded（SCIE）论文数据，数据时间范围为2014—2023 年，共检索到新疆农业科学院作者发表的论文1 025篇。

1.1 发文量

2014—2023 年新疆农业科学院历年 SCI 发文与被引情况见表 1-1，新疆农业科学院英文文献历年发文趋势（2014—2023 年）见图 1-1。

表 1-1 2014—2023 年新疆农业科学院历年 SCI 发文与被引情况

出版年	发文量（篇）	WOS 所有数据库总被引频次	WOS 核心库被引频次
2014	39	1 520	1 332
2015	51	1 380	1 212
2016	52	1 143	1 001
2017	49	1 136	1 023
2018	44	934	852
2019	109	1 476	1 347
2020	101	873	804
2021	139	374	360
2022	184	77	76
2023	257	103	101

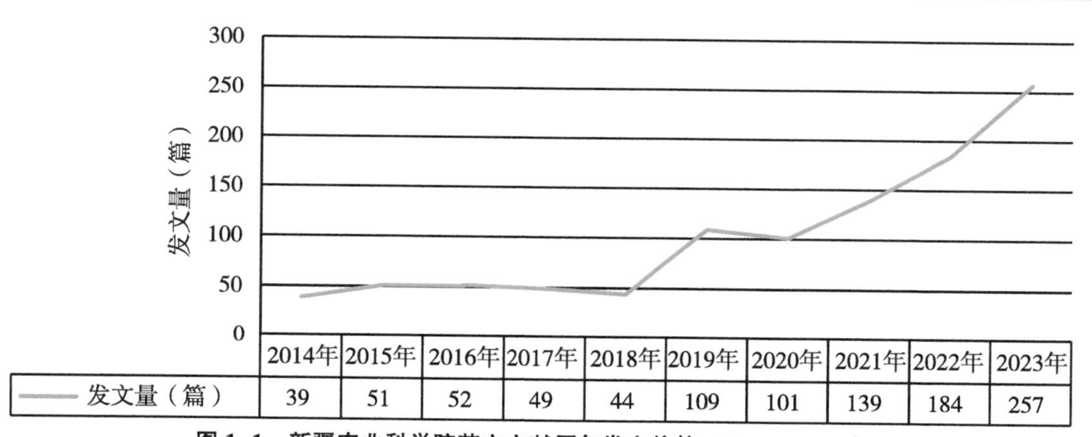

图 1-1 新疆农业科学院英文文献历年发文趋势（2014—2023 年）

1.2 发文期刊 JCR 分区

2014—2023 年新疆农业科学院 SCI 发文期刊 WOSJCR 分区情况见表 1-2，新疆农业科学院 SCI 发文期刊 WOSJCR 分区趋势（2014—2023 年）见图 1-2。

表 1-2 2014—2023 年新疆农业科学院 SCI 发文期刊 WOSJCR 分区情况 单位：篇

出版年	Q1 区发文量	Q2 区发文量	Q3 区发文量	Q4 区发文量	其他发文量
2014	13	13	7	3	3
2015	20	9	14	6	2
2016	17	21	11	1	2
2017	22	10	9	7	1
2018	22	10	10	2	0
2019	44	36	19	4	6
2020	40	23	13	9	16
2021	66	41	9	5	18
2022	112	51	13	5	3
2023	191	49	9	7	1

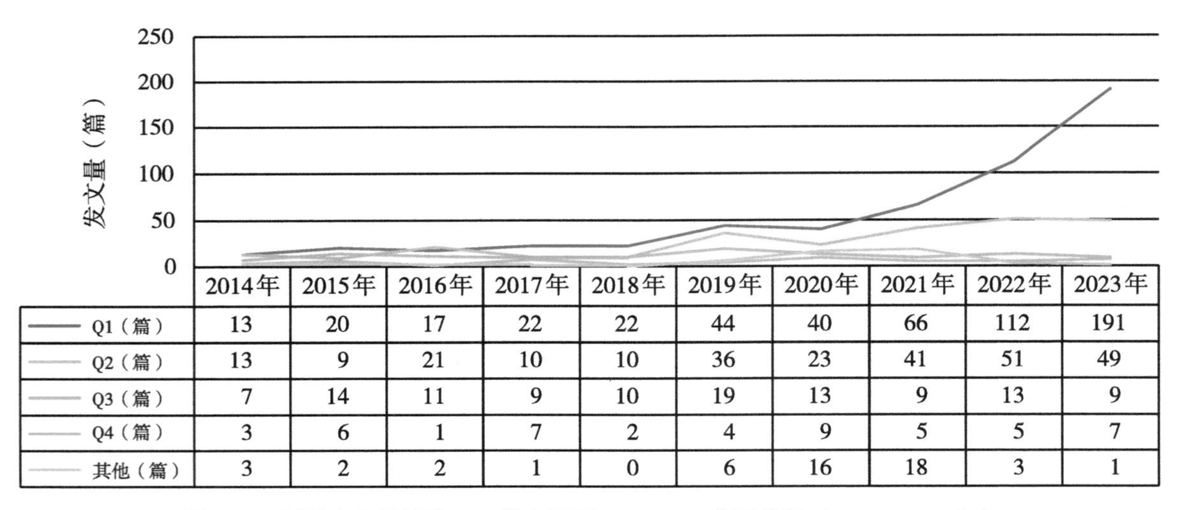

	2014年	2015年	2016年	2017年	2018年	2019年	2020年	2021年	2022年	2023年
Q1（篇）	13	20	17	22	22	44	40	66	112	191
Q2（篇）	13	9	21	10	10	36	23	41	51	49
Q3（篇）	7	14	11	9	10	19	13	9	13	9
Q4（篇）	3	6	1	7	2	4	9	5	5	7
其他（篇）	3	2	2	1	0	6	16	18	3	1

图 1-2 新疆农业科学院 SCI 发文期刊 WOSJCR 分区趋势（2014—2023 年）

1.3 高发文研究所 TOP10

2014—2023 年新疆农业科学院 SCI 高发文研究所 TOP10 见表 1-3。

表 1-3　2014—2023 年新疆农业科学院 SCI 高发文研究所 TOP10　　单位：篇

排序	研究所	发文量
1	新疆农业科学院植物保护研究所	159
2	新疆农业科学院微生物应用研究所	132
3	新疆农业科学院园艺作物研究所	86
4	新疆农业科学院经济作物研究所	70
5	新疆农业科学院土壤肥料与农业节水研究所	62
6	新疆农业科学院核技术生物技术研究所	58
7	新疆农业科学院农产品贮藏加工研究所	54
8	新疆农业科学院粮食作物研究所	40
9	新疆农业科学院农业质量标准与检测技术研究所	38
10	新疆农业科学院农业机械化研究所	34

1.4　高发文期刊 TOP10

2014—2023 年新疆农业科学院 SCI 高发文期刊 TOP10 见表 1-4。

表 1-4　2014—2023 年新疆农业科学院 SCI 高发文期刊 TOP10

排序	期刊名称	发文量（篇）	WOS 所有数据库总被引频次	WOS 核心库被引频次	期刊影响因子（最近年度）
1	FRONTIERS IN PLANT SCIENCE	47	163	153	4.1（2023）
2	AGRONOMY-BASEL	29	40	37	3.3（2023）
3	SCIENTIFIC REPORTS	24	423	375	3.8（2023）
4	SCIENTIA HORTICULTURAE	20	169	149	3.9（2023）
5	PLOS ONE	20	222	198	2.9（2023）
6	JOURNAL OF INTEGRATIVE AGRICULTURE	20	237	190	4.6（2023）
7	PLANTS-BASEL	18	3	3	4.0（2023）
8	FRONTIERS IN MICROBIOLOGY	15	105	98	4.0（2023）
9	FOOD CHEMISTRY	14	170	164	8.5（2023）
10	POSTHARVEST BIOLOGY AND TECHNOLOGY	14	358	318	6.4（2023）

1.5　合作发文国家与地区 TOP10

2014—2023 年新疆农业科学院 SCI 合作发文国家与地区（合作发文 1 篇以上）TOP10

见表 1-5。

表 1-5　2014—2023 年新疆农业科学院 SCI 合作发文国家与地区 TOP10

排序	国家与地区	合作发文量（篇）	WOS 所有数据库总被引频次	WOS 核心库被引频次
1	美国	79	1 592	1 422
2	英格兰	27	689	617
3	澳大利亚	25	401	351
4	巴基斯坦	20	69	67
5	德国	12	74	61
6	日本	11	239	212
7	埃及	11	120	113
8	法国	9	653	584
9	比利时	9	72	64
10	西班牙	8	13	12

1.6　合作发文机构 TOP10

2014—2023 年新疆农业科学院 SCI 合作发文机构 TOP10 见表 1-6。

表 1-6　2014—2023 年新疆农业科学院 SCI 合作发文机构 TOP10

排序	合作发文机构	发文量（篇）	WOS 所有数据库总被引频次	WOS 核心库被引频次
1	中国农业科学院	203	536	466
2	新疆农业大学	126	114	100
3	中国农业大学	121	203	178
4	南京农业大学	76	341	313
5	石河子大学	64	48	43
6	中国科学院	61	347	311
7	西北农林科技大学	53	151	129
8	新疆大学	52	85	78
9	华中农业大学	46	323	287
10	中华人民共和国农业农村部	41	20	19

1.7　高频词 TOP20

2014—2023 年新疆农业科学院 SCI 发文高频词（作者关键词）TOP20 见表 1-7。

表 1-7　2014—2023 年新疆农业科学院 SCI 发文高频词（作者关键词）TOP20

排序	关键词（作者关键词）	频次	排序	关键词（作者关键词）	频次
1	Cotton	41	11	Salt stress	12
2	*Leptinotarsa decemlineata*	40	12	Drought tolerance	11
3	RNA interference	21	13	Apricot	11
4	Gene expression	21	14	RNA-seq	11
5	Yield	19	15	GWAS	10
6	20-Hydroxyecdysone	16	16	Drought stress	10
7	Wheat	16	17	Metamorphosis	10
8	Transcriptome	15	18	Pupation	10
9	Maize	15	19	Juvenile hormone	10
10	Tomato	15	20	Candidate genes	9

2　中文期刊论文分析

2014—2023 年，新疆农业科学院作者共发表北大中文核心期刊论文2 836篇，中国科学引文数据库（CSCD）期刊论文2 307篇。

2.1　发文量

新疆农业科学院中文文献历年发文趋势（2014—2023 年）见图 2-1。

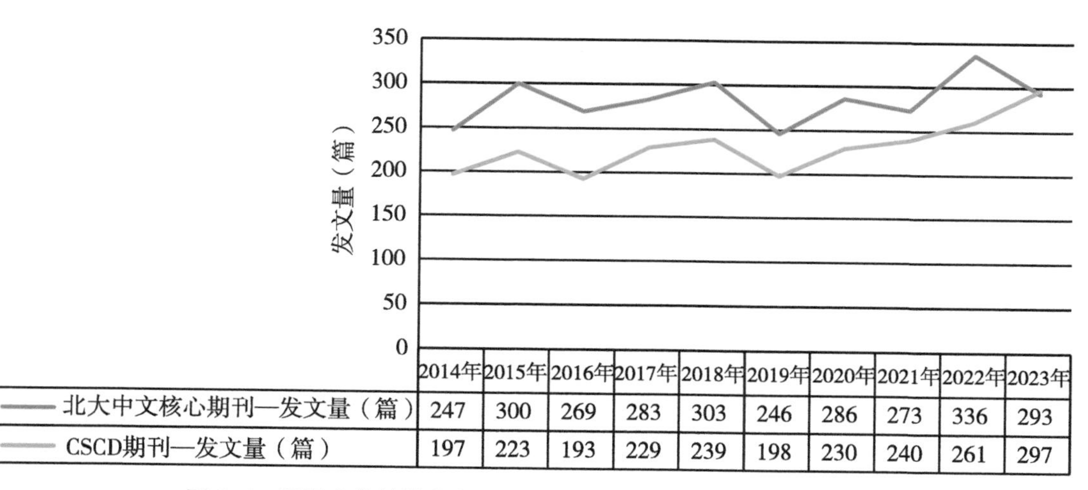

图 2-1　新疆农业科学院中文文献历年发文趋势（2014—2023 年）

2.2 高发文研究所TOP10

2014—2023年新疆农业科学院北大中文核心期刊高发文研究所TOP10见表2-1，2014—2023年新疆农业科学院中国科学引文数据库（CSCD）期刊高发文研究所TOP10见表2-2。

表2-1 2014—2023年新疆农业科学院北大中文核心期刊高发文研究所TOP10 单位：篇

排序	研究所	发文量
1	新疆农业科学院植物保护研究所	348
2	新疆农业科学院土壤肥料与农业节水研究所	327
3	新疆农业科学院微生物应用研究所	315
4	新疆农业科学院园艺作物研究所	310
5	新疆农业科学院经济作物研究所	285
6	新疆农业科学院粮食作物研究所	223
7	新疆农业科学院农业机械化研究所	206
8	新疆农业科学院农产品贮藏加工研究所	204
9	新疆农业科学院核技术生物技术研究所	180
10	新疆农业科学院	147
11	新疆农业科学院农业质量标准与检测技术研究所	138

注：“新疆农业科学院”发文包括作者单位只标注为“新疆农业科学院”、院属实验室等。

表2-2 2014—2023年新疆农业科学院CSCD期刊高发文研究所TOP10 单位：篇

排序	研究所	发文量
1	新疆农业科学院植物保护研究所	334
2	新疆农业科学院土壤肥料与农业节水研究所	315
3	新疆农业科学院微生物应用研究所	301
4	新疆农业科学院园艺作物研究所	269
5	新疆农业科学院经济作物研究所	265
6	新疆农业科学院粮食作物研究所	225
7	新疆农业科学院核技术生物技术研究所	159
8	新疆农业科学院农产品贮藏加工研究所	117
9	新疆农业科学院农业机械化研究所	110
10	新疆农业科学院农业质量标准与检测技术研究所	87

2.3 高发文期刊 TOP10

2014—2023 年新疆农业科学院高发文北大中文核心期刊 TOP10 见表 2-3，2014—2023 年新疆农业科学院高发文 CSCD 期刊 TOP10 见表 2-4。

表 2-3 2014—2023 年新疆农业科学院高发文期刊（北大中文核心）TOP10 单位：篇

排序	期刊名称	发文量	排序	期刊名称	发文量
1	新疆农业科学	1 153	6	麦类作物学报	49
2	西北农业学报	60	7	农业工程学报	43
3	分子植物育种	60	8	农机化研究	40
4	食品工业科技	59	9	现代食品科技	38
5	北方园艺	53	10	干旱地区农业研究	36

表 2-4 2014—2023 年新疆农业科学院高发文期刊（CSCD）TOP10 单位：篇

排序	期刊名称	发文量	排序	期刊名称	发文量
1	新疆农业科学	1 188	6	干旱地区农业研究	37
2	西北农业学报	64	7	分子植物育种	36
3	麦类作物学报	45	8	中国农业大学学报	31
4	农业工程学报	38	9	中国农业科学	30
5	植物保护	37	10	中国土壤与肥料	30

2.4 合作发文机构 TOP10

2014—2023 年新疆农业科学院北大中文核心期刊合作发文机构 TOP10 见表 2-5，2014—2023 年新疆农业科学院 CSCD 期刊合作发文机构 TOP10 见表 2-6。

表 2-5 2014—2023 年新疆农业科学院北大中文核心期刊合作发文机构 TOP10 单位：篇

排序	合作发文机构	发文量	排序	合作发文机构	发文量
1	新疆农业大学	821	6	新疆农业职业技术大学	52
2	中国农业科学院	156	7	塔里木大学	49
3	中国农业大学	147	8	中国科学院	44
4	新疆大学	143	9	西北农林科技大学	31
5	石河子大学	116	10	南京农业大学	28

表 2-6　2014—2023 年新疆农业科学院 CSCD 期刊合作发文机构 TOP10　　单位：篇

排序	合作发文机构	发文量	排序	合作发文机构	发文量
1	新疆农业大学	608	6	塔里木大学	38
2	中国农业大学	127	7	中国科学院	38
3	中国农业科学院	127	8	新疆农业职业技术大学	30
4	新疆大学	119	9	西北农林科技大学	26
5	石河子大学	98	10	新疆师范大学	23

新疆维吾尔自治区畜牧科学院

1　英文期刊论文分析

分析数据来源于科学引文索引数据库（Web of Science，WOS）收录的文献类型为期刊论文（Article）、会议论文（Proceedings Paper）和述评（Review）的 Science Citation Index Expanded（SCIE）论文数据，数据时间范围为2014—2023 年，共检索到新疆维吾尔自治区畜牧科学院作者发表的论文 242 篇。

1.1　发文量

2014—2023 年新疆维吾尔自治区畜牧科学院历年 SCI 发文与被引情况见表 1-1，新疆维吾尔自治区畜牧科学院英文文献历年发文趋势（2014—2023 年）见图 1-1。

表 1-1　2014—2023 年新疆维吾尔自治区畜牧科学院历年 SCI 发文与被引情况

出版年	载文量（篇）	WOS 所有数据库总被引频次	SCI 核心库被引频次
2014	8	291	269
2015	13	528	459
2016	17	365	323
2017	21	468	429
2018	21	276	254
2019	22	362	334
2020	28	179	170
2021	31	123	115
2022	35	13	13
2023	46	13	13

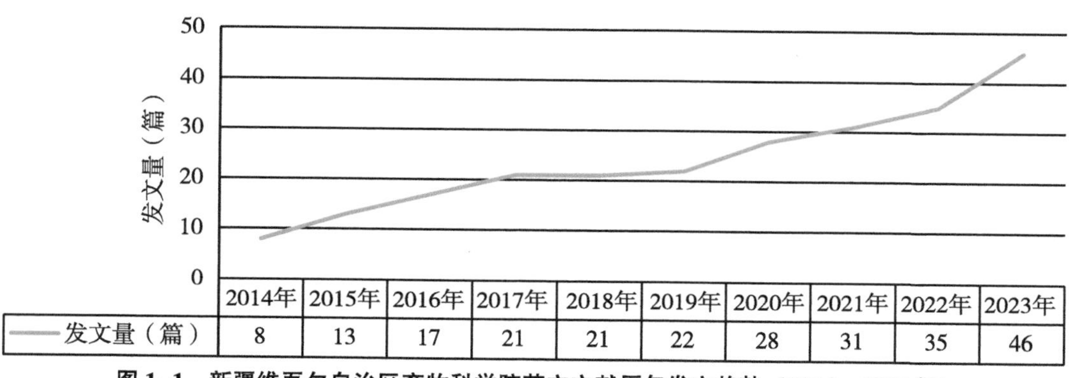

图 1-1　新疆维吾尔自治区畜牧科学院英文文献历年发文趋势（2014—2023 年）

1.2 发文期刊 JCR 分区

2014—2023 年新疆维吾尔自治区畜牧科学院 SCI 发文期刊 WOSJCR 分区情况见表 1-2，新疆维吾尔自治区畜牧科学院 SCI 发文期刊 WOSJCR 分区趋势（2014—2023 年）见图 1-2。

表 1-2 2014—2023 年新疆维吾尔自治区畜牧科学院 SCI 发文期刊 WOSJCR 分区情况

单位：篇

出版年	Q1 区发文量	Q2 区发文量	Q3 区发文量	Q4 区发文量	其他发文量
2014	2	2	3	1	0
2015	5	3	2	3	0
2016	4	4	4	2	3
2017	7	4	7	3	0
2018	3	11	4	2	1
2019	6	10	5	1	0
2020	11	7	1	5	4
2021	19	6	0	2	4
2022	18	10	3	2	2
2023	19	23	4	0	0

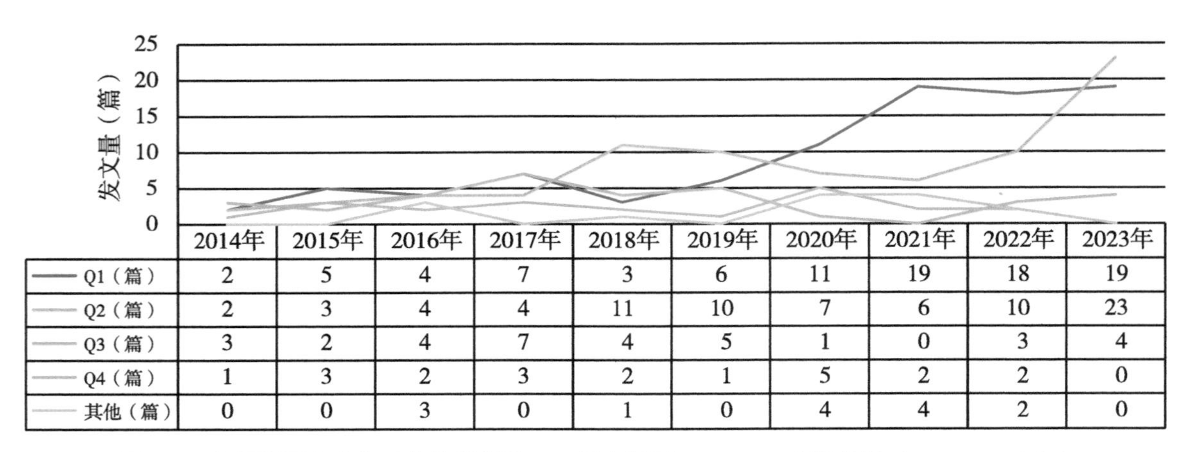

	2014年	2015年	2016年	2017年	2018年	2019年	2020年	2021年	2022年	2023年
Q1（篇）	2	5	4	7	3	6	11	19	18	19
Q2（篇）	2	3	4	4	11	10	7	6	10	23
Q3（篇）	3	2	4	7	4	5	1	0	3	4
Q4（篇）	1	3	2	3	2	1	5	2	2	0
其他（篇）	0	0	3	0	1	0	4	4	2	0

图 1-2 新疆维吾尔自治区畜牧科学院 SCI 发文期刊 WOSJCR 分区趋势（2014—2023 年）

1.3 高发文研究所 TOP10

2014—2023 年新疆维吾尔自治区畜牧科学院 SCI 高发文研究所 TOP10 见表 1-3。

表 1-3 2014—2023 年新疆维吾尔自治区畜牧科学院 SCI 高发文研究所 TOP10 单位：篇

排序	研究所	发文量
1	新疆维吾尔自治区畜牧科学院兽医研究所	63

（续表）

排序	研究所	发文量
2	新疆维吾尔自治区畜牧科学院畜牧研究所	43
3	新疆维吾尔自治区畜牧科学院生物技术研究所	34
4	新疆维吾尔自治区畜牧科学院草业研究所	8
5	新疆维吾尔自治区畜牧科学院饲料研究所	4
6	新疆维吾尔自治区畜牧科学院畜牧业经济与信息研究所	1

注：全院研究所数量共计 7 个，不足 10 个。

1.4 高发文期刊 TOP10

2014—2023 年新疆维吾尔自治区畜牧科学院 SCI 高发文期刊 TOP10 见表 1-4。

表 1-4 2014—2023 年新疆维吾尔自治区畜牧科学院 SCI 高发文期刊 TOP10

排序	期刊名称	发文量（篇）	WOS 所有数据库总被引频次	WOS 核心库被引频次	期刊影响因子（最近年度）
1	ANIMALS	10	30	26	2.7（2023）
2	BMC GENOMICS	9	222	206	3.5（2023）
3	GENE	7	29	26	2.6（2023）
4	ARCHIVES OF VIROLOGY	6	40	34	2.5（2023）
5	FRONTIERS IN GENETICS	6	32	32	2.8（2023）
6	MOLECULAR BIOLOGY AND EVOLUTION	5	340	315	11.0（2023）
7	REPRODUCTION IN DOMESTIC ANIMALS	5	15	15	1.6（2023）
8	THERIOGENOLOGY	5	69	67	2.4（2023）
9	PLOS ONE	5	34	33	2.9（2023）
10	FRONTIERS IN VETERINARY SCIENCE	5	1	1	2.6（2023）

1.5 合作发文国家与地区 TOP10

2014—2023 年新疆维吾尔自治区畜牧科学院 SCI 合作发文国家与地区（合作发文 1 篇以上）TOP10 见表 1-5。

表 1-5　2014—2023 年新疆维吾尔自治区畜牧科学院 SCI 合作发文国家与地区 TOP10

排序	国家与地区	合作发文量（篇）	WOS 所有数据库总被引频次	WOS 核心库被引频次
1	美国	18	376	353
2	巴基斯坦	8	108	98
3	肯尼亚	8	430	398
4	澳大利亚	8	325	273
5	英国	8	26	26
6	伊朗	6	137	127
7	芬兰	6	326	298
8	德国	6	31	30
9	荷兰	4	82	76
10	印度	4	71	64

1.6　合作发文机构 TOP10

2014—2023 年新疆维吾尔自治区畜牧科学院 SCI 合作发文机构 TOP10 见表 1-6。

表 1-6　2014—2023 年新疆维吾尔自治区畜牧科学院 SCI 合作发文机构 TOP10

排序	合作发文机构	发文量（篇）	WOS 所有数据库总被引频次	WOS 核心库被引频次
1	中国农业科学院	41	96	85
2	新疆农业大学	40	21	21
3	石河子大学	35	75	67
4	中国科学院	24	114	105
5	甘肃农业大学	21	32	26
6	中国农业大学	21	47	43
7	新疆医科大学	16	83	69
8	新疆大学	12	47	46
9	兰州大学	11	0	0
10	山东农业科学院	11	8	8

1.7　高频词 TOP20

2014—2023 年新疆维吾尔自治区畜牧科学院 SCI 发文高频词（作者关键词）TOP20 见表 1-7。

表 1-7　2014—2023 年新疆维吾尔自治区畜牧科学院 SCI 发文高频词（作者关键词）TOP20

排序	关键词（作者关键词）	频次	排序	关键词（作者关键词）	频次
1	Sheep	17	11	Bovine	4
2	Phylogenetic analysis	10	12	miRNA	4
3	Genetic diversity	8	13	RNA-seq	4
4	SNP	6	14	*Echinococcus granulosus*	4
5	Xinjiang	6	15	Prevalence	4
6	Hu sheep	5	16	Lamb	4
7	MicroRNA	5	17	qRT-PCR	4
8	China	5	18	Population structure	3
9	Hypoxia	5	19	MtDNA	3
10	DNA methylation	5	20	Differentially expressed genes	3

2　中文期刊论文分析

2014—2023 年，新疆维吾尔自治区畜牧科学院作者共发表北大中文核心期刊论文 647 篇，中国科学引文数据库（CSCD）期刊论文 278 篇。

2.1　发文量

新疆维吾尔自治区畜牧科学院中文文献历年发文趋势（2014—2023 年）见图 2-1。

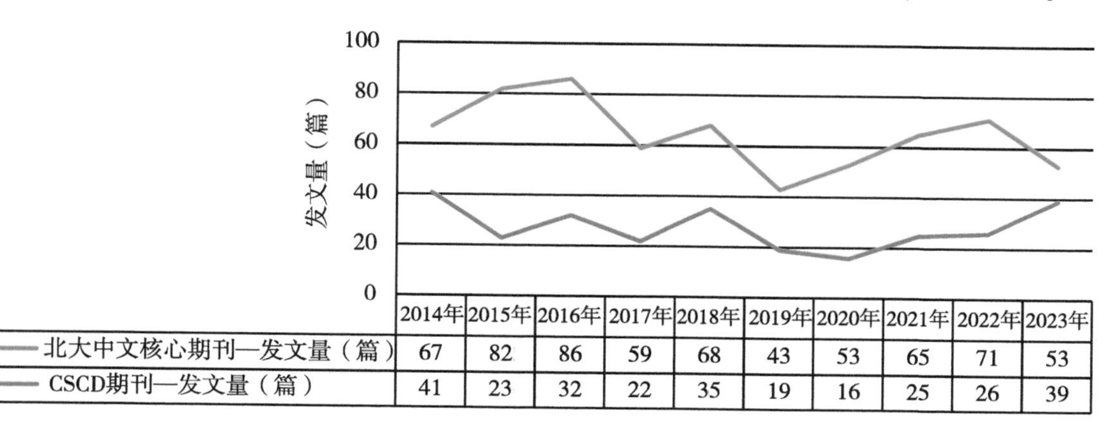

	2014年	2015年	2016年	2017年	2018年	2019年	2020年	2021年	2022年	2023年
北大中文核心期刊—发文量（篇）	67	82	86	59	68	43	53	65	71	53
CSCD期刊—发文量（篇）	41	23	32	22	35	19	16	25	26	39

图 2-1　新疆维吾尔自治区畜牧科学院中文文献历年发文趋势（2014—2023 年）

2.2　高发文研究所 TOP10

2014—2023 年新疆维吾尔自治区畜牧科学院北大中文核心期刊高发文研究所 TOP10

见表 2-1，2014—2023 年新疆维吾尔自治区畜牧科学院中国科学引文数据库（CSCD）期刊高发文研究所 TOP10 见表 2-2。

表 2-1　2014—2023 年新疆维吾尔自治区畜牧科学院北大中文核心期刊高发文研究所 TOP10

单位：篇

排序	研究所	发文量
1	新疆维吾尔自治区畜牧科学院兽医研究所	143
2	新疆维吾尔自治区畜牧科学院	141
3	新疆维吾尔自治区畜牧科学院畜牧研究所	99
4	新疆维吾尔自治区畜牧科学院畜牧业质量标准研究所	88
5	新疆维吾尔自治区畜牧科学院饲料研究所	77
6	新疆维吾尔自治区畜牧科学院草业研究所	53
7	新疆维吾尔自治区畜牧科学院生物技术研究所	42
8	新疆维吾尔自治区畜牧科学院畜牧业经济与信息研究所	22

注：全院研究所数量共计 7 个，不足 10 个。“新疆维吾尔自治区畜牧科学院”发文包括作者单位只标注为“新疆维吾尔自治区畜牧科学院”、院属实验室等。

表 2-2　2014—2023 年新疆维吾尔自治区畜牧科学院 CSCD 期刊高发文研究所 TOP10

单位：篇

排序	研究所	发文量
1	新疆维吾尔自治区畜牧科学院兽医研究所	75
2	新疆维吾尔自治区畜牧科学院草业研究所	55
3	新疆维吾尔自治区畜牧科学院畜牧研究所	45
4	新疆维吾尔自治区畜牧科学院	37
5	新疆维吾尔自治区畜牧科学院饲料研究所	36
6	新疆维吾尔自治区畜牧科学院生物技术研究所	26
7	新疆维吾尔自治区畜牧科学院畜牧业质量标准研究所	9
8	新疆维吾尔自治区畜牧科学院畜牧业经济与信息研究所	2

注：全院研究所数量共计 7 个，不足 10 个。“新疆维吾尔自治区畜牧科学院”发文包括作者单位只标注为“新疆维吾尔自治区畜牧科学院”、院属实验室等。

2.3　高发文期刊 TOP10

2014—2023 年新疆维吾尔自治区畜牧科学院高发文北大中文核心期刊 TOP10 见表 2-

3，2014—2023 年新疆维吾尔自治区畜牧科学院高发文 CSCD 期刊 TOP10 见表 2-4。

表 2-3　2014—2023 年新疆维吾尔自治区畜牧科学院高发文期刊（北大中文核心）TOP10

单位：篇

排序	期刊名称	发文量	排序	期刊名称	发文量
1	新疆农业科学	68	6	饲料研究	26
2	中国畜牧兽医	58	7	畜牧与兽医	25
3	黑龙江畜牧兽医	51	8	家畜生态学报	24
4	中国畜牧杂志	43	9	中国饲料	23
5	动物医学进展	29	10	畜牧兽医学报	20

表 2-4　2014—2023 年新疆维吾尔自治区畜牧科学院高发文期刊（CSCD）TOP10　单位：篇

排序	期刊名称	发文量	排序	期刊名称	发文量
1	新疆农业科学	69	6	草业科学	12
2	动物营养学报	21	7	中国畜牧杂志	9
3	畜牧兽医学报	16	8	中国预防兽医学报	8
4	西北农业学报	14	9	中国农业科学	7
5	西南农业学报	13	10	中国人兽共患病学报	7

2.4　合作发文机构 TOP10

2014—2023 年新疆维吾尔自治区畜牧科学院北大中文核心期刊合作发文机构 TOP10 见表 2-5，2014—2023 年新疆维吾尔自治区畜牧科学院 CSCD 期刊合作发文机构 TOP10 见表 2-6。

表 2-5　2014—2023 年新疆维吾尔自治区畜牧科学院北大中文核心期刊合作发文机构 TOP10

单位：篇

排序	合作发文机构	发文量	排序	合作发文机构	发文量
1	新疆农业大学	234	6	塔里木大学	19
2	石河子大学	58	7	新疆大学	18
3	中国农业科学院	38	8	新疆农业科学院	13
4	中国农业大学	34	9	乌鲁木齐市动物疾病控制与诊断中心	12
5	华中农业大学	25	10	新疆维吾尔自治区动物卫生监督所	10

表 2-6　2014—2023 年新疆维吾尔自治区畜牧科学院 CSCD 期刊合作发文机构 TOP10

单位：篇

排序	合作发文机构	发文量	排序	合作发文机构	发文量
1	新疆农业大学	95	6	塔里木大学	9
2	石河子大学	31	7	新疆农业科学院	8
3	中国农业科学院	24	8	新疆医科大学	7
4	中国农业大学	15	9	新疆大学	6
5	乌鲁木齐市动物疾病控制与诊断中心	10	10	吉林大学	5

云南省农业科学院

1　英文期刊论文分析

分析数据来源于科学引文索引数据库（Web of Science，WOS）收录的文献类型为期刊论文（Article）、会议论文（Proceedings Paper）和述评（Review）的 Science Citation Index Expanded（SCIE）论文数据，数据时间范围为2014—2023 年，共检索到云南省农业科学院作者发表的论文1 716篇。

1.1　发文量

2014—2023 年云南省农业科学院历年 SCI 发文与被引情况见表 1-1，云南省农业科学院英文文献历年发文趋势（2014—2023 年）见图 1-1。

表 1-1　2014—2023 年云南省农业科学院历年 SCI 发文与被引情况

出版年	载文量（篇）	WOS 所有数据库总被引频次	SCI 核心库被引频次
2014	75	1 826	1 568
2015	113	3 531	3 121
2016	127	2 262	1 967
2017	128	2 713	2 383
2018	134	2 222	2 013
2019	174	2 181	2 048
2020	204	1 867	1 700
2021	212	566	544
2022	271	139	136
2023	278	121	116

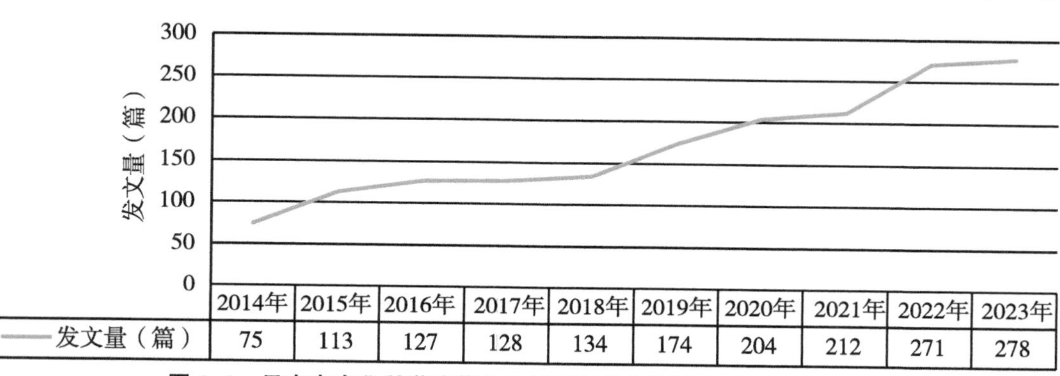

图 1-1　云南省农业科学院英文文献历年发文趋势（2014—2023 年）

1.2 发文期刊 JCR 分区

2014—2023 年云南省农业科学院 SCI 发文期刊 WOSJCR 分区情况见表 1-2，云南省农业科学院 SCI 发文期刊 WOSJCR 分区趋势（2014—2023 年）见图 1-2。

表 1-2 2014—2023 年云南省农业科学院 SCI 发文期刊 WOSJCR 分区情况 单位：篇

出版年	Q1 区发文量	Q2 区发文量	Q3 区发文量	Q4 区发文量	其他发文量
2014	18	19	15	14	9
2015	32	27	25	20	9
2016	32	30	28	32	5
2017	42	35	29	21	1
2018	42	40	23	26	3
2019	55	50	29	31	9
2020	77	46	34	23	24
2021	99	55	17	15	26
2022	156	76	20	15	4
2023	175	63	29	5	6

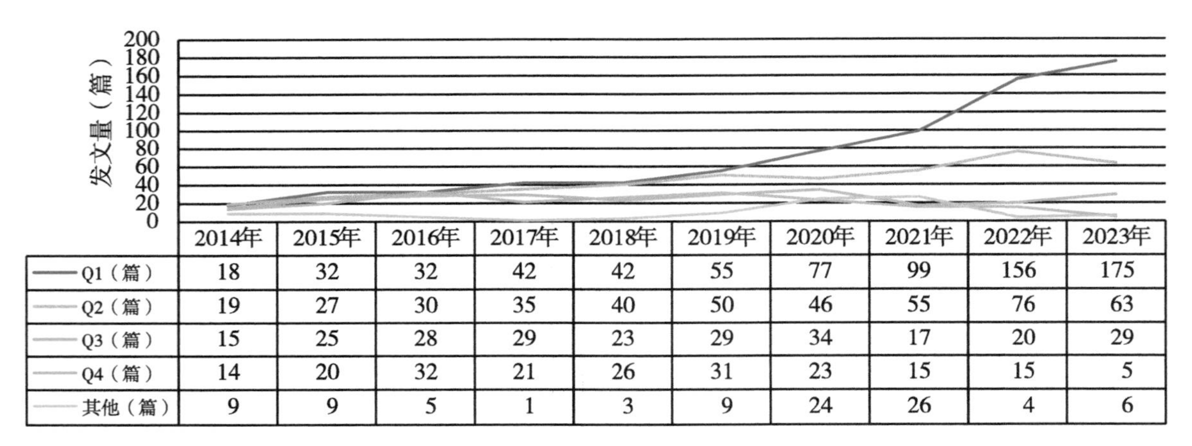

图 1-2 云南省农业科学院 SCI 发文期刊 WOSJCR 分区趋势（2014—2023 年）

1.3 高发文研究所 TOP10

2014—2023 年云南省农业科学院 SCI 高发文研究所 TOP10 见表 1-3。

表 1-3 2014—2023 年云南省农业科学院 SCI 高发文研究所 TOP10 单位：篇

排序	研究所	发文量
1	云南省农业科学院药用植物研究所	344

（续表）

排序	研究所	发文量
2	云南省农业科学院生物技术与种质资源研究所	287
3	云南省农业科学院农业环境资源研究所	178
4	云南省农业科学院花卉研究所	140
4	云南省农业科学院粮食作物研究所	140
5	云南省农业科学院甘蔗研究所	112
6	云南省农业科学院质量标准与检测技术研究所	59
7	云南省农业科学院园艺作物研究所	54
8	云南省农业科学院热带亚热带经济作物研究所	50
9	云南省农业科学院茶叶研究所	47
9	云南省农业科学院蚕桑蜜蜂研究所	47
10	云南省农业科学院经济作物研究所	33

1.4 高发文期刊 TOP10

2014—2023 年云南省农业科学院 SCI 高发文期刊 TOP10 见表 1-4。

表 1-4 2014—2023 年云南省农业科学院 SCI 高发文期刊 TOP10

排序	期刊名称	发文量（篇）	WOS 所有数据库总被引频次	WOS 核心库被引频次	期刊影响因子（最近年度）
1	FRONTIERS IN PLANT SCIENCE	72	480	436	4.1（2023）
2	SPECTROSCOPY AND SPECTRAL ANALYSIS	38	227	140	0.7（2023）
3	PLANT DISEASE	33	69	59	4.4（2023）
4	PLOS ONE	32	349	299	2.9（2023）
5	SCIENTIFIC REPORTS	30	554	493	3.8（2023）
6	FRONTIERS IN MICROBIOLOGY	24	80	76	4.0（2023）
7	AGRONOMY-BASEL	23	43	39	3.3（2023）
8	INTERNATIONAL JOURNAL OF MOLECULAR SCIENCES	22	202	185	4.9（2023）
9	MOLECULES	20	310	289	4.2（2023）
10	PHYTOTAXA	20	175	160	1.0（2023）

1.5 合作发文国家与地区 TOP10

2014—2023 年云南省农业科学院 SCI 合作发文国家与地区（合作发文 1 篇以上）TOP10 见表 1-5。

表 1-5 2014—2023 年云南省农业科学院 SCI 合作发文国家与地区 TOP10

排序	国家与地区	合作发文量（篇）	WOS 所有数据库总被引频次	WOS 核心库被引频次
1	美国	152	4 487	4 112
2	巴基斯坦	50	256	243
3	泰国	49	1 715	1 546
4	加拿大	46	1 602	1 459
5	波兰	40	723	693
6	韩国	36	1 585	1 432
7	澳大利亚	34	1 775	1 635
8	埃及	24	982	875
9	哥伦比亚	24	281	274
10	新西兰	23	1 959	1 790

1.6 合作发文机构 TOP10

2014—2023 年云南省农业科学院 SCI 合作发文机构 TOP10 见表 1-6。

表 1-6 2014—2023 年云南省农业科学院 SCI 合作发文机构 TOP10

排序	合作发文机构	发文量（篇）	WOS 所有数据库总被引频次	WOS 核心库被引频次
1	云南农业大学	228	724	638
2	中国科学院	219	947	880
3	中国农业科学院	141	285	235
4	云南大学	125	127	122
5	玉溪师范学院	71	412	317
6	中国科学院大学	68	303	270
7	昆明理工大学	66	311	304
8	南京农业大学	58	122	102
9	云南中医药大学	56	182	149
10	中国农业大学	53	169	150

1.7 高频词 TOP20

2014—2023 年云南省农业科学院 SCI 发文高频词（作者关键词）TOP20 见表 1-7。

表 1-7 2014—2023 年云南省农业科学院 SCI 发文高频词（作者关键词）TOP20

排序	关键词（作者关键词）	频次	排序	关键词（作者关键词）	频次
1	Sugarcane	37	11	China	18
2	Taxonomy	34	12	*Panax notoginseng*	17
3	Transcriptome	28	13	*Gentiana rigescens*	16
4	Phylogeny	28	14	Wheat	15
5	Data fusion	27	15	Infrared spectroscopy	15
6	Rice	25	16	Mushrooms	14
7	Genetic diversity	22	17	Photosynthesis	14
8	Chemometrics	21	18	Phylogenetic analysis	13
9	Gene expression	20	19	Identification	13
10	Fungi	18	20	Deep learning	13

2 中文期刊论文分析

2014—2023 年，云南省农业科学院作者共发表北大中文核心期刊论文3 016篇，中国科学引文数据库（CSCD）期刊论文2 221篇。

2.1 发文量

云南省农业科学院中文文献历年发文趋势（2014—2023 年）见图 2-1。

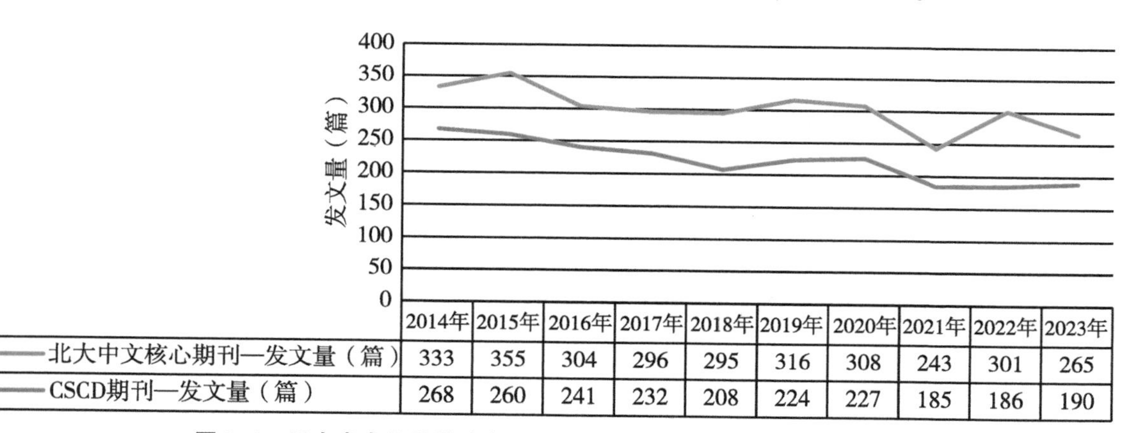

	2014年	2015年	2016年	2017年	2018年	2019年	2020年	2021年	2022年	2023年
北大中文核心期刊—发文量（篇）	333	355	304	296	295	316	308	243	301	265
CSCD期刊—发文量（篇）	268	260	241	232	208	224	227	185	186	190

图 2-1 云南省农业科学院中文文献历年发文趋势（2014—2023 年）

2.2 高发文研究所TOP10

2014—2023年云南省农业科学院北大中文核心期刊高发文研究所TOP10见表2-1，2014—2023年云南省农业科学院中国科学引文数据库（CSCD）期刊高发文研究所TOP10见表2-2。

表2-1 2014—2023年云南省农业科学院北大中文核心期刊高发文研究所TOP10 单位：篇

排序	研究所	发文量
1	云南省农业科学院农业环境资源研究所	409
2	云南省农业科学院生物技术与种质资源研究所	384
3	云南省农业科学院药用植物研究所	299
4	云南省农业科学院蚕桑蜜蜂研究所	248
5	云南省农业科学院热区生态农业研究所	232
6	云南省农业科学院粮食作物研究所	230
7	云南省农业科学院甘蔗研究所	222
8	云南省农业科学院花卉研究所	204
9	云南省农业科学院园艺作物研究所	177
10	云南省农业科学院经济作物研究所	160

表2-2 2014—2023年云南省农业科学院CSCD期刊高发文研究所TOP10 单位：篇

排序	研究所	发文量
1	云南省农业科学院农业环境资源研究所	384
2	云南省农业科学院生物技术与种质资源研究所	313
3	云南省农业科学院药用植物研究所	259
4	云南省农业科学院甘蔗研究所	187
5	云南省农业科学院蚕桑蜜蜂研究所	186
6	云南省农业科学院粮食作物研究所	179
7	云南省农业科学院花卉研究所	147
8	云南省农业科学院经济作物研究所	116
9	云南省农业科学院热区生态农业研究所	112
10	云南省农业科学院质量标准与检测技术研究所	110

2.3 高发文期刊 TOP10

2014—2023 年云南省农业科学院高发文北大中文核心期刊 TOP10 见表 2-3，2014—2023 年云南省农业科学院高发文 CSCD 期刊 TOP10 见表 2-4。

表 2-3 2014—2023 年云南省农业科学院高发文期刊（北大中文核心）TOP10 单位：篇

排序	期刊名称	发文量	排序	期刊名称	发文量
1	西南农业学报	510	6	热带作物学报	77
2	分子植物育种	107	7	中国南方果树	69
3	江苏农业科学	87	8	植物保护	68
4	植物遗传资源学报	85	9	蚕业科学	60
5	南方农业学报	79	10	云南农业大学学报（自然科学）	51

表 2-4 2014—2023 年云南省农业科学院高发文期刊（CSCD）TOP10 单位：篇

排序	期刊名称	发文量	排序	期刊名称	发文量
1	西南农业学报	496	6	云南农业大学学报	67
2	南方农业学报	87	7	植物保护	66
3	热带作物学报	79	8	蚕业科学	58
4	分子植物育种	78	9	光谱学与光谱分析	37
5	植物遗传资源学报	78	10	园艺学报	33

2.4 合作发文机构 TOP10

2014—2023 年云南省农业科学院北大中文核心期刊合作发文机构 TOP10 见表 2-5，2014—2023 年云南省农业科学院 CSCD 期刊合作发文机构 TOP10 见表 2-6。

表 2-5 2014—2023 年云南省农业科学院北大中文核心期刊合作发文机构 TOP10 单位：篇

排序	合作发文机构	发文量	排序	合作发文机构	发文量
1	云南农业大学	423	6	中国科学院	70
2	云南大学	122	7	昆明理工大学	64
3	中国农业科学院	102	8	云南省烟草公司	45
4	玉溪师范学院	87	9	云南中医学院	39
5	西南林业大学	70	10	昆明学院	34

表2-6　2014—2023年云南省农业科学院CSCD期刊合作发文机构TOP10　单位：篇

排序	合作发文机构	发文量	排序	合作发文机构	发文量
1	云南农业大学	341	6	云南省烟草公司	52
2	云南大学	104	7	西南林业大学	47
3	中国农业科学院	84	8	昆明理工大学	44
4	玉溪师范学院	73	9	云南中医学院	29
5	中国科学院	61	10	昆明学院	28

浙江省农业科学院

1 英文期刊论文分析

分析数据来源于科学引文索引数据库（Web of Science，WOS）收录的文献类型为期刊论文（Article）、会议论文（Proceedings Paper）和述评（Review）的Science Citation Index Expanded（SCIE）论文数据，数据时间范围为2014—2023年，共检索到浙江省农业科学院作者发表的论文3 768篇。

1.1 发文量

2014—2023年浙江省农业科学院历年SCI发文与被引情况见表1-1，浙江省农业科学院英文文献历年发文趋势（2014—2023年）见图1-1。

表1-1 2014—2023年浙江省农业科学院历年SCI发文与被引情况

出版年	发文量（篇）	WOS所有数据库总被引频次	WOS核心库被引频次
2014	200	4 740	4 182
2015	235	6 293	5 598
2016	227	6 280	5 631
2017	267	6 315	5 779
2018	254	5 617	5 183
2019	313	4 760	4 384
2020	380	3 850	3 605
2021	497	1 895	1 833
2022	678	456	452
2023	717	413	413

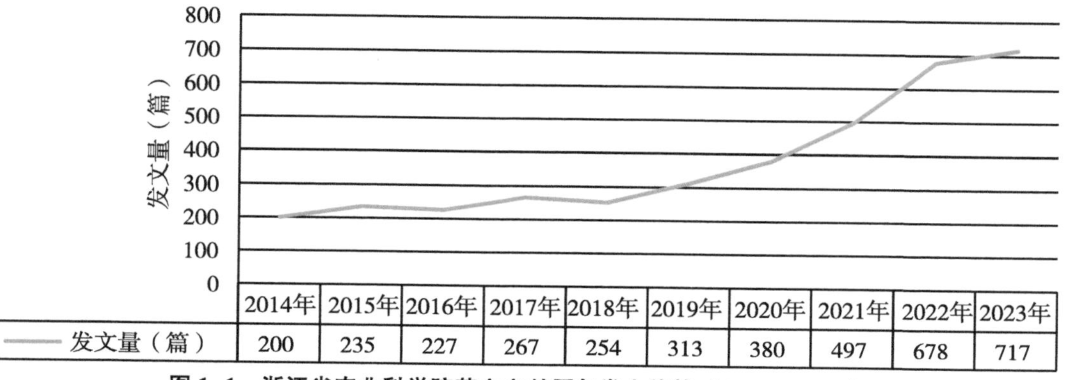

图1-1 浙江省农业科学院英文文献历年发文趋势（2014—2023年）

1.2 发文期刊 JCR 分区

2014—2023年浙江省农业科学院 SCI 发文期刊 WOSJCR 分区情况见表1-2，浙江省农业科学院 SCI 发文期刊 WOSJCR 分区趋势（2014—2023年）见图1-2。

表1-2 2014—2023年浙江省农业科学院 SCI 发文期刊 WOSJCR 分区情况 单位：篇

出版年	Q1 区发文量	Q2 区发文量	Q3 区发文量	Q4 区发文量	其他发文量
2014	77	61	32	19	11
2015	99	73	43	17	3
2016	120	62	22	16	7
2017	124	67	42	29	5
2018	135	66	33	19	1
2019	148	99	38	17	11
2020	201	87	38	23	31
2021	303	101	29	15	49
2022	435	194	27	10	12
2023	551	127	23	7	9

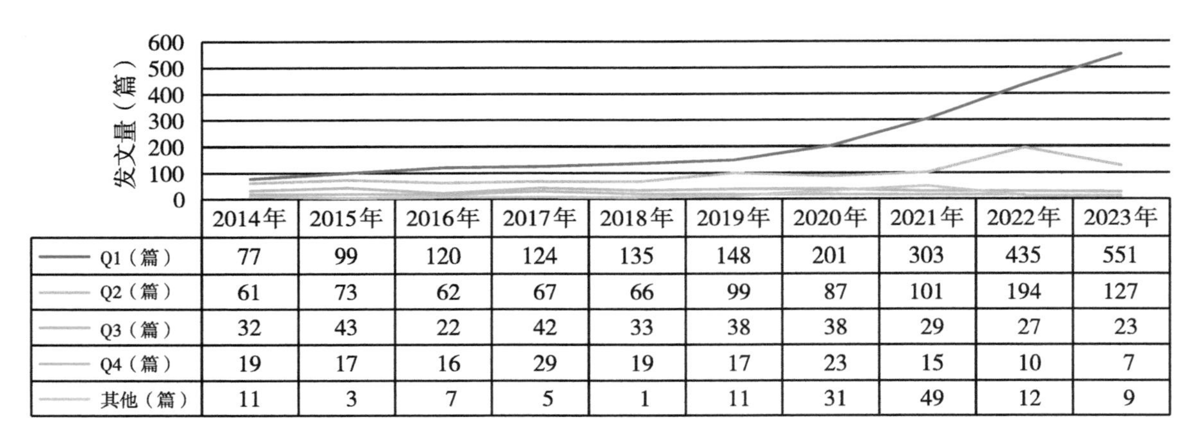

图1-2 浙江省农业科学院 SCI 发文期刊 WOSJCR 分区趋势（2014—2023年）

1.3 高发文研究所 TOP10

2014—2023年浙江省农业科学院 SCI 高发文研究所 TOP10 见表1-3。

表1-3 2014—2023年浙江省农业科学院 SCI 高发文研究所 TOP10 单位：篇

排序	研究所	发文量
1	浙江省农业科学院农产品质量标准研究所	404

（续表）

排序	研究所	发文量
2	浙江省农业科学院畜牧兽医研究所	332
3	浙江省农业科学院食品科学研究所	291
4	浙江省农业科学院环境资源与土壤肥料研究所	254
5	浙江省农业科学院蔬菜研究所	238
6	浙江省农业科学院作物与核技术利用研究所	228
7	浙江省农业科学院园艺研究所	190
8	浙江省农业科学院数字农业研究所	97
9	浙江省农业科学院蚕桑研究所	86
10	浙江省农业科学院浙江亚热带作物研究所	59

1.4 高发文期刊 TOP10

2014—2023 年浙江省农业科学院 SCI 高发文期刊 TOP10 见表 1-4。

表 1-4 2014—2023 年浙江省农业科学院 SCI 高发文期刊 TOP10

排序	期刊名称	发文量（篇）	WOS 所有数据库总被引频次	WOS 核心库被引频次	期刊影响因子（最近年度）
1	FRONTIERS IN PLANT SCIENCE	153	1 329	1 241	4. 1（2023）
2	FOOD CHEMISTRY	103	1 231	1 112	8. 5（2023）
3	INTERNATIONAL JOURNAL OF MOLECULAR SCIENCES	92	394	372	4. 9（2023）
4	SCIENCE OF THE TOTAL ENVIRONMENT	89	1 209	1 117	8. 2（2023）
5	SCIENTIFIC REPORTS	83	1 673	1 537	3. 8（2023）
6	PLOS ONE	68	1 118	995	2. 9（2023）
7	FRONTIERS IN MICROBIOLOGY	65	415	394	4. 0（2023）
8	ECOTOXICOLOGY AND ENVIRONMENTAL SAFETY	48	672	586	6. 2（2023）
9	PLANTS-BASEL	46	31	28	4. 0（2023）
10	ENVIRONMENTAL SCIENCE AND POLLUTION RESEARCH	45	386	354	5. 8（2022）

1.5 合作发文国家与地区 TOP10

2014—2023 年浙江省农业科学院 SCI 合作发文国家与地区（合作发文 1 篇以上）TOP10 见表 1-5。

表 1-5 2014—2023 年浙江省农业科学院 SCI 合作发文国家与地区 TOP10

排序	国家与地区	合作发文量（篇）	WOS 所有数据库总被引频次	WOS 核心库被引频次
1	美国	369	6 968	6 481
2	澳大利亚	97	1 927	1 752
3	巴基斯坦	69	485	451
4	德国	60	1 715	1 641
5	新西兰	57	555	509
6	加拿大	54	1 052	967
7	英格兰	41	792	746
8	苏格兰	29	1 143	1 032
9	日本	26	648	603
10	埃及	25	152	142

1.6 合作发文机构 TOP10

2014—2023 年浙江省农业科学院 SCI 合作发文机构 TOP10 见表 1-6。

表 1-6 2014—2023 年浙江省农业科学院 SCI 合作发文机构 TOP10

排序	合作发文机构	发文量（篇）	WOS 所有数据库总被引频次	WOS 核心库被引频次
1	浙江大学	728	1 909	1 756
2	浙江工业大学	204	344	334
3	中国科学院	192	766	678
4	中国农业科学院	174	682	574
5	南京农业大学	166	399	346
6	华中农业大学	117	287	265
7	宁波大学	105	140	139
8	浙江农林大学	102	131	124
9	浙江师范大学	98	247	206
10	中国农业大学	89	185	168

1.7 高频词 TOP20

2014—2023 年浙江省农业科学院 SCI 发文高频词（作者关键词）TOP20 见表 1-7。

表 1-7 2014—2023 年浙江省农业科学院 SCI 发文高频词（作者关键词）TOP20

排序	关键词（作者关键词）	频次	排序	关键词（作者关键词）	频次
1	Rice	94	11	Oxidative stress	26
2	Gene expression	64	12	Phylogenetic analysis	24
3	Transcriptome	62	13	Abiotic stress	23
4	Gut microbiota	54	14	Genetic diversity	23
5	Risk assessment	35	15	*Brassica napus*	22
6	Cadmium	34	16	Soybean	21
7	Biochar	33	17	Apoptosis	20
8	RNA-seq	29	18	Virulence	20
9	*Magnaporthe oryzae*	27	19	Strawberry	20
10	Antioxidant activity	27	20	Salt stress	20

2 中文期刊论文分析

2014—2023 年，浙江省农业科学院作者共发表北大中文核心期刊论文2 846篇，中国科学引文数据库（CSCD）期刊论文1 958篇。

2.1 发文量

浙江省农业科学院中文文献历年发文趋势（2014—2023 年）见图 2-1。

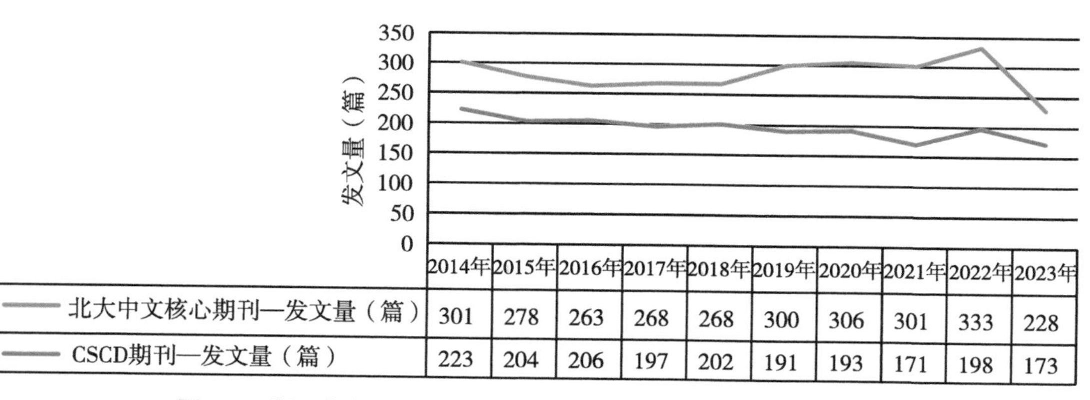

图 2-1 浙江省农业科学院中文文献历年发文趋势（2014—2023 年）

2.2 高发文研究所TOP10

2014—2023年浙江省农业科学院北大中文核心期刊高发文研究所TOP10见表2-1，2014—2023年浙江省农业科学院中国科学引文数据库（CSCD）期刊高发文研究所TOP10见表2-2。

表2-1 2014—2023年浙江省农业科学院北大中文核心期刊高发文研究所TOP10 单位：篇

排序	研究所	发文量
1	浙江省农业科学院	748
2	浙江省农业科学院农产品质量标准研究所	326
3	浙江省农业科学院畜牧兽医研究所	310
4	浙江省农业科学院食品科学研究所	278
5	浙江省农业科学院园艺研究所	219
6	浙江省农业科学院作物与核技术利用研究所	206
7	浙江省农业科学院蔬菜研究所	165
8	浙江省农业科学院环境资源与土壤肥料研究所	161
9	浙江省农业科学院浙江柑橘研究所	94
10	浙江省农业科学院浙江亚热带作物研究所	91
11	浙江省农业科学院农村发展研究所	88

注："浙江省农业科学院"发文包括作者单位只标注为"浙江省农业科学院"、院属实验室等。

表2-2 2014—2023年浙江省农业科学院CSCD期刊高发文研究所TOP10 单位：篇

排序	研究所	发文量
1	浙江省农业科学院	360
2	浙江省农业科学院食品科学研究所	248
3	浙江省农业科学院农产品质量标准研究所	231
4	浙江省农业科学院畜牧兽医研究所	202
5	浙江省农业科学院作物与核技术利用研究所	190
6	浙江省农业科学院园艺研究所	180
7	浙江省农业科学院环境资源与土壤肥料研究所	162
8	浙江省农业科学院蔬菜研究所	121
9	浙江省农业科学院浙江亚热带作物研究所	72
10	浙江省农业科学院浙江柑橘研究所	54
11	浙江省农业科学院蚕桑研究所	50

注："浙江省农业科学院"发文包括作者单位只标注为"浙江省农业科学院"、院属实验室等。

2.3 高发文期刊 TOP10

2014—2023 年浙江省农业科学院高发文北大中文核心期刊 TOP10 见表 2-3，2014—2023 年浙江省农业科学院高发文 CSCD 期刊 TOP10 见表 2-4。

表 2-3 2014—2023 年浙江省农业科学院高发文期刊（北大中文核心）TOP10 单位：篇

排序	期刊名称	发文量	排序	期刊名称	发文量
1	浙江农业学报	517	6	中国畜牧杂志	66
2	分子植物育种	176	7	动物营养学报	61
3	核农学报	139	8	农业生物技术学报	55
4	中国食品学报	103	9	蚕业科学	54
5	果树学报	68	10	食品科学	53

表 2-4 2014—2023 年浙江省农业科学院高发文期刊（CSCD）TOP10 单位：篇

排序	期刊名称	发文量	排序	期刊名称	发文量
1	浙江农业学报	480	6	农业生物技术学报	53
2	核农学报	121	7	动物营养学报	52
3	分子植物育种	96	8	浙江大学学报（农业与生命科学版）	47
4	中国食品学报	86	9	食品科学	46
5	果树学报	66	10	蚕业科学	41

2.4 合作发文机构 TOP10

2014—2023 年浙江省农业科学院北大中文核心期刊合作发文机构 TOP10 见表 2-5，2014—2023 年浙江省农业科学院 CSCD 期刊合作发文机构 TOP10 见表 2-6。

表 2-5 2014—2023 年浙江省农业科学院北大中文核心期刊合作发文机构 TOP10 单位：篇

排序	合作发文机构	发文量	排序	合作发文机构	发文量
1	浙江师范大学	172	6	浙江工业大学	68
2	浙江大学	171	7	中国农业科学院	51
3	浙江农林大学	136	8	华中农业大学	49
4	南京农业大学	94	9	中国计量大学	38
5	浙江工商大学	89	10	西北农林科技大学	37

表 2-6　2014—2023 年浙江省农业科学院 CSCD 期刊合作发文机构 TOP10　单位：篇

排序	合作发文机构	发文量	排序	合作发文机构	发文量
1	浙江师范大学	137	6	中国农业科学院	43
2	浙江大学	115	7	中国计量大学	31
3	浙江农林大学	96	8	西北农林科技大学	28
4	南京农业大学	74	9	华中农业大学	28
5	浙江工业大学	50	10	安徽农业大学	20